"十四五"职业教育国家规划教材

MCS-51 单片机 C 语言程序设计与实践（第 3 版）

主　编　王国玉　张树周
副主编　赵永杰　吴廷鑫
主　审　易法刚

电子工业出版社
Publishing House of Electronics Industry
北京·BEIJING

内 容 简 介

本书以国内最流行的 MCS-51 单片机的硬件和软件的设计为背景，以 C51 语言为基础，引入项目教学法，通过丰富的 C 语言项目实例，由浅入深地介绍了 51 系列单片机的基础知识及各种应用开发技术。

本书内容包括认识单片机及其开发工具、简单 I/O 口控制电路的制作、MCS-51 单片机基本功（基本知识+技能实训）、并行 I/O 口的应用、中断系统及外部中断的应用、定时/计数器系统的应用、串行通信技术、测控技术共八个项目。针对项目基本知识，设计了项目技能实训，这些技能实训由浅入深、循序渐进，一步一步引导读者直观深入地学习。

本书可作为职业院校电子与信息技术、机电一体化、电气自动化及其他电类相关专业的教材，也可作为广大 51 系列单片机使用者的自学用书。

未经许可，不得以任何方式复制或抄袭本书之部分或全部内容。
版权所有，侵权必究。

图书在版编目（CIP）数据

MCS-51 单片机 C 语言程序设计与实践 / 王国玉，张树周主编. —3 版. —北京：电子工业出版社，2022.4
ISBN 978-7-121-43241-5

Ⅰ. ①M… Ⅱ. ①王… ②张… Ⅲ. ①单片微型计算机－C 语言－程序设计－职业教育－教材
Ⅳ. ①TP368.1②TP312.8

中国版本图书馆 CIP 数据核字（2022）第 056406 号

责任编辑：蒲　玥　　　　　特约编辑：田学清
印　　刷：三河市鑫金马印装有限公司
装　　订：三河市鑫金马印装有限公司
出版发行：电子工业出版社
　　　　　北京市海淀区万寿路 173 信箱　　邮编：100036
开　　本：880×1230　1/16　　印张：14.75　　字数：330.4 千字
版　　次：2011 年 11 月第 1 版
　　　　　2022 年 4 月第 3 版
印　　次：2024 年 12 月第 9 次印刷
定　　价：39.80 元

凡所购买电子工业出版社图书有缺损问题，请向购买书店调换。若书店售缺，请与本社发行部联系，联系及邮购电话：(010) 88254888，88258888。
质量投诉请发邮件至 zlts@phei.com.cn，盗版侵权举报请发邮件到 dbqq@phei.com.cn。
本书咨询联系方式：010-88254485，puyue@phei.com.cn。

前　言

目前，MCS-51 单片机在我国已得到大力推广和广泛应用，从工业控制系统到日常工作和生活的方方面面，以及大、中专院校的电工电子类技能竞赛都可以见到 MCS-51 单片机的身影，它经典的结构使其成为单片机学习的入门首选，得到了广大单片机使用者的推崇。

本书以国内非常流行的 MCS-51 单片机的硬件和软件的设计为背景，以 C51 语言为基础，引入项目教学法，通过丰富的 C 语言项目实例，由浅入深地介绍了 51 系列单片机的基础知识及各种应用开发技术。针对项目基本知识设计了项目技能实训，这些技能实训由浅入深、循序渐进，知识与实践紧密结合，一步步引导读者进行探究式学习。

本书体现了单片机教学的先进理念和教学方法，其特点如下：

（1）由浅入深、循序渐进。遵循职业院校学生的认知及技能形成规律，由浅入深、由单一到综合、由简单到复杂，循序渐进，手把手引导学生直观深入地学习。

（2）强调动手能力的培养。主张亲手搭建硬件电路，即使有实验设备，也要搭建部分硬件电路，如单片机最小系统、数码管动态扫描显示电路等，这将对理论的理解和程序的设计产生事半功倍的效果。强调"先做再学、边做边学"，把学习单片机变得轻松愉快，使学生能够快速入门，越学越想学。

（3）强调实用、够用，注重基本功训练。在内容上紧密贴合新大纲的知识点和技能点，以"必需、够用、实用、拓展"为准则，力争做到打实基础、讲练结合、降低难度、层次分明、注重能力、便于教学。书中设有"小贴士""说明"等小栏目，编者通过这些小栏目和读者分享一些经验和心得，也可为学生清除学习过程中的疑点和难点。

（4）理论联系实际。以解决问题为纽带，实现理论与实践、知识与技能，以及与情感态度的有机整合。每个技能实训就是一个完整的单片机开发过程，这些技能实训具有实训材料易得、制作容易、内容由简到繁、实用性和趣味性强等特点。

本书在修订中对知识点与技能实训的编排结构进行了调整，同时增加了一些具有实用性、趣味性的实训内容，如呼吸灯、LED 旋转显示屏、液晶万年历等的制作。

本书由河南信息工程学校高级工程师、河南省学术技术带头人（中职）王国玉和河南省鹤壁市机电信息工程学校高级讲师张树周担任主编，由南阳广播电视大学赵永杰和郑州市电子信息工程学校吴廷鑫担任副主编。河南信息工程学校罗敬编写项目一；郑州市电子信息工程学校吴廷鑫编写项目二；南阳广播电视大学赵永杰编写项目三；郑州市电子信息工程学校郭宝生编写项目四；河南信息工程学校王国玉和河南省鹤壁市机电信息工程学校张树周编写项目五～八，全书由王国玉统稿。本书由武汉市东西湖职业技术学校高级讲师易法刚担任主审，他对全书进行了认真、仔细的审阅，提出了许多具体、宝贵的意见；同时，本书在编写过程中还得到了郑州轻工业大学硕士生导师李银华教授的指导和帮助，在此一并向他们表示诚挚的谢意。

由于编者水平有限，书中难免存在不妥之处，恳请读者批评指正。

编 者

目 录

项目一 认识单片机及其开发工具......1

项目基本知识......1
知识一 初识单片机......1
知识二 MCS-51 单片机......5
知识三 单片机开发常用工具......9
项目技能实训......13
技能实训一 制作第一个实例——流水灯......13
技能实训二 Keil 软件的基本使用方法......15
技能实训三 向单片机写入程序......20
技能实训四 自制 STC 系列单片机的 ISP 下载线......25
技能实训五 仿真软件 Proteus 演练......27
项目小结......31
项目思考题......32

项目二 简单 I/O 口控制电路的制作......33

项目基本知识......33
知识一 MCS-51 单片机并行 I/O 口......33
知识二 单片机的 C51 语言基础知识（一）......35
项目技能实训......42
技能实训一 闪烁灯的制作......42

技能实训二 广告灯的制作......50
项目小结......54
项目思考题......55

项目三 MCS-51 单片机基本功......56

项目基本知识......56
知识一 MCS-51 单片机基础......56
知识二 单片机的 C51 语言基础知识（二）......61
项目技能实训......75
技能实训一 呼吸灯的设计......75
技能实训二 控制直流电动机......77
项目小结......82
项目思考题......82

项目四 并行 I/O 口的应用......83

项目基本知识......83
知识一 LED 数码管接口......83
知识二 键盘接口......87
知识三 LED 点阵显示模块接口......93
项目技能实训......97
技能实训一 七段 LED 数码管显示电路的制作......97

技能实训二　按键控制球赛记分牌的
　　　　　　 制作 101
技能实训三　电子密码锁的制作 107
技能实训四　LED点阵显示屏的制作 112
项目小结 115
项目思考题 116

项目五　中断系统及外部中断的应用 117

项目基本知识 117
MCS-51单片机的中断系统及外部中断的
应用 117
项目技能实训 126
技能实训一　防盗报警器的制作 126
技能实训二　LED旋转显示屏的制作 129
项目小结 134
项目思考题 135

项目六　定时/计数器系统的应用 136

项目基本知识 136
认识MCS-51单片机的定时/计数器
系统 136
项目技能实训 144
技能实训一　秒闪电路的制作 144
技能实训二　电子计时秒表的制作 147
技能实训三　数字时钟的制作 152

技能实训四　电子琴的制作 158
技能实训五　电子音乐盒的制作 162
技能实训六　数字频率计的制作 167
项目小结 171
项目思考题 171

项目七　串行通信技术 172

项目基本知识 172
认识MCS-51单片机的串行通信系统 172
项目技能实训 179
技能实训一　单片机双机通信系统的
　　　　　　 制作 179
技能实训二　单片机与PC通信系统的
　　　　　　 制作 183
项目小结 189
项目思考题 190

项目八　测控技术 191

项目技能实训 191
技能实训一　数字电压表的制作 191
技能实训二　电子温度计的制作 200
技能实训三　超声波倒车测距系统的
　　　　　　 制作 213
技能实训四　液晶万年历的制作 217

项目一

认识单片机及其开发工具

随着科技的发展,单片机渗透到我们生活的各个领域,几乎所有的电子和机械产品中都有单片机。例如,航天飞机、高铁、家用电器、电子玩具和仪器仪表中都有单片机。复杂的汽车工业和机器制造工业的生产过程控制系统中有数百个单片机在同时工作。因此,单片机的学习、开发与应用显得尤为重要。

项目基本知识

知识一 初识单片机

随着电子技术的发展,电子设备、仪器的智能化水平越来越高,而且越来越多的家用电器具备了自动、智能、计算机控制等功能,如全自动洗衣机、智能冰箱、计算机万年历、计算机控制电磁炉等。自动、智能和计算机控制是如何实现的呢?

事实上,实现这些功能全都离不开单片机,下面我们就先来认识一下单片机。

一、单片机及单片机应用系统

1. 什么是单片机

大家都使用过计算机,计算机最重要的部分就是主板。主板就是一块电路板,在这块电路板上有CPU、存储器(包括主存储器ROM、RAM和外部辅助存储器硬盘、光盘和U盘)、输入设备(键盘、鼠标、扫描仪和手写笔等)、输出设备(显示器、打印机、绘图仪和音箱)等的接口电路,以便和各种设备连接。

单芯片微型计算机简称单片机,它把组成微型计算机的各功能部件,如CPU、随机存取存储器(作为数据存储器,简称RAM)、只读存储器(作为程序存储器,简称ROM)、输入和输出设备的I/O接口、定时/计数器、中断系统及串行通信接口(简称串行口)等集成制作在一块硅基片上。单片机既是一个微型计算机,也是一块集成电路,如图1-1所示。

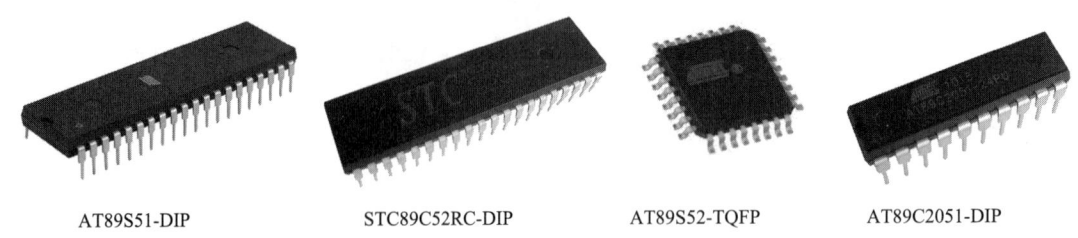

图 1-1　各种单片机实物图

单片机控制器的引入，不仅使产品的功能大大增强，性能得到提高，而且使产品获得了良好的使用效果。

单片机的应用从根本上改变了传统的控制系统设计思想和设计方法。以往由继电器、接触器控制，模拟电路、数字电路实现的大部分控制功能，现在都能够使用单片机通过软件的方式来实现。这种以软件取代硬件并能够提高系统性能的微控制技术，随着单片机应用的推广和普及而不断发展，日益完善。因此，了解单片机，掌握其应用开发技术，具有划时代的意义。

2. 什么是单片机应用系统

各类电子产品中，利用单片机实施控制的系统称为单片机应用系统。单片机应用系统是由硬件系统和软件系统组成的，二者缺一不可，如图 1-2 所示。

硬件是应用系统的基础。软件则是在硬件的基础上对其资源进行合理调配和使用的，从而完成应用系统所要求的任务。软件是单片机应用系统的灵魂。

由于单片机具有极小的体积和极低的成本，又有极小的功耗和较高的可靠性，所以可以嵌入电子产品，构成嵌入式应用系统。单片机在各领域中的应用实例如图 1-3 所示。

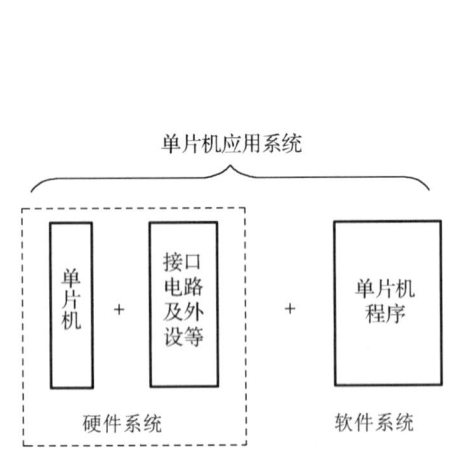

图 1-2　单片机应用系统

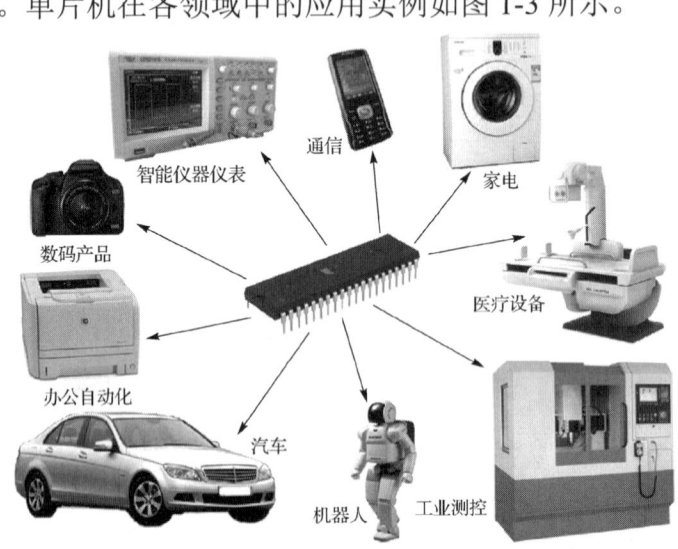

图 1-3　单片机在各领域中的应用实例

二、单片机中的数制

所谓数制,就是利用符号和一定的规则进行计数的方法。在日常生活中,人们习惯的计数方法是十进制。而数字电路中只有两种电平特性,即高电平和低电平,这也就决定了在数字电路中使用二进制。

1. 十进制

十进制数大家应该都不陌生,它的基本特点如下。

(1) 共有 10 个基本数码:0、1、2、3、4、5、6、7、8、9。

(2) 逢十进一,借一当十。

2. 二进制

二进制数的基本特点如下。

(1) 共有两个基本数码:0、1。

(2) 逢二进一,借一当二。

十进制数 1 转换为二进制数为 1B(这里用后缀 B 表示二进制数);当十进制数 2 转换为二进制数时,因为已到 2,则进 1,所以对应的二进制数为 10B;十进制数 3 转换为二进制数为 10B+1B=11B,4 为 11B+1B=100B,5 为 100B+1B=101B。以此类推,当十进制数为 255 时,对应的二进制数为 11111111B。

从上面的过程可以看出,当二进制数转换为十进制数时,从二进制数的最右一位数起,最右边的第一个数乘以 2 的 0 次方,第二个数乘以 2 的 1 次方,……,以此类推,把各结果累计相加就是转换后的十进制数。例如,$11010B=1×2^4+1×2^3+0×2^2+1×2^1+0×2^0=16+8+0+2+0=26$。

3. 十六进制

二进制数太长了,书写不方便并且很容易出错,转换为十进制数又太麻烦,所以就出现了十六进制。

十六进制数的基本特点如下。

(1) 共有 16 个基本数码:0、1、2、3、4、5、6、7、8、9、A、B、C、D、E、F。

(2) 逢十六进一,借一当十六。

十进制数的 0~15 表示成十六进制数分别为 0~9、A、B、C、D、E、F,其中 A 对应十进制数 10,B 对应 11,C 对应 12,D 对应 13,E 对应 14,F 对应 15。为了和十进制数相区分,我们一般在十六进制数的最后面加上后缀 H,表示该数为十六进制数,如 BH、46H 等。但在 C 语言编程时是在十六进制数的最前面加上前缀 0x,表示该数为十六进制数,如 0xb、0xde 等。这里的字母不区分大小写。

可能大家这时会有疑问,为什么要使用十六进制呢?要回答这个问题,我们先讨论下面一个问题。

一个 n 位二进制数共有多少个数?

1 位二进制数共有 0、1 两个数。

2 位二进制数共有 0、1、10、11 四个数。

3 位二进制数共有 0、1、10、11、100、101、110、111 八个数。

4 位二进制数共有 0、1、10、11、100、101、110、111、1000、1001、1010、1011、1100、1101、1110、1111 十六个数。

……

所以,一个 n 位二进制数共有 2^n 个数。

一个 4 位二进制数共有 16 个数,正好对应十六进制的 16 个数码,这样一个 1 位十六进制数和一个 4 位二进制数正好形成一一对应的关系。而在单片机编程中使用最多的是 8 位二进制数,如果使用 2 位十六进制数来表示将变得极为方便。

关于十进制数、二进制数和十六进制数之间的转换,我们要熟练掌握 0～15 的数的相互转换,并且要牢记于心。二进制数、十进制数和十六进制数的对应关系见表 1-1。表中的二进制数不足 4 位的均补 0。

表 1-1　二进制数、十进制数、十六进制数的对应表

十进制数	二进制数	十六进制数	十进制数	二进制数	十六进制数
0	0000	0	8	1000	8
1	0001	1	9	1001	9
2	0010	2	10	1010	A
3	0011	3	11	1011	B
4	0100	4	12	1100	C
5	0101	5	13	1101	D
6	0110	6	14	1110	E
7	0111	7	15	1111	F

小贴士：在进行单片机编程时常常会碰到其他较大的数,这时用 Windows 系统自带的计算器,可以非常方便地进行二进制数、八进制数、十进制数、十六进制数之间的任意转换。首先打开附件中的计算器,单击菜单【查看】→【科学型】,其界面如图 1-4 所示。然后选择一种进制,输入数值,再单击需要转换的进制,即可得到相应进制的数。

图 1-4　Windows 系统自带的计算器界面

知识二 MCS-51 单片机

一、MCS-51 单片机简介

美国 Intel 公司于 1976 年推出了第一代 8 位单片机 MCS-48 系列，其中 MCS 即 Micro Controller System（微型控制系统）的缩写。它是现代单片机的雏形，包含数字处理的全部功能，外接一定的附加外围芯片即构成完整的微型计算机。

现在，MCS-48 系列单片机已完全退出了历史舞台。MCS-51 系列单片机是 Intel 公司于 1980 年推出的 8 位高档单片机，其系列产品包括基本型 8031/8051/8751/8951、80C51/80C31，增强型 8052/8032，改进型 8044/8744/8344。其中，80C51/80C31 采用 CHMOS 工艺，功耗小。MCS-51 系列单片机应用广泛，资料丰富。但由于 Intel 公司主要致力于计算机 CPU 的研究和开发，所以授权一些厂商以 MCS-51 系列单片机为核心生产各自的单片机，这些单片机统称 MCS-51 单片机，它们与 MCS-51 系列单片机兼容，又各具特点。其中，最具代表性的是 ATMEL 公司的 AT89S51 和 AT89S52 单片机、STC（宏晶）公司的 STC89C51RC 和 STC89C52RC 单片机，它们均采用 Flash 存储器作为程序存储器，读写速度快，擦写方便，尤其具备 ISP（In-System Programming，在系统可编程）功能，性能优越，成为市场占有率很大的产品。宏晶公司的 STC 系列单片机使用串行口下载程序，下载线电路简单，与单片机系统连接方便，因此在本书的技能实训中除特殊说明外均采用 STC89C52RC 单片机作为控制芯片。本书主要以 MCS-51 单片机为例来介绍单片机的基本知识。

单片机在应用中是通过其外部引脚与接口电路、外设及被控对象相连接的。要想熟练使用单片机，首先应对其外部引脚的名称及功能进行充分了解。下面我们来看一下 MCS-51 单片机的外部引脚。

二、MCS-51 单片机的外部引脚

各类型 MCS-51 单片机的引脚是相互兼容的，用 HMOS 工艺制造的单片机大多采用 40 脚双列直插封装（DIP）。当然，不同芯片之间的引脚功能会略有差异，用户在使用时应当注意。

MCS-51 单片机是 8 位高档单片机，但由于受到集成电路芯片引脚数目的限制，许多引脚具有第二功能。MCS-51 单片机的引脚排列和实物图如图 1-5 所示。

MCS-51 单片机的 40 个引脚按其功能分为以下四类：电源引脚、时钟电路引脚、并行 I/O 口引脚、编程控制引脚。各引脚功能如下。

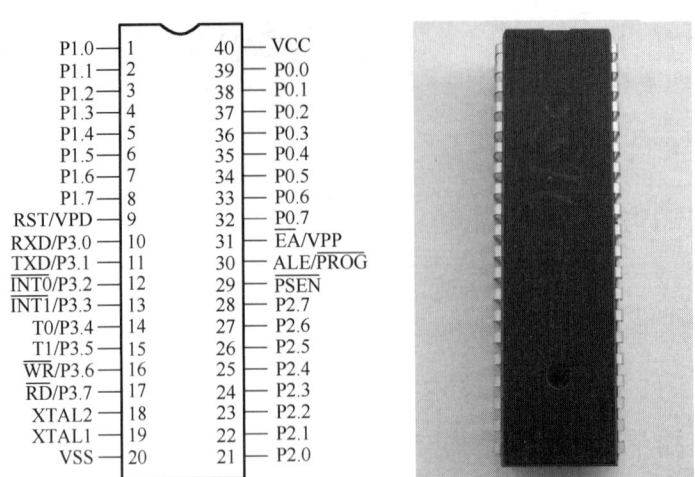

图 1-5　MCS-51 单片机的引脚排列和实物图

1. **电源引脚（2 个）：VCC 和 VSS**

VCC（40 脚）：电源输入端，一般为+5V。

VSS（20 脚）：共用地端。

2. **时钟电路引脚（2 个）：XTAL1（19 脚）和 XTAL2（18 脚）**

在使用内部振荡电路时，XTAL1 和 XTAL2 用来外接石英晶体和微调电容，振荡频率为晶振频率，振荡信号送至内部时钟电路产生时钟脉冲信号。在使用外部时钟时，XTAL1 和 XTAL2 用于外接外部时钟源。

3. **并行 I/O 口引脚（32 个）：P0.0～P0.7、P1.0～P1.7、P2.0～P2.7 和 P3.0～P3.7**

MCS-51 单片机共有 4 个 8 位并行 I/O 口，分别为 P0 口、P1 口、P2 口、P3 口。其中，P0 口的第 1 位表示为 P0.0，第 2 位表示为 P0.1，以此类推。

P0 口（39 脚至 32 脚）：8 位双向三态 I/O 口，每位口线可独立控制。MCS-51 单片机 P0 口内部没有上拉电阻，为高阻状态，所以不能正常输出高电平，因此 P0 口在作为 I/O 口使用时必须外接上拉电阻，阻值一般取 10kΩ。P0 口除作为 I/O 口外，在系统扩展时还用于构建系统的数据总线和地址总线的低 8 位。

P1 口（1 脚至 8 脚）：8 位准双向并行 I/O 口，每位口线可独立控制，由于内部已有上拉电阻，作为输出口时没有高阻状态，输入也不能锁存，故不是真正的双向 I/O 口。

P2 口（21 脚至 28 脚）：8 位准双向并行 I/O 口，每位口线可独立控制，内部带有上拉电阻，与 P1 口相似，所不同的是，P2 口在系统扩展时还用于构建系统的地址总线的高 8 位。

P3 口（10 脚至 17 脚）：8 位准双向并行 I/O 口，每位口线可独立控制，内部带有上拉电阻。P3 口作为第一功能使用时为普通 8 位并行 I/O 口，与 P1 口相似。在系统中，P3 口的这 8 个引脚又具有各自的第二功能，见表 1-2。P3 口的每一个引脚均可独立定义为第一功能的输入或输出或第二功能。

表 1-2 P3 口的第二功能

P3 口	第 二 功 能	功 能 含 义
P3.0	RXD	串行数据输入端
P3.1	TXD	串行数据输出端
P3.2	$\overline{INT0}$	外部中断 0 的中断请求输入端
P3.3	$\overline{INT1}$	外部中断 1 的中断请求输入端
P3.4	T0	定时/计数器 0（T0）的外部脉冲输入端
P3.5	T1	定时/计数器 1（T1）的外部脉冲输入端
P3.6	$\overline{WR}$	外部数据存储器写选通信号
P3.7	$\overline{RD}$	外部数据存储器读选通信号

说明：所谓上拉电阻，就是指当某个引脚为高阻状态时，能够将该引脚的电平拉升为高电平的电阻。例如，P0 口作为输出口时如果输出 1，则为高阻状态，要想得到高电平，需要在该引脚与+5V 之间接一个电阻（一般为 10kΩ），这个电阻的作用就是将该引脚的电平拉升为高电平。

4. 编程控制引脚（4 个）：RST/VPD、ALE/$\overline{PROG}$、$\overline{PSEN}$ 和 $\overline{EA}$/VPP

RST/VPD（9 脚）：RST 为复位信号输入端，当 RST 保持两个机器周期以上的高电平时，单片机完成复位操作；VPD 为内部数据存储器的备用电源输入端，当电源 VCC 断电或电压降到一定值时，可以通过 VPD 为单片机内部数据存储器提供电源，以保护内部数据存储器中的信息不丢失，且上电后能够继续正常运行。

ALE/$\overline{PROG}$（30 脚）：ALE 为地址锁存信号，访问外部存储器时，ALE 作为低 8 位地址锁存信号；$\overline{PROG}$ 为单片机内部 EPROM 编程时的编程脉冲输入端。

$\overline{PSEN}$（29 脚）：外部程序存储器的读选通信号，当访问外部程序存储器时，$\overline{PSEN}$ 产生负脉冲作为外部程序存储器的选通信号。

$\overline{EA}$/VPP（31 脚）：$\overline{EA}$ 为访问程序存储器的控制信号，当 $\overline{EA}$ 接低电平时，CPU 对程序存储器的访问限定在外部程序存储器；当 $\overline{EA}$ 接高电平时，CPU 对程序存储器的访问从内部 0～4KB 地址开始，并可以自动延至外部超过 4KB 的程序存储器。VPP 为单片机内部 EPROM 编程时的 21V 电源输入端。

三、MCS-51 单片机最小应用系统

通过前面的学习，我们已经认识了单片机及单片机应用系统，那么如何让一个单片机"跑"起来呢？

要让单片机"跑"起来，也就是 Run（运行）起来，其实就是要建立单片机应用系统。单片机最小应用系统是指维持单片机正常工作所必需的电路连接。早期的单片机（如 8031）内部没有程序存储器，必须在其外部另外连接一块程序存储器才能构成最小应用系统。对于

片内含有程序存储器的单片机，将时钟电路和复位电路接入即可构成单片机最小应用系统，该系统接+5V电源、配以相应的程序就能够独立工作，完成一定的功能。

MCS-51单片机内部集成有CPU、程序存储器、数据存储器及I/O接口电路等，只需很少的外围元器件将时钟电路和复位电路连接起来，即可构成单片机最小应用系统，如图1-6所示。

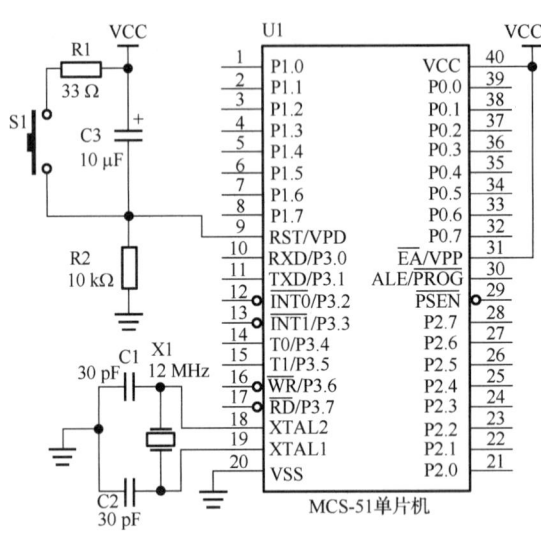

图1-6 MCS-51单片机最小应用系统

1. 电源

电源为整个单片机系统提供能源。单片机的40脚（VCC）接电源+5V端，20脚（VSS）接电源地端。

2. 时钟电路

单片机的时钟电路是单片机的核心部分，为单片机内部各功能部件提供一个高稳定性的时钟脉冲信号，以便为单片机执行各种动作和指令提供基准脉冲信号。单片机内部有一个用于构成振荡器的高增益放大器，19脚（XTAL1）和18脚（XTAL2）分别是此放大器的输入端和输出端，所以只需在片外接一个晶振便构成自激振荡器。图1-6中的晶振X1和电容C1、C2与单片机内部电路构成单片机的时钟电路。晶振两端的电容一般为30pF左右，这两个电容对频率有微调的作用。晶振的频率范围为1.2MHz～24MHz，常使用6MHz或12MHz，在通信系统中则常用11.0592MHz。为了减少寄生电容，更好地保证振荡器稳定、可靠地工作，晶振和电容应尽可能靠近单片机芯片安装。

3. 复位电路

使单片机内各寄存器的值变为初始状态的操作称为复位。例如，复位后单片机会从程序的第一条指令运行，避免出现混乱。

单片机复位的条件：当9脚（RST）出现高电平并保持两个机器周期以上时，单片机内部就会执行复位操作。复位包括上电复位和手动复位，如图1-7所示。上电复位是指在上电瞬间，RST 端和 VCC 端电位相同，随着电容的充电，电容两端电压逐渐上升，RST 端电压逐渐下降，完成复位。手动复位是指在单片机运行中，按下 RESET（复位）键，RST 端电位即变为高电平，完成复位。

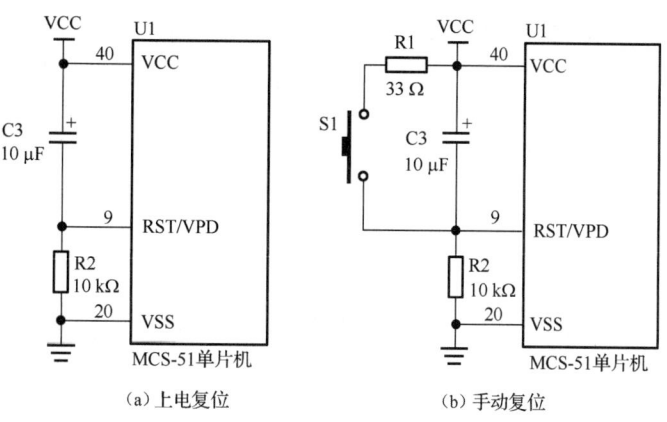

图 1-7 上电复位和手动复位

知识三　单片机开发常用工具

单片机本身不具备自主开发能力，必须借助开发工具编制、调试、固化程序。下面就来认识一下单片机开发常用工具。

一、仿真器

所谓仿真，就是采用可控的手段来模仿单片机应用系统中的程序存储器、数据存储器和 I/O 接口等，可以是软件仿真，也可以是硬件仿真。

软件仿真主要通过计算机软件来模拟运行，用户不需要搭建硬件电路就可以对程序进行调试验证。

硬件仿真就是将仿真器的一端连接到计算机上，代替单片机，另一端通过仿真头连接到单片机应用系统的单片机插座上，如图 1-8 所示。通过仿真器，用户可以对程序的运行进行控制，如单步执行、设置断点、全速运行等。

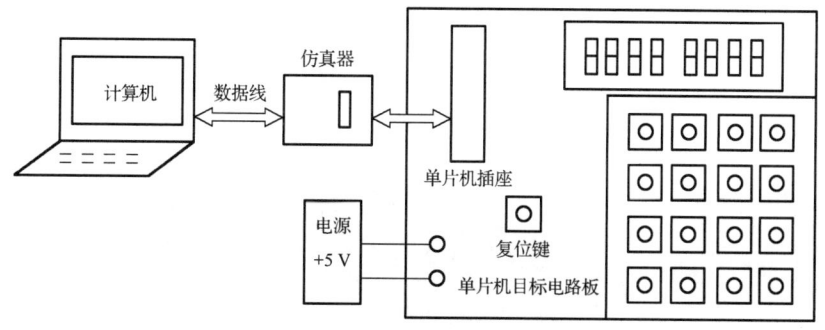

图 1-8 仿真器与计算机、单片机目标电路板的连接

仿真器硬件仿真具有直观性、实时性和调试效率高等优点。常见的仿真器如图 1-9 所示。

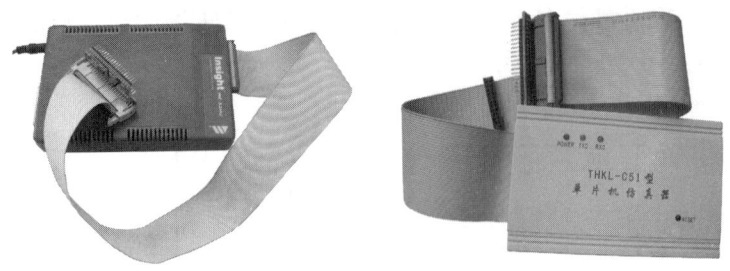

图 1-9　常见的仿真器

由于单片机的编程器一般可以反复烧写数千次，而仿真器大多价格昂贵，因此在单片机开发过程中，如果没有仿真器，则可以采用软件仿真，使用编程器反复烧写，达到调试的目的。

二、编程器

程序编写完成后经调试无误，经过编译生成十六进制文件（也称 HEX 文件，扩展名为.hex）或二进制文件（也称 BIN 文件，扩展名为.bin），固化到单片机的程序存储器中，以便单片机在目标电路板上运行。将十六进制文件或二进制文件固化到单片机程序存储器中的设备称为编程器（俗称烧写器）。常见的编程器如图 1-10 所示。由于芯片生产厂家多，型号也多，所以通用编程器应支持多种芯片程序的读写操作，好的编程器支持的芯片型号很多。

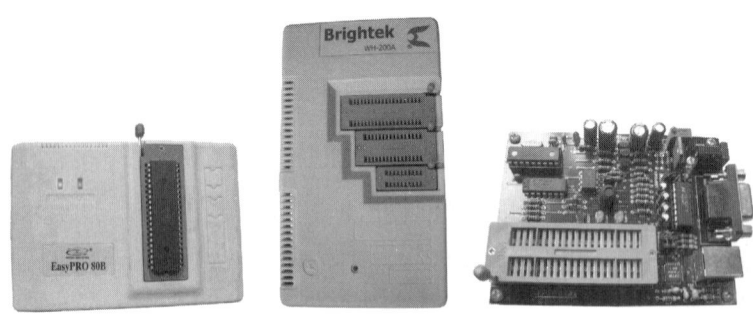

图 1-10　常见的编程器

三、ISP 下载线

ISP（In-System Programming）意为"在系统可编程"，是指将程序烧写到单片机的程序存储器中时，不需要将单片机从目标电路板上拔下，而是通过专用的 ISP 下载线对单片机程序进行烧写，也就是将计算机上编译好的 HEX 文件下载到单片机的程序存储器中运行。常见的 ISP 下载线如图 1-11 所示。

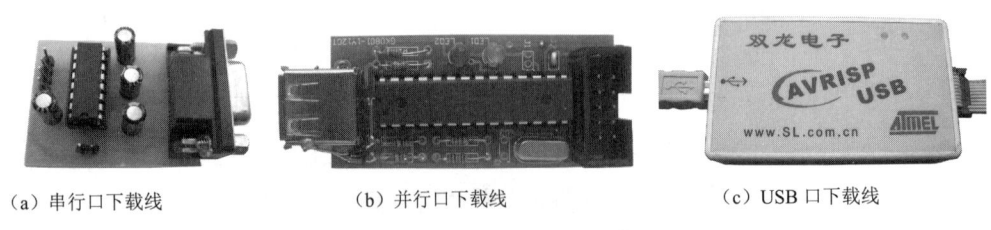

（a）串行口下载线　　　　　（b）并行口下载线　　　　　（c）USB 口下载线

图 1-11　常见的 ISP 下载线

使用 ISP 下载线烧写程序，要求单片机必须支持 ISP 功能，并在目标电路板上留出与上位机的接口（ISP 插座）。满足这些条件，就可以通过 ISP 下载线实现对单片机内部存储器的改写。

下载线不是一根线，而是一个能够将计算机中的程序文件下载到单片机中的电路。下载线电路简单，成本很低，适合自制。本书配套资源中有各种下载线电路及制作过程，读者可以参考。

小贴士：早期的单片机一般不支持 ISP 功能，不能使用 ISP 下载线，如 AT89C51、AT89C52 等，现在的单片机大多支持 ISP 功能，如 AT89S51、AT89S52、STC89C52RC 等。

四、程序设计语言与工具软件简介

1. 程序设计语言

单片机编程过程中主要使用的语言有 3 种，分别是机器语言、汇编语言和高级语言。

（1）机器语言：由二进制数字 0 和 1 组成，是单片机可以直接识读和执行的二进制数字串。例如，指令 0111010100110000001010101 表示给片内数据存储器 30H 单元传送立即数 55H。但由于机器语言过于抽象，编写中容易出错，在编程中基本上是不使用的。

（2）汇编语言：由助记符构成的符号化语言，其助记符大部分为英语单词的缩写，方便记忆。例如，指令 MOV　30H,#55H 表示给片内数据存储器 30H 单元传送立即数 55H。由此可以看出，使用汇编语言编写单片机程序相对于机器语言其易读性大大增加，比较直观，较易掌握，并且由于编写的程序直接操作单片机内部寄存器，所以生成的程序精简，执行效率高。但使用汇编语言需要记忆助记符及指令，例如，MCS-51 单片机共有 111 条指令，并且不同公司、不同类型的单片机其指令系统不同，不具有移植性。汇编语言编写的程序不能直接被单片机执行，需要经过编译（汇编）转换成机器语言程序。

（3）高级语言：由语句组成，较之汇编语言，更符合人类语言习惯。编写单片机程序的高级语言有 C 语言、C++语言。例如，语句 a=0x55 表示将十六进制数 55H 赋给变量 a，a 的地址由编译器自动分配。使用高级语言不需要记忆大量的指令，容易掌握，编程效率高，尤其是编写的程序便于移植。使用高级语言编写的程序也必须经过编译转换成机器语言程序才能被单片机执行。

2. 工具软件简介

1）集成开发软件 Keil

无论是汇编语言程序还是高级语言程序，都必须经过编译转换成机器语言程序才能被单片机识读和执行。Keil 软件是美国 Keil Software 公司出品的目前很流行、很优秀的开发 MCS-51 单片机的软件之一，它提供包括 C 编译器、宏汇编、连接器、库管理和一个功能强大的仿真调试器等在内的完整开发方案，通过一个集成开发环境将这些部分组合在一起。掌握这一软件的使用对 51 系列单片机爱好者来说是十分必要的。如果你使用 C 语言编程，那么 Keil 软件几乎就是你的不二之选。即使你不使用 C 语言而仅用汇编语言编程，其方便易用的集成环境、强大的仿真调试工具也会令你事半功倍。

Keil 软件最开始只是一个支持 C 语言和汇编语言的编译器软件。后来，随着开发人员的不断努力及版本的不断升级，它逐渐成为一个重要的单片机开发平台。不过，Keil 软件的界面并不复杂，操作也不难，很多工程师开发的优秀程序都是在 Keil 软件的平台上编写出来的。可以说，Keil 软件是一个比较重要的软件，熟悉它的人很多，其用户群极为庞大，相关资料也非常丰富。Keil μVision3 的启动界面如图 1-12 所示。

图 1-12　Keil μVision3 的启动界面

2）仿真软件 Proteus

Proteus 软件是由英国 Labcenter Electronics 公司开发的 EDA（电子设计自动化）工具软件，已有近 20 年的历史，在全球得到了广泛应用。Proteus 软件的功能强大，它集电路设计、印制电路板（PCB）设计及仿真等多种功能于一身，提供大量模拟与数字元器件、外部设备及各种虚拟仪器（如电压表、电流表、示波器、逻辑分析仪、信号发生器等），不仅能够对电工、电子技术学科涉及的电路进行设计与分析，还能够对主流单片机进行设计和仿真，是近年来备受电子设计爱好者青睐的一款新型电子线路设计与仿真软件。

目前，Proteus 软件支持的主流单片机有 ARM7、8051/52 系列、AVR 系列、PIC 系列、HC11 系列等，它支持的第三方软件开发、编译和调试环境有 Keil μVision2/3、MPLAB 等。

Proteus 软件和其他电路设计与仿真软件最大的不同在于它的功能不是单一的。在 Proteus 软件中，从电路原理图设计、单片机编程、系统仿真到 PCB 设计一气呵成，真正实现了从概念到产品的完整设计。使用 Proteus 软件从电路原理图设计到 PCB 设计，再到电路板完成的流程如图 1-13 所示。

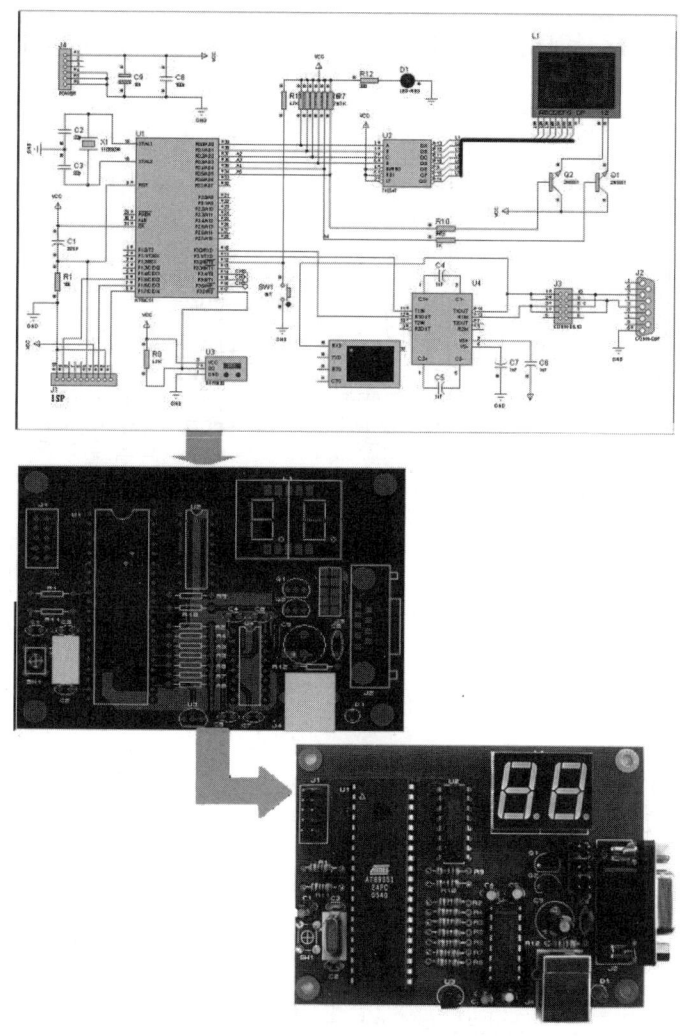

图 1-13 使用 Proteus 软件设计电路板的流程

小贴士：在学习单片机时，使用 Proteus 软件的单片机仿真功能，就相当于有一个功能强大的虚拟实验室，我们可以在这个实验室里完成几乎所有的实训。

项目技能实训

技能实训一 制作第一个实例——流水灯

知道了单片机最小应用系统，你是不是迫不及待地要让单片机"跑"起来呢？下面我们就通过制作第一个单片机应用系统实例——流水灯，带你进入单片机的奇幻世界。

一、硬件电路设计与制作

1. 电路原理图

流水灯电路原理图如图 1-14 所示。流水灯电路由手动复位电路、时钟电路、I/O 接口电路和 J1 插座组成。其中，J1 为 ISP 下载线插座，通过连接下载线可以更新单片机程序存储器中的程序。

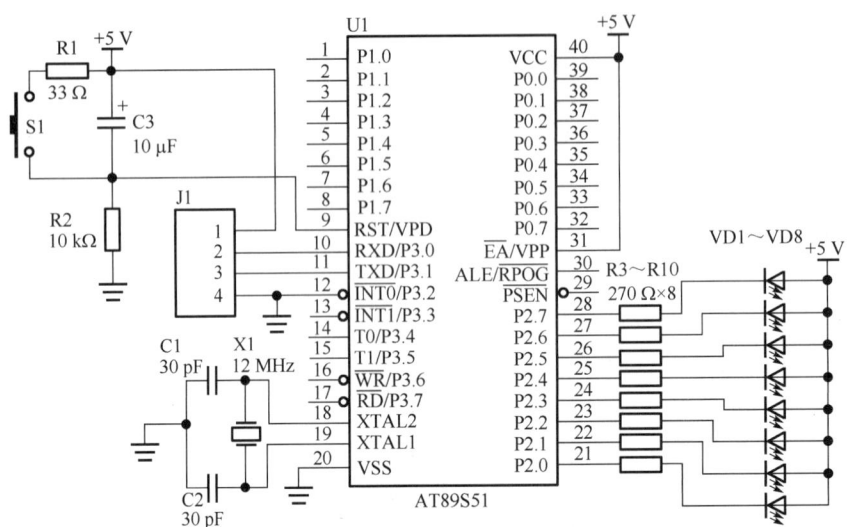

图 1-14　流水灯电路原理图

2. 焊接电路板

建议读者在万能实验板上插装焊接流水灯电路，这样既可以更好地理解单片机最小应用系统，又可以充分掌握单片机"跑"起来的基本条件。流水灯电路装接图如图 1-15 所示。

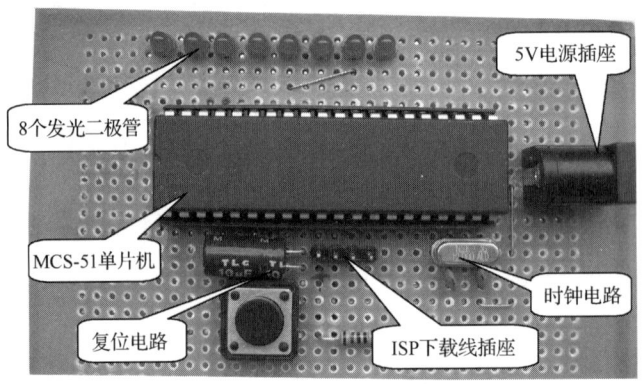

图 1-15　流水灯电路装接图

小贴士：单片机一般不直接焊接在电路板上，应先焊接一个 40 脚的 IC 插座，再将单片机插在该插座上。

电路板焊接完成并检查无误后，就可以编写程序了。

二、编写程序并写入单片机

（1）在 Keil μVision3 界面中用 C51 语言编程，输入如下程序。

```
#include<reg51.h>              //包含 MCS-51 单片机头文件
#include<intrins.h>             //包含 MCS-51 单片机内部函数头文件
int main(void)                  //主程序 main 函数
{
    unsigned int i;             //定义无符号整型变量 i
```

```
        P2=0xfe;                        //P2 口赋初值 0xfe，点亮最低位 LED
        while(1)                        //主程序设置死循环，保证主程序的运行
        {
            for (i=0;i<30000;i++);      //延时一段时间
            P2=_crol_(P2,1);            //P2 口的值循环左移 1 位再赋给 P2 口
        }
}
```

（2）将上面的程序进行编译，生成一个 HEX 文件。

（3）利用编程器或下载线将 HEX 文件烧写到单片机的程序存储器中。

（4）当上述工作做完后，再给电路板加上+5V 电源，最后看一下实训效果。

技能实训二　Keil 软件的基本使用方法

下面通过本项目技能实训一中流水灯实例程序的编写、调试和编译来学习 Keil 软件的基本使用方法。

一、Keil 软件工作界面

双击桌面上的 Keil μVision3 图标，启动软件。如图 1-16 所示，在 Keil 软件工作界面的最上面是菜单栏，包括几乎所有的操作命令；菜单栏的下面是工具栏，包括常用操作命令的快捷按钮；界面的左边是工程管理窗口，该窗口有 5 个标签，即 Files（文件）、Regs（寄存器）、Books（附加说明文件）、Functions（函数）和 Templates（模板），用于显示当前工程的文件结构、寄存器和函数等。如果是第一次启动 Keil 软件，相应窗口和标签都是空的；如果不是第一次启动，Keil 软件会自动打开上一次关闭时的工程。

二、Keil 软件基本操作

1. 新建工程文件

在项目开发中，仅有一个源程序是满足不了需求的，还要为项目选择 CPU，确定编译、连接的参数，指定调试的方式，编译之后也会自动生成一些文件，所以一个项目往往包含多个文件。为管理和使用方便，Keil 软件引入了"Project（工程）"这一概念，将这些参数设置和所需的所有文件都放入一个工程中。当然最好为每一个工程创建一个专用文件夹用于存放所有文件。建立工程的方法如下。

单击菜单【Project】→【New Project】，如图 1-17 所示。在弹出的"Create New Project"对话框中，选择保存路径，并在"文件名"输入框中输入工程的名称（如 led），不需要扩展名，如图 1-18 所示。

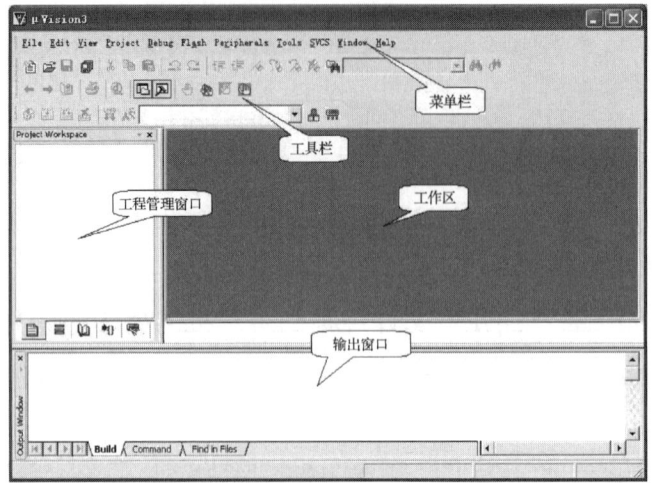

图 1-16　Keil 软件工作界面

图 1-17　Project 菜单

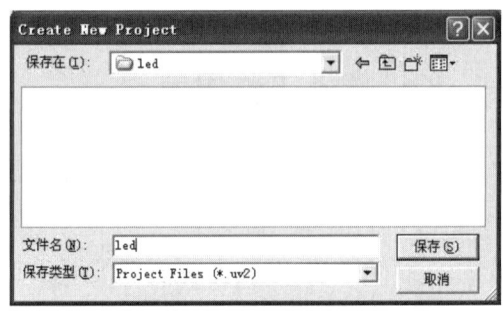

图 1-18　保存工程文件

单击"保存"按钮，便会弹出第二个对话框，要求选择目标 CPU 型号，如图 1-19 所示。Keil 软件支持的 CPU 很多，按照公司名分类，单击"ATMEL"前面的"+"号，展开该层，可以选择 AT89C5X 系列或 AT89S5X 系列，这里我们选择"AT89S51"，然后单击"确定"按钮，回到主界面。此时，在工程管理窗口的文件页中，出现了"Target 1（目标）"，前面有"+"号，单击"+"号展开，可以看到下一层的"Source Group1（源程序组）"，这时的工程还是一个空的工程，里面什么文件也没有，如图 1-20 所示。

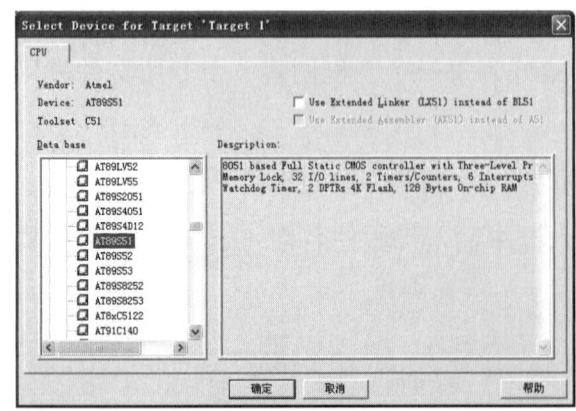

图 1-19　选择目标 CPU 型号对话框

图 1-20　建立完成后的工程

2. 工程的设置

工程建立好以后,还要对工程进行进一步的设置,以满足要求。

首先在"Target 1"上右击,弹出图 1-21 所示的快捷菜单,接着单击"Options for Target 'Target 1'"选项,即出现工程设置对话框。

工程设置对话框非常复杂,共有 10 个页面,要全部搞清可不容易,好在绝大部分设置项取默认值即可。下面对其中两个页面进行简要说明。

图 1-21 "Target 1"快捷菜单

(1) 工程设置对话框中的"Target"页面如图 1-22 所示,"Xtal"后面的数值是晶振频率值,默认值是所选目标 CPU 的最高可用频率值,对我们所选的 AT89S51 而言是 24MHz,该数值与最终产生的目标代码无关,仅用于软件模拟调试时显示程序执行时间。正确设置该数值可使显示时间与实际所用时间一致,一般将其设置成与硬件所用晶振频率相同,如果没必要了解程序执行的时间,也可以不设,这里设置为 12MHz。

(2) 工程设置对话框中的"Output"页面如图 1-23 所示,这里面也有多个选项。其中,"Create HEX File"用于生成可执行代码文件(可以用编程器写入单片机芯片的 HEX 文件,文件的扩展名为.hex),默认情况下该项未被选中,如果要烧录单片机做硬件实验,就必须选中该项,这一点是初学者易疏忽的,在此特别提醒注意。选中"Debug Information"将会产生调试信息,这些信息用于调试。如果需要对程序进行调试,应当选中该项。选中"Browse Information"将会产生浏览信息,该信息可以通过单击菜单【View】→【Browse】来查看,这里取默认值。

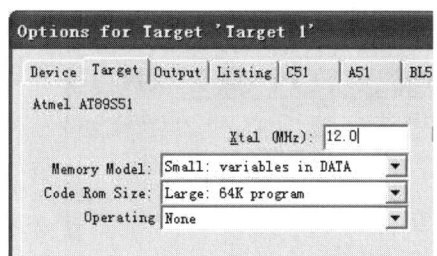

图 1-22 对目标进行设置

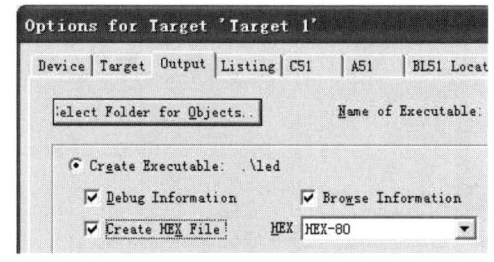

图 1-23 对输出进行设置

工程设置对话框中的其他各页面与 C51 编译选项、A51 的汇编选项、BL51 连接器的连接选项等有关,这里均取默认值,不做任何修改。

3. 建立并保存源文件

单击菜单【File】→【New】或单击工具栏中的新建文件按钮，即可在项目窗口的右侧打开一个新的文本编辑窗口，如图 1-24 所示。在输入源程序之前，建议首先保存该空白文件，因为保存后，在输入程序代码时，其中的关键字、数据等会以不同的颜色显示，这样会减少输入错误的机会。单击菜单【File】→【Save】或单击工具栏中的保存按钮，弹出"Save As"对话框，如图 1-25 所示。在"文件名"输入框中输入文件名，同时必须输入正确的扩展名（汇编语言源程序以.asm 为扩展名，C 语言源程序以.c 为扩展名），然后单击"保存"按钮。

图 1-24 文本编辑窗口

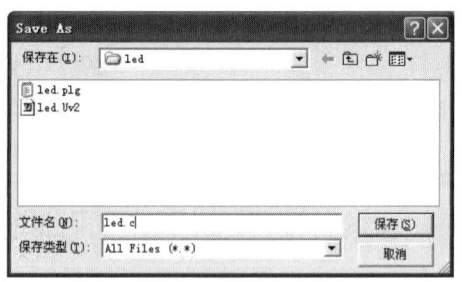

图 1-25 "Save As"对话框

4. 添加源文件到工程中

在工程管理窗口的文件页中，在"Source Group 1"上右击，弹出如图 1-26 所示的快捷菜单。接着单击【Add Files to Group 'Source Group 1'】，在弹出的对话框中选中"led.c"，如图 1-27 所示。单击"Add"按钮，将源文件添加到工程中。然后单击"Close"按钮，回到主界面。

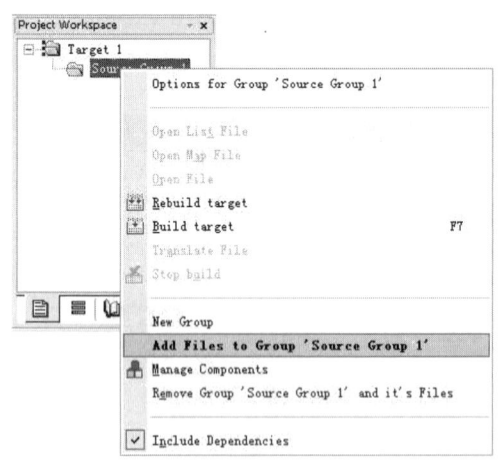

图 1-26 "Source Group 1"快捷菜单

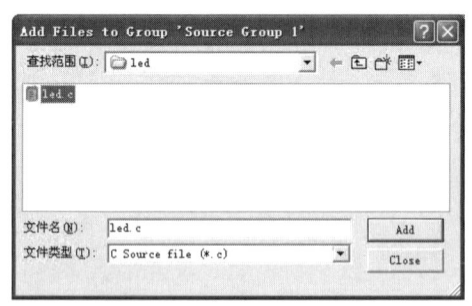

图 1-27 添加源文件

此时，在"Source Group 1"文件夹中多了一个子项"led.c"，如图 1-28 所示。这时，就可以在文本编辑窗口中输入程序了。

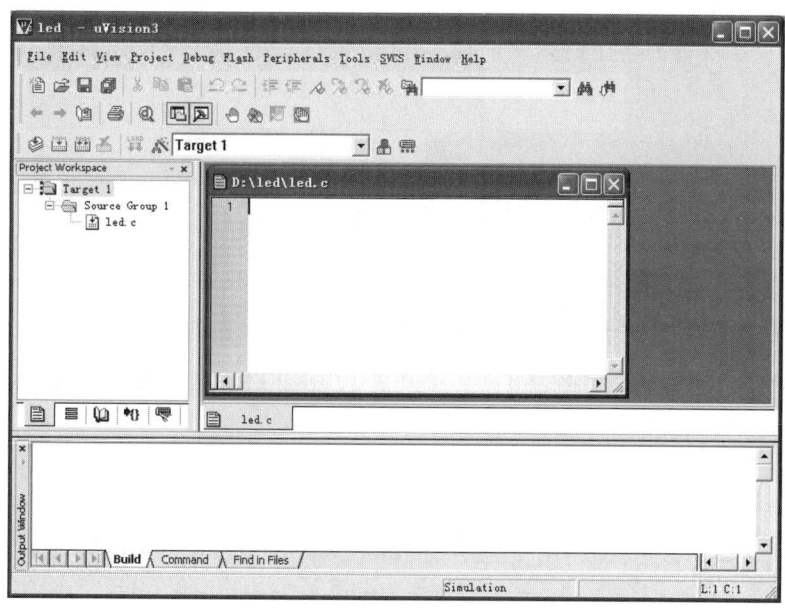

图 1-28 "Source Group 1" 文件夹

5. 程序编译

在设置好工程、输入程序后,即可进行编译、连接。单击菜单【Project】→【Build target】,对当前工程进行连接,如果当前文件已修改,软件会先对该文件进行编译,再连接以产生目标代码。如果单击菜单【Project】→【Rebuild all target files】,则会对当前工程中的所有文件重新进行编译后再连接,确保最终产生的目标代码是最新的。如果单击菜单【Project】→【Translate】,则仅对该文件进行编译,不进行连接。

以上操作也可以通过工具栏按钮直接进行。图 1-29 所示是有关编译、连接、工程设置的工具栏按钮,从左到右分别是编译、编译连接、全部重建、停止编译、下载到闪存、对工程进行设置。

图 1-29 有关编译、连接、工程设置的工具栏按钮

编译过程中的信息将出现在输出窗口中的"Build"页中。如果源程序中有语法错误,则会有错误报告出现,双击该行,可以定位到出错行,对源程序进行修改,编译、连接成功后会得到图 1-30 所示的结果,自动生成名为 led.hex 的文件,该文件即可被编程器或 ISP 下载线读入并写到单片机中,同时产生了一些其他相关的文件,可被用于 Keil 软件的仿真与调试,这时可以进行下一步调试的工作。

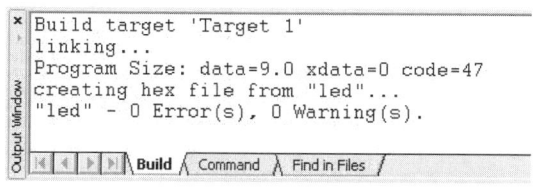

图 1-30 正确编译、连接之后的结果

在图 1-30 中，可以看到输出窗口中显示的是编译、连接过程及编译、连接结果。其含义如下。

```
创建目标'Target 1'
正在连接……
程序大小：数据存储器=9.0  外部数据存储器=0  代码=47
正在从"led"创建 HEX 文件……
工程"led"编译结果——0 个错误，0 个警告。
```

如果编译过程中出现了错误，双击错误信息，则可以看到 Keil 软件自动跳转到错误的位置，并在代码行前面出现一个蓝色的箭头，对源程序进行反复修改之后，最终会得到正确的编译结果。

技能实训三　向单片机写入程序

向单片机写入程序称为程序固化，俗称烧录或烧写，是指将编译好的程序（一般为 HEX 文件或 BIN 文件）写入单片机的程序存储器。对于支持 ISP 在线下载的单片机，既可以通过编程器完成烧写，也可以通过 ISP 下载线完成烧写。

一、使用编程器固化程序

下面以 EasyPRO 80B 型号的编程器为例介绍程序固化的过程，其他编程器的使用方法大同小异。使用编程器固化程序的过程见表 1-3。

表 1-3　使用编程器固化程序的过程

步骤	操作说明	操作示意图
1	接通编程器电源，用 USB 连接线将编程器连接到计算机的 USB 口，将 AT89S51 单片机按方向要求插入万用 IC 插座并锁紧，如右图所示	
2	运行编程器随机附带的编程软件 EasyPRO 80B Programmer，未调入文件时所有单元的值均为"FF"，如右图所示	

续表

步骤	操 作 说 明	操 作 示 意 图
3	选择要烧写器件的型号。单击界面左侧的"选择"按钮,弹出"选择器件"对话框,如右图所示。在"类型"选项组中选择"MCU"（微控制单元即单片机），在"厂商"列表中选择"ATMEL"下的"AT89Sxx"，在"器件"列表中选择"AT89S51"，单击"选择"按钮，完成器件选择	
4	单击工具栏中的"打开"按钮，选择将要写入单片机程序存储器的HEX（或BIN）文件，弹出如右图所示的对话框，单击"确定"按钮	
5	调入文件后如右图所示，有数据的单元会显示具体数据	
6	单击界面左侧的"编程"按钮，弹出如右图所示的对话框	

续表

步骤	操作说明	操作示意图
7	单击"设置"按钮，弹出如右图所示的对话框，可以在"操作选择"选项组中选择要进行的操作。一般应该选择"编程前擦除芯片"和"编程后校验"两项。有的编程器的擦除和编程是分开进行的，在程序写入前一定要先对芯片进行擦除操作。单击"设定"按钮，完成设置	
8	在"编程"对话框中单击"编程"按钮，便开始程序写入操作，操作完成后如右图所示	

烧写完成后，将单片机从编程器上取下，插入电路板的 IC 插座，给电路板接上+5V 电源，观察电路运行情况。

二、使用下载线下载程序

所谓下载线下载程序，是指通过下载线将计算机中编译好的程序写入单片机的程序存储器。

使用下载线下载程序要求单片机必须支持 ISP 下载功能。目前，市场上常用的支持 ISP 下载功能的 MCS-51 单片机主要有深圳宏晶公司的 STC 系列单片机和 ATMEL 公司的 AT 系列单片机。由于这两种单片机在下载中使用的引脚和传输协议不同，它们使用的下载线及上位机软件均不相同。下面对这两种单片机使用的下载线的连接和下载过程进行介绍。

1. STC 系列单片机的 ISP 下载

STC 系列单片机的 ISP 下载使用的是单片机的串行口，下载线和目标电路板的连接相对简单。图 1-31 所示是 STC 系列单片机的 ISP 下载线插座引线配置图。

图 1-31 中的 ISP 下载线插座是一个 4 针的插座，和目标电路板相连的有 4 根线，分别是 VCC 线、GND 线，以及单片机的 P3.0（串行接收引脚）线、P3.1（串行发送引脚）线。

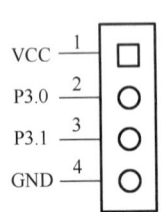

图 1-31 STC 系列单片机的 ISP 下载线插座引线配置图

STC 系列单片机的 ISP 下载线是通过单片机的串行口下载程序的，因此下载线只有串行口的（市面上的 USB 口下载线只不过是将计算机的 USB 口虚拟成串行口使用），下载方法和所用上位机软件完全相同。

STC 系列单片机的 ISP 下载的操作步骤如下。

（1）用数据线将单片机目标电路板和下载线连接好，同时用串口线将下载线和计算机的串行口 COM1 连接，如图 1-32 所示。

图 1-32　下载线与单片机目标电路板及计算机的连接

（2）启动 STC-ISP V35 上位机软件，其界面如图 1-33 所示。

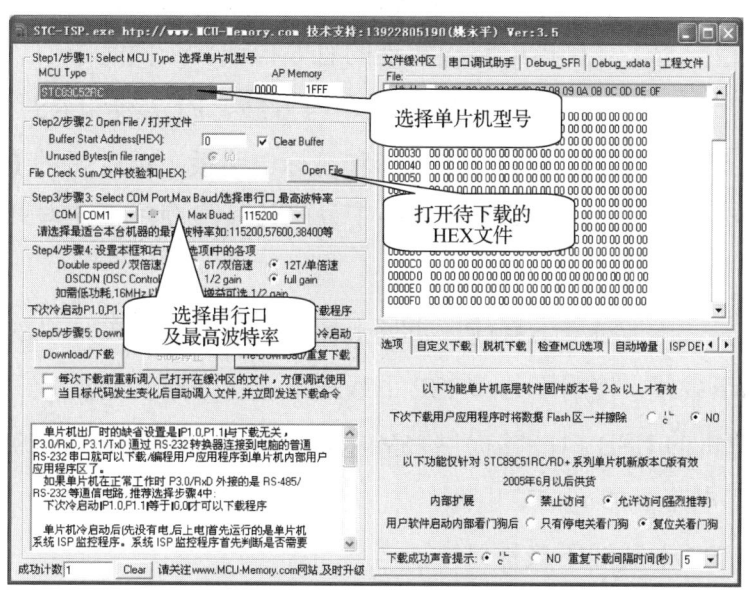

图 1-33　STC-ISP V35 软件界面

（3）选择单片机型号，并选择串行口及最高波特率。

（4）单击"Open File"按钮，打开待下载的 HEX 文件。

（5）先断开给系统供电的电源，单击"Download/下载"按钮，出现与单片机建立握手连接提示，如图 1-34 所示。

（6）这时给系统上电，如果通信正常，则可将程序写入单片机的程序存储器。

2．AT 系列单片机的 ISP 下载

AT 系列单片机的 ISP 下载使用的通信口与 STC 系列单片机不同。图 1-35 所示是一种 AT 系列单片机常用的 ISP 下载线插座引线配置图。

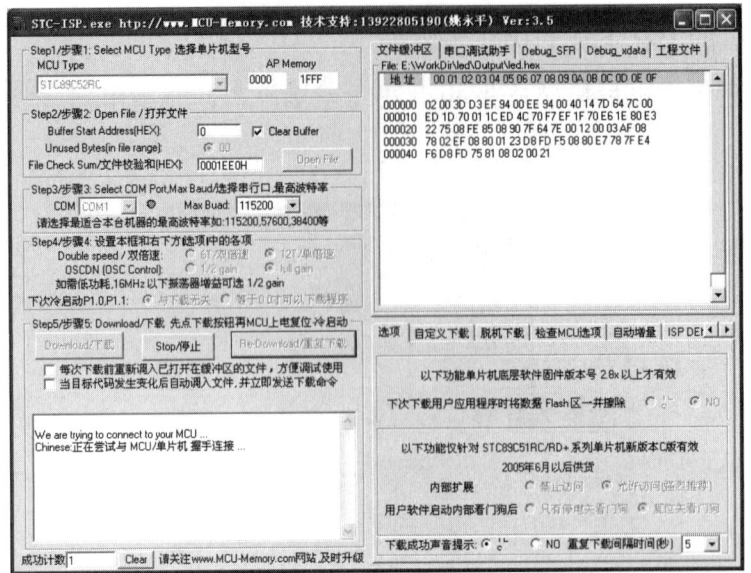

图 1-34　与单片机握手连接界面

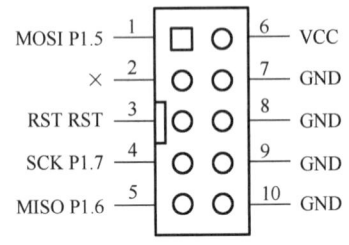

图 1-35　AT 系列单片机常用的
ISP 下载线插座引线配置图

图 1-35 中的 ISP 下载线插座是一个 10 针的插座，其中和目标电路板相连的有 6 根线，分别是 VCC 线、GND 线，以及单片机的 P1.5 线、P1.6 线、P1.7 线和 RST 线。例如，下载线定义 MOSI 引脚和目标电路板上单片机的 P1.5 相连。

注意：有些下载线的接线顺序可能与此不同，这时需要调整引线。

目前，市场上流行的 AT 系列单片机的 ISP 下载线有串行口下载线和 USB 口下载线。使用串行口 ISP 下载线下载程序时，需要专门给目标电路板加上+5V 电源。由于计算机的 USB 口能够提供+5V 电源，所以使用 USB 口 ISP 下载线下载程序，一般不需要再给目标电路板加上+5V 电源。

1）使用串行口 ISP 下载线下载程序

下面以下载软件电子在线 ISP 编程器 v2.0 为例说明使用串行口 ISP 下载线下载程序的方法。

（1）连接好下载线和单片机目标电路板，给目标电路板加上+5V 电源。

（2）启动电子在线 ISP 编程器 v2.0 软件，该软件界面如图 1-36 所示。

（3）选择单片机型号及串行口，根据下载线实际连接的端口进行设置。

（4）单击"鉴别"按钮，检查单片机型号。

（5）单击"打开"按钮，打开待下载的 HEX 文件。

（6）单击"擦除"按钮，将单片机的程序存储器中原有内容擦除。

（7）单击"写入"按钮，将打开的文件下载到单片机的程序存储器中。

也可以设置好自动选项后，单击"自动"按钮完成程序的擦除和写入。

2）使用 USB 口 ISP 下载线下载程序

下面以下载软件 Progisp 为例说明使用 USB 口 ISP 下载线下载程序的方法。

（1）用数据线将单片机目标电路板、下载线和计算机连接好，如图 1-37 所示。

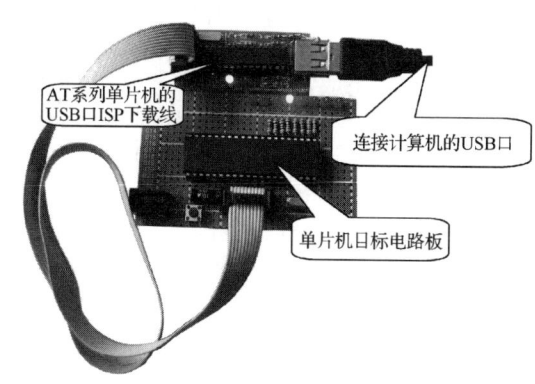

图 1-36　电子在线 ISP 编程器 v2.0 软件界面　　图 1-37　下载线与单片机目标电路板及计算机的连接

（2）启动 Progisp 软件，该软件界面如图 1-38 所示。

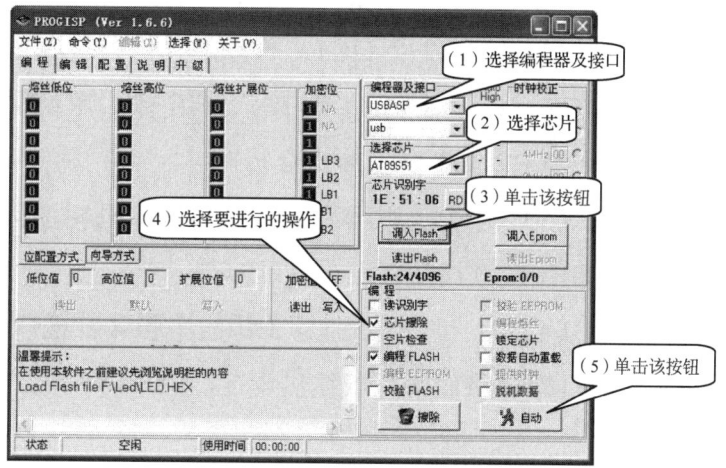

图 1-38　Progisp 软件界面

（3）选择编程器及接口，并选择芯片。

（4）单击"调入 Flash"按钮，打开待下载的 HEX 文件。

（5）在"编程"选项组中选择要进行的操作。

（6）单击"自动"按钮，便可以完成芯片的擦除和编程等操作。

程序烧写完成后，马上就可以观察到程序运行结果。

技能实训四　自制 STC 系列单片机的 ISP 下载线

STC 系列单片机的 ISP 下载使用的是单片机的串行口，下载线电路简单，制作容易，ISP 下载线是学习和制作单片机系统的必备工具。

一、电路原理图

STC 系列单片机 ISP 下载线电路原理图如图 1-39 所示。

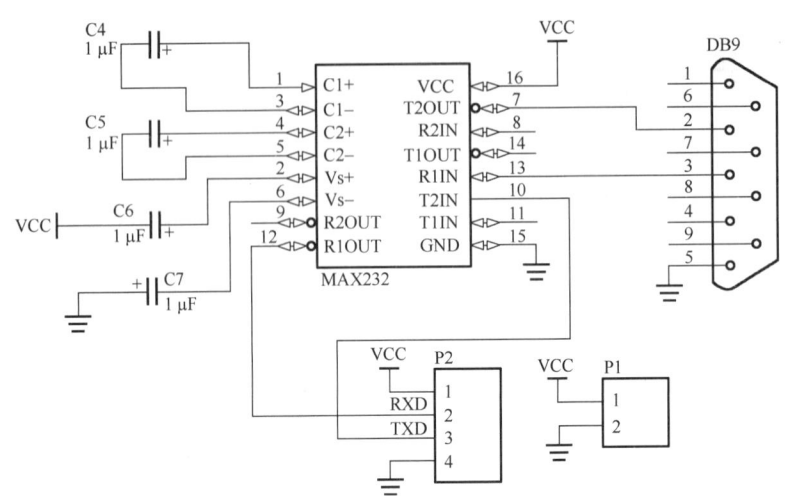

图 1-39　STC 系列单片机 ISP 下载线电路原理图

元器件说明如下。

（1）电容 C4～C7 均为 1μF 电解电容，组装时注意其极性。

图 1-40　DB9 插座

（2）MAX232（IC1）芯片是美信公司专门为计算机的 RS-232 标准串行口设计的接口电路，使用+5V 单电源供电，可完成 TTL 电平与 RS-232 电平的相互转换。

（3）DB9 是用于将下载线与计算机相连接的 9 针插座，其实物如图 1-40 所示。

（4）P1 和 P2 分别是 2 针插座和 4 针插座，其中 P1 用于给下载线供电（也可以通过单片机目标电路板给下载线供电），P2 用于连接下载线和单片机目标电路板。

二、硬件电路制作

本下载线电路比较简单，我们可以在万能实验板上插装焊接，也可以制作一块印制电路板，在印制电路板上装配。本下载线印制电路图及制作实物图如图 1-41 所示。

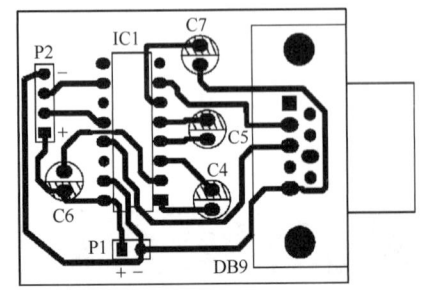

（a）印制电路图

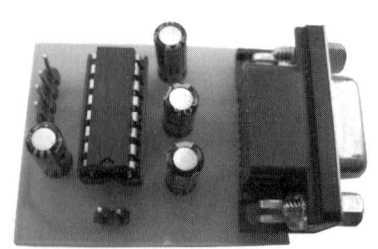

（b）实物图

图 1-41　STC 系列单片机 ISP 下载线印制电路图及制作实物图

技能实训五　仿真软件 Proteus 演练

Proteus 软件可以让你在没有任何硬件设备的情况下学习和开发单片机。下面仅通过本书的第一个实例——流水灯的仿真，介绍 Proteus 软件的基本使用方法，后面章节不再涉及。有关 Proteus 的详细使用，读者可以查阅相关书籍。

一、Proteus 工作界面

Proteus 工作界面主要由 ISIS 和 ARES 两个部分组成，ISIS 的主要功能是电路原理图设计及交互仿真，ARES 主要用于印制电路板设计。

图 1-42 所示是启动 Proteus ISIS 7.1 后的工作界面，工作界面的最上面是菜单栏；菜单栏的下面是标准工具栏；工作界面的左边是含有 3 个组成部分的模式选择工具栏，主要包括主模式图标、部件模式图标和二维图形模式图标，包含电路原理图设计的所有工具；模式选择工具栏右边的两个小窗口分别是预览窗口和对象选择窗口，预览窗口显示当前仿真电路原理图的缩略图，对象选择窗口列出当前仿真电路原理图中用到的所有元器件、可用终端及虚拟仪器等，当前显示的可选择对象与当前选择的操作模式图标对应；工作界面右边的大面积区域是图形编辑窗口；工作界面的最下面有仿真进程控制按钮、对象方位控制按钮。

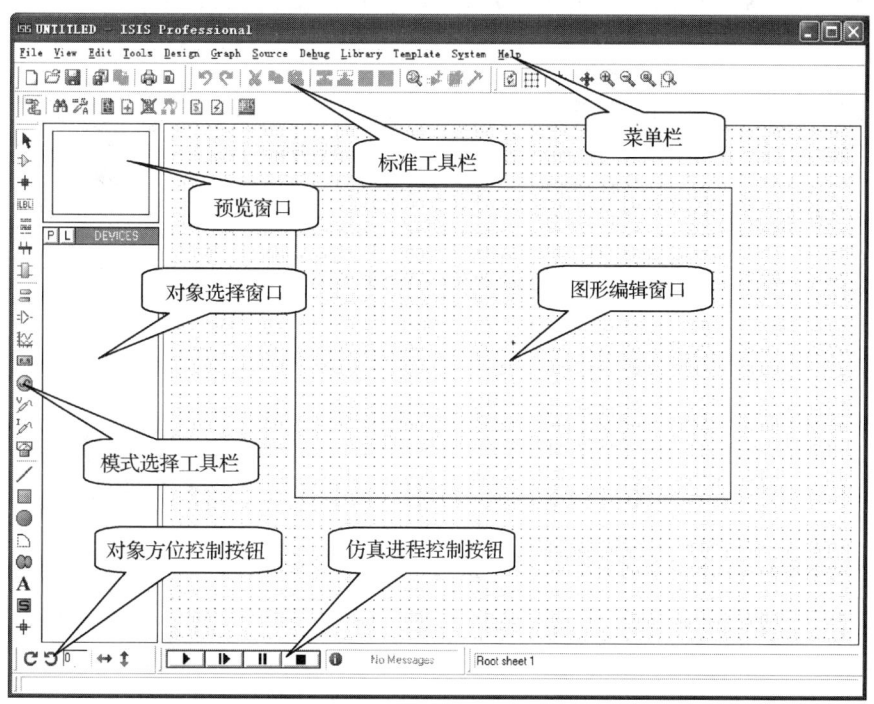

图 1-42　Proteus ISIS 7.1 工作界面

二、仿真电路原理图设计

我们要设计的流水灯电路共有 7 种元器件，见表 1-4。

表 1-4　流水灯电路用到的元器件名称及所在的库

元器件名称	代　号	所在库名称
单片机	AT89C51	Microprocessor ICs
晶振	CRYSTAL	Miscellaneous
瓷介电容	CAP	Capacitors
电解电容	CAP-ELEC	Capacitors
电阻	RES	Resistors
按键	BUTTON	Switches & Relays
发光二极管	LED-GREEN	Optoelectronics

1）将所需元器件添加至对象选择窗口

单击对象选择按钮 P，弹出"Pick Devices"对话框，由于软件元器件库中没有 AT89S51，我们用 AT89C51 代替，在"Keywords"输入框中输入"AT89C51"，系统在对象库中进行查询，并将搜索结果显示在"Results"列表中，如图 1-43 所示。在"Results"列表中双击"AT89C51"，即可将 AT89C51 添加至对象选择窗口。

重复上述步骤，可将所有需要的元器件添加至对象选择窗口，最后关闭"Pick Devices"对话框。在对象选择窗口中，已有了 AT89C51、CRYSTAL、CAP、CAP-ELEC、RES、BUTTON、LED-GREEN 共 7 种元器件对象，如图 1-44 所示。单击相应的元器件，则可在预览窗口中显示其实物图。

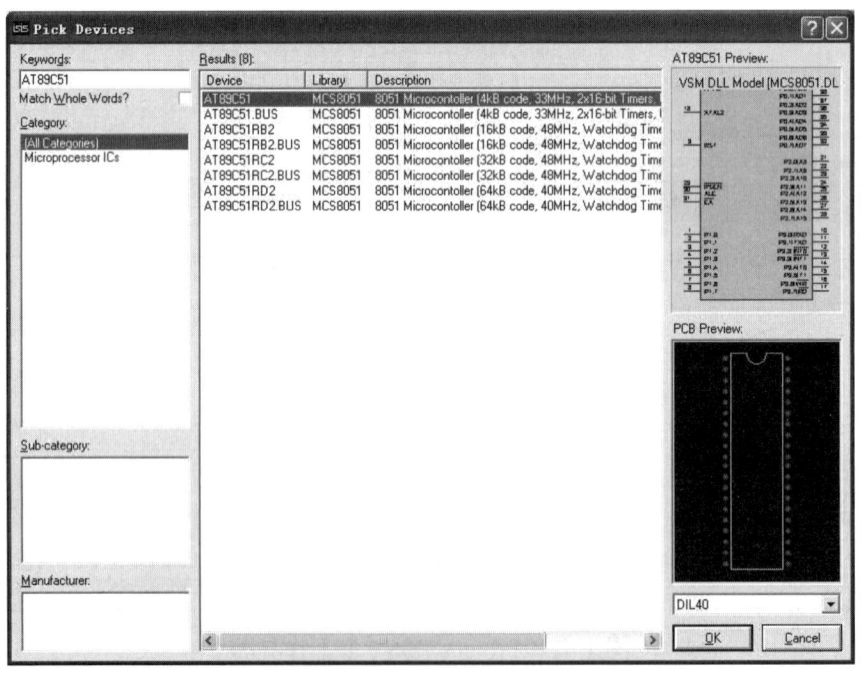

图 1-43　将所需元器件添加至对象选择窗口

2）放置元器件至图形编辑窗口

在对象选择窗口中，选中 AT89C51，在图形编辑窗口中欲放置该对象的地方单击，完成该对象的放置，如图 1-45 所示。

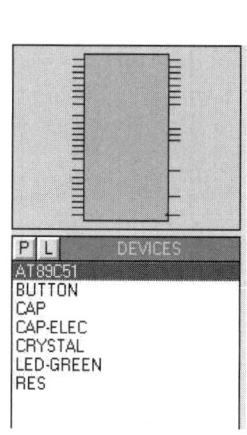

图 1-44　已添加元器件的对象选择窗口

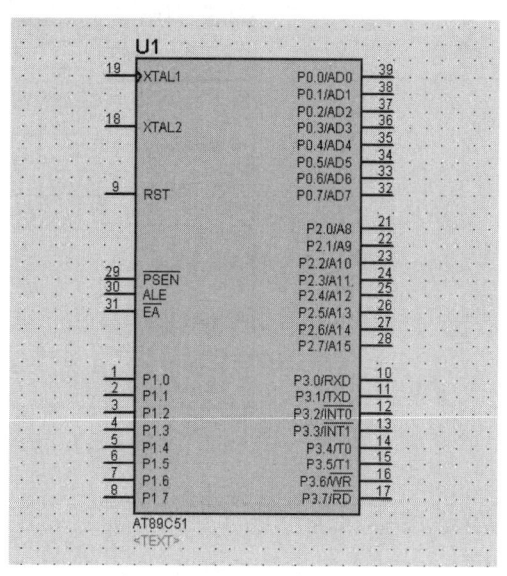

图 1-45　放置元器件 AT89C51

按照同样的操作，将电路所有的元器件放置在图形编辑窗口中，如图 1-46 所示。

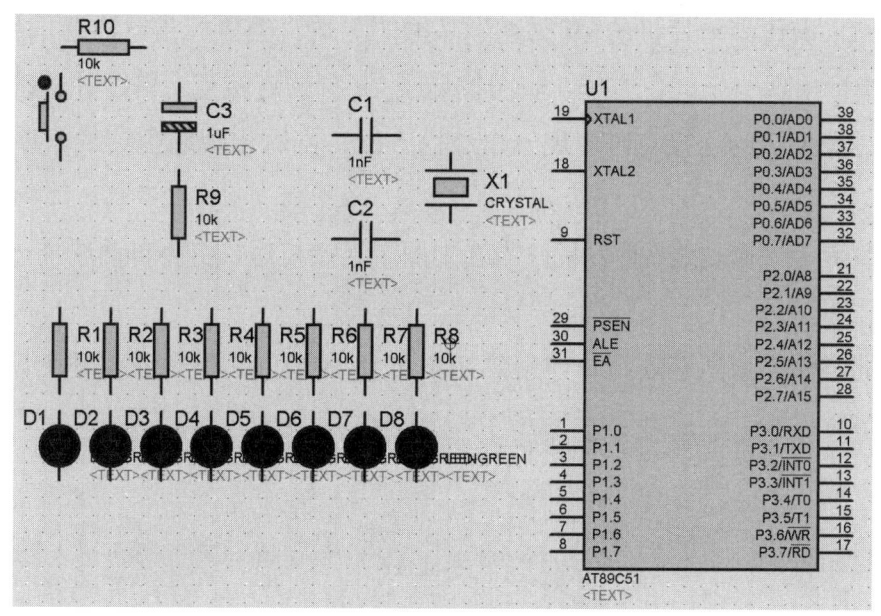

图 1-46　放置完所有元器件

如果需要旋转对象或调整对象的朝向，右击该对象，单击相应菜单选项即可。

3）编辑对象属性

当需要修改元器件的参数（如标号、电阻值、电容量等）时，可以通过"Edit Component"对话框（编辑对象属性对话框）进行编辑。双击对象则可打开编辑对象属性对话框。图 1-47 所示是编辑电阻属性对话框，在该对话框中可以改变电阻的标号、电阻值、PCB 封装以及是否把这些东西隐藏等。这里，我们将电阻值改为 270Ω，修改完成后，单击"OK"按钮即可。

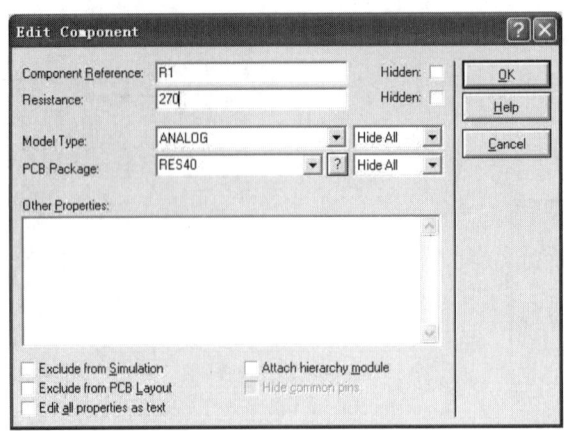

图 1-47　编辑电阻属性对话框

4）放置电源及接地端子

如果需要放置电源或接地端子，则可以单击模式选择工具栏中的接线端按钮，这时对象选择窗口中便出现一些接线端，其放置方法同元器件放置方法。

5）元器件之间的连线

下面，我们来操作将单片机的 19 脚连到晶振的上端。当鼠标指针靠近单片机 19 脚的连接点时，鼠标指针出现一个红色方框，表明找到了 19 脚的连接点，单击并移动鼠标指针，当鼠标指针靠近晶振上端的连接点时出现一个红色方框，同时出现绿色连线，单击，完成该连线的绘制。

Proteus 软件具有"自动路径"功能，当选中两个连接点后，将会自动选择一个合适的路径连线。

按照同样的方法完成所有连线，便得到如图 1-48 所示的仿真电路原理图。

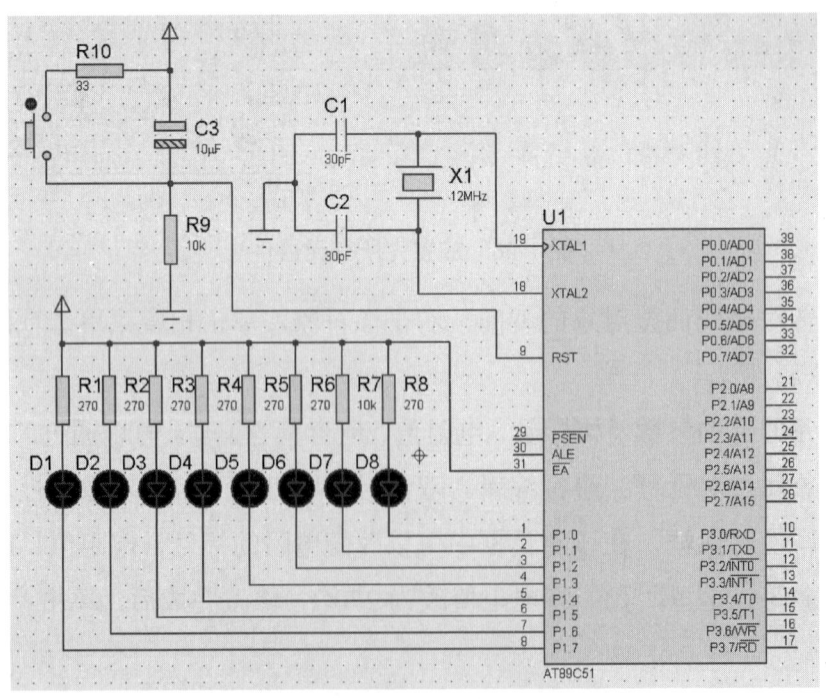

图 1-48　完成后的仿真电路原理图

三、仿真运行

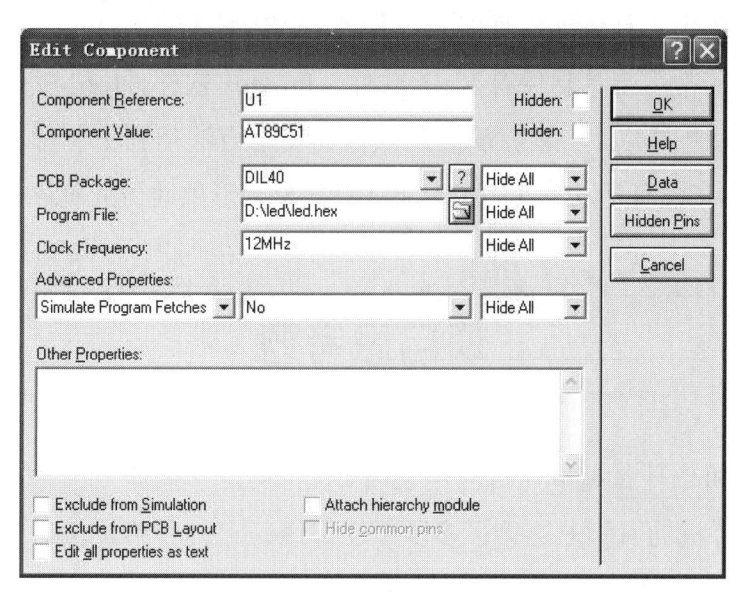

在进行模拟电路、数字电路仿真时，只需单击仿真运行按钮▶就可以了。仿真单片机应用系统时，应将应用程序目标文件（HEX 文件）载入单片机，就好像是烧录到单片机的程序存储器中。载入目标文件的方法是，双击打开编辑 AT89C51 属性对话框，如图 1-49 所示。单击"Program File"输入框后面的按钮，弹出文件选择对话框，选中并打开由 Keil 软件编译生成的 HEX 文件，最后单击"OK"按钮，完成将目标文件载入单片机芯片。单击▶按钮，就可以看到程序运行结果了。

图 1-49　编辑 AT89C51 属性对话框

需要说明的是，当修改完程序并进行编译后，不必再次载入目标文件，只需单击停止按钮，再单击运行按钮就可以了。

项 目 小 结

1．单片机及单片机应用系统的概念：单片机是把 CPU、数据存储器、程序存储器、定时/计数器和多种功能的 I/O 接口等部件集成在一块硅基片上所构成的微型计算机；单片机应用系统则是指在各类电子产品中，利用单片机实施控制的系统。

2．掌握 MCS-51 单片机的基本结构及引脚功能。MCS-51 单片机的 40 个引脚按其功能分为以下四类：电源引脚、时钟电路引脚、并行 I/O 口引脚、编程控制引脚。

3．MCS-51 单片机有 4 个 8 位并行 I/O 口，即 P0 口、P1 口、P2 口和 P3 口，共计 32 个 I/O 口引脚，作为与外部电路联络的引脚。这 4 个 I/O 口可以并行输入或输出 8 位数据，也可以按位使用，即每一位均能独立定义为输入或输出。每个口都可作为通用 I/O 口，但其功能又有所不同。其中，P1 口只能构成通用 I/O 口；P0 口除可作为通用 I/O 口使用外，还可构成系统的数据总线和地址总线的低 8 位；P2 口除可作为通用 I/O 口使用外，还可构成系统的地址总线的高 8 位；P3 口可作为通用 I/O 口使用，它的每一个引脚又都兼有第二功能。

4．掌握二进制、十进制和十六进制的特点和它们之间的关系，熟记 15 以下二进制数、十进制数和十六进制数之间的对应关系。

5．MCS-51 单片机正常工作的 3 个基本条件是电源、时钟电路、复位电路。单片机最小应用系统是指用最少的元器件组成的单片机应用系统。

6．单片机开发常用工具包括仿真器、编程器、ISP 下载线。

7．单片机开发的常用工具软件有 Keil 软件、Proteus 软件。Keil 软件具有方便易用的集成环境、强大的仿真调试工具，熟练掌握此软件的使用方法是利用单片机进行产品开发的关键。Proteus 软件能够在没有开发工具的情况下在计算机上形象地仿真单片机的运行结果。

项目思考题

1．什么是单片机？什么是单片机应用系统？

2．MCS-51 单片机的引脚上连接了多少 I/O 口线？它们和单片机对外的地址总线和数据总线有什么关系？地址总线和数据总线各是多少位？

3．MCS-51 单片机的 ALE、$\overline{\text{PSEN}}$ 和 $\overline{\text{EA}}$ 各自的功能是什么？

4．什么是单片机最小应用系统？试画出 MCS-51 单片机最小应用系统原理图。

5．写出 MCS-51 单片机正常工作的 3 个基本条件。

6．在单片机开发过程中，仿真器和编程器起到什么作用？

7．什么是 ISP 功能？

8．使用 Keil 软件建立一个工程并进行相应的设置，建立一个源文件并进行编译。

项目二

简单 I/O 口控制电路的制作

单片机 I/O 口控制电路是单片机应用系统中最基本、最简单和最重要的应用，在几乎所有的单片机应用系统中都要用到。单片机 I/O 口控制电路是学习单片机的重要一步，掌握其制作方法对今后学习单片机具有重要意义。

项目基本知识

知识一　MCS-51 单片机并行 I/O 口

如项目一所介绍的，MCS-51 单片机有 4 个 8 位并行 I/O 口，即 P0 口、P1 口、P2 口和 P3 口。各 I/O 口的结构功能又有所不同，见表 2-1。

表 2-1　各 I/O 口的结构功能

I/O 口	结构及特点	一位内部结构图	主要功能
P0 口	右图所示是 P0 口的一位口线内部结构图，P0 口的各位口线具有与其完全相同但又相互独立的结构。 在 P0 口的内部有一个多路开关，在控制信号的控制下，可以分别接通锁存器输出（作为通用 I/O 口进行数据的输入或输出）或接通地址/数据线（提供系统的数据总线和地址总线的低 8 位）。 当作为输出口使用时，当输出 1 时，两个场效应管均截止，引脚处于悬浮状态，必须外接上拉电阻才能有高电平输出。 当作为系统的数据总线和地址总线时，两个场效应管相互配合，可输出高电平和低电平，无须再接上拉电阻	P0 口的一位口线内部结构图	① 通用 I/O 口 ② 提供系统的数据总线和地址总线的低 8 位

续表

I/O 口	结构及特点	一位内部结构图	主要功能
P1 口	右图所示是 P1 口的一位口线内部结构图。因为 P1 口通常只能作为通用 I/O 口使用，其内部没有多路开关，输出驱动电路中有上拉电阻，外接电路无须再接上拉电阻	P1 口的一位口线内部结构图	通用 I/O 口
P2 口	右图所示是 P2 口的一位口线内部结构图。P2 口既可作为通用 I/O 口使用，又可为系统提供地址总线的高 8 位，因此同 P0 口一样，其内部也有一个多路开关。 当作为通用 I/O 口使用时，多路开关接通锁存器输出端；当作为系统高 8 位地址线使用时，多路开关接通"地址"端	P2 口的一位口线内部结构图	① 通用 I/O 口 ② 提供系统的地址总线的高 8 位
P3 口	右图所示是 P3 口的一位口线内部结构图。P3 口可作为通用 I/O 口使用，但在实际应用中它的第二功能更为重要。为适应引脚第二功能的需要，在口线电路中增加了"第二功能输出"信号线和"第二功能输入"缓冲器。 当用于第二功能时，相应的口线锁存器必须为 1 状态，与非门输出第二功能信号。在 P3 口的引脚信号输入通道中第二功能的输入信号取自"第二功能输入"缓冲器的输出端，而作为通用 I/O 口使用（第一功能）的数据输入，取自三态门的输出端	P3 口的一位口线内部结构图	① 通用 I/O 口 ② 每一个引脚又都具有第二功能

当并行 I/O 口作为输入口时，必须先把 I/O 口置 1，输出级的场效应管 VT2 或 VT 处于截止状态，使引脚处于悬浮状态，才可以作为高阻输入，如图 2-1（a）所示。否则，如果此前输出锁存过数据 0，输出级的场效应管 VT2 或 VT 则处于导通状态，引脚相当于接地，如图 2-1（b）所示，引脚上的电位就被钳位在低电平上，使输入高电平时得不到高电平，读入的数据是错误的，还有可能烧坏 I/O 口。

(a) I/O 口为 1　　　　　　(b) I/O 口为 0

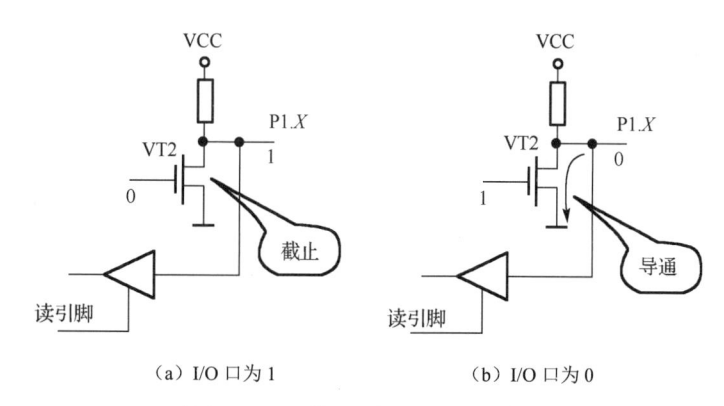

图 2-1　并行 I/O 口作为输入口时场效应管的状态

若要把 I/O 口置 1，可执行如下指令。

```
P1^X=1;              //置位 P1^X（X 代表 0～7）
P1=0xff;             //将 P1 口全部置位
```

知识二　单片机的 C51 语言基础知识（一）

C 语言是美国贝尔实验室于 20 世纪 70 年代初开发出来的，后来又被多次改进，并出现了多种版本，但主要应用在微机上，如 Microsoft C、Turbo C、Borland C 等。人们在进行单片机开发时，为了提高编程效率，也开始使用针对单片机的 C 语言，一般称为 C51 语言，其编译的目标代码简洁且运行速度很高。

C51 语言同时具有汇编语言和高级语言的优点，其优点如下：

（1）语言简洁，更符合人类思维习惯，开发效率高、开发周期短。

（2）可进行模块化开发。

（3）运算符非常丰富。

（4）提供数学函数并支持浮点运算。

（5）使用范围广，可移植性强。

（6）可以直接对硬件进行操作。

（7）程序可读性和可维护性强。

一、C51 语言程序的基本结构

下面的程序是用 C51 语言编写的控制接在 P2 口的 8 个发光二极管轮流点亮（俗称流水灯）的程序。我们通过解读这个程序，来了解 C51 语言程序的基本结构。为了使程序结构清晰明了，方便修改、维护，单片机 C51 语言程序一般按以下的基本结构书写。

```
#include <reg51.h>           //包含 MCS-51 单片机头文件
#include <intrins.h>         //包含 MCS-51 单片机内部函数头文件
delay()                      //延时子函数
{
    unsigned int i;
    for (i=0;i<30000;i++);   //用 for 循环语句实现 30000 次循环
```

```
}
int main(void)               //主程序 main 函数
{
    P2=0xfe;                 //程序初始化：P2 口赋初值，点亮第 1 个 LED
    while(1)                 //while(1)死循环，真正的主程序部分
    {
        delay();             //调用延时子函数
        P2=_crol_ (P2,1);    //P2 口的值循环左移 1 位
    }
}
```

小贴士：在以后的学习中，我们还会用到中断，因此 C51 语言程序中还要包括中断函数。

1. 文件包含及头文件的作用

1）文件包含

文件包含是指一个源文件将另外一个源文件的全部内容包含进来，常用于函数的声明、宏定义、全局变量的声明、外部变量的声明等，如图 2-2 所示。

文件包含有两种形式：#include< >和#include" "。

#include< >是指调用的文件在系统目录中，即编译软件的安装目录中。

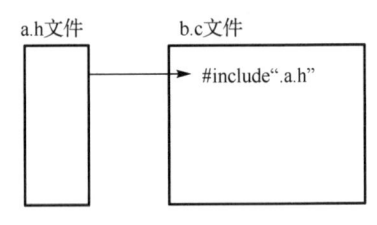

图 2-2 文件包含示意图

#include" "是指调用的文件在自己编写的源文件目录中，如果这个地方没有，再从系统目录中寻找。

#include" "可以完全取代#include< >，反之则不行。但是，为了编译速度最快，通常使用#include< >，也使读者对文件的来源一目了然。

小贴士：由于文件包含属于预处理命令，不属于 C51 语言的组成部分，所以不需要在语句后面加分号。

2）头文件

在程序中包含头文件，其实际意义就是将这个头文件中的全部内容放到引用头文件的位置处，避免我们每次编写同类程序都要将头文件中的语句重复编写。

要打开头文件 reg51.h 查看其内容，可以在 Keil 软件的安装路径/C51/INC 目录下找到它并以记事本打开，也可以将鼠标指针移到#include<reg51.h>上，右击，选择"Open document <reg51.h>"选项。reg51.h 头文件中的部分内容如下。

```
/*  BYTE Registers  */
sfr P0    = 0x80;
sfr P1    = 0x90;
sfr P2    = 0xA0;
sfr P3    = 0xB0;
/*  BIT Registers  */
/*  PSW  */
sbit CY   = 0xD7;
sbit AC   = 0xD6;
```

```
sbit F0  = 0xD5;
sbit RS1 = 0xD4;
sbit RS0 = 0xD3;
sbit OV  = 0xD2;
sbit P   = 0xD0;
```

从 reg51.h 头文件可以看到，该头文件中定义了 MCS-51 单片机内部所有的功能寄存器，用到了两个关键字：sfr 和 sbit。

sfr：声明一个 8 位的特殊功能寄存器。

sbit：声明一个可寻址位。

"sfr P0=0x80;"语句的意义是，把单片机内部地址为 0x80 的这个寄存器重新命名为 P0，以后在程序中可直接使用名称 P0 来操作地址为 0x80 的这个寄存器。sbit 和 sfr 的功能基本相同，只不过 sbit 声明的是位。

2. 主程序 main 函数

main 函数的基本格式如下。

```
int main(void)
{
    //单片机复位后总是从这里执行
    语句1;
    ……
}
```

int 表示 main 函数的返回值是 int（整数）型，int 可以省略。如果在 main 函数中不加返回语句，则默认返回 0。很多人使用 void main()的写法，其实这种写法是错误的，可能在某些编译器中无法通过。后面我们会讲到有返回值的函数。

圆括号中的内容表示函数的参数，void 表示无参数，无参数表示该函数不带任何参数，我们也可以只写"()"。

main 函数后面的花括号中的内容就是这个函数的所有代码。每条独立语句的末尾都要加上分号，一行可以写多条语句。

小贴士：任何一个单片机 C51 语言程序有且只有一个 main 函数，它是整个程序开始执行的入口，不论 main 函数放在程序中的哪个位置，它总是先被执行。main 函数可以调用其他功能函数，但其他功能函数不允许调用 main 函数。

3. 子函数

在程序设计过程中，有多个地方会用到同一段程序，需要重复书写。为了减少书写量，可以把该段程序设置成子函数，在需要该段程序时，只要调用子函数就可以了。有时虽然某段程序只使用一次，但为了使程序结构简单、清晰和具有易读性，也会把该段程序写成子函数的形式。如何编写与调用子函数呢？

1）子函数的声明

子函数可以先声明，也可以不预先声明。如果子函数的位置在调用语句之前，则不需要专门声明；如果子函数的位置在调用语句之后，则需要对这个子函数进行声明。声明的方法如下。

```
void delay(void);          //声明一个无返回值、无参数的延时子函数
```

2）子函数的编写

子函数的编写和 main 函数的编写差不多，只是函数名称不同。以下是延时子函数的基本格式。

```
void delay(void)
{
    /*函数体*/
}
```

3）子函数的调用

子函数的调用就是指在一个函数体中引用另一个已定义的函数来实现所需要的功能，这个时候，函数体称为主调用函数，函数体中所引用的函数称为被调用函数。一个函数体中能调用数个其他函数，这些被调用函数同样也能调用其他函数，即嵌套调用。调用的方法是在函数体中写上子函数的名称，后面加上括号和分号。例如，延时子函数的调用语句如下。

```
delay();                  //调用延时子函数
```

4. while 循环语句

while 循环语句是常用的条件循环语句，可用作固定次数的循环程序和不定次数的循环程序，其常见语法格式如下。

```
while(循环条件)
{
    语句;                  //循环体
}
```

其执行过程是：先判断循环条件是否满足，如果满足，则执行循环体的内容，执行完之后自动返回继续判断循环条件，如果满足，则继续执行；如果条件不满足，则跳出 while 循环语句，执行后面的语句。

其中，循环条件可以是常数、变量、表达式、等式、不等式和运算式。循环条件为非 0 值则条件满足，为 0 值则条件不满足。对于等式和不等式，成立则为 1，表示满足；不成立则为 0，表示不满足。

当循环体为空时，花括号可以省略，但 while() 后面必须加分号。

在主程序中使用 while(1){语句;}，是让花括号中语句永远循环执行，称为死循环。单片机程序的主程序都是一个死循环程序，以便能不停地输出控制信号、接收输入信号和更新一些变量的值，保证程序的正常运行。

需说明的是，while 循环语句还有另一种格式。

```
do
{
    语句；              //循环体
}
while(循环条件)
```

其执行过程是：先执行循环体的内容，再判断循环条件，如果满足，则返回继续执行循环体，由此产生循环。在此格式中，循环体的内容至少被执行一次。

5. 程序初始化

所谓程序初始化，是指单片机复位后根据需要对某些寄存器或变量进行初始设置或赋初值，并且这些操作仅执行一次，之后就进入 while(1)的死循环。

6. "="运算符

要控制单片机 I/O 口输出，在 C51 语言中非常简单，只需要使用"="运算符就可以了。"="运算符是赋值运算符，它的作用是把"="右边的值赋给"="左边的变量。

例如，如果想让单片机的 P2 口的 P2.0 口线输出低电平，另外 7 位口线输出高电平，则写作：P2=0xfe;。但是，如果只想让 P2.0 口线输出低电平，而另外 7 位口线不受影响，则可以使用位操作：P2^0=0;。

小贴士：在 C51 语言中，关键字和变量在书写时是要区分大小写的。由于在 reg51.h 头文件中，定义 P2 的语句为 sfr P2= 0xA0;，其中字母 P 是大写，所以书写 P2 时的字母 P 一定要大写，否则编译器将因无法识别而出现错误。

7. 注释

为了增加程序的可读性，往往给程序添加必要的文字说明，这就是注释。注释是为方便人们读程序而写的，是给人看的，对编译和运行不起作用。注释可以在程序中的任何位置。

C51 语言中，注释分为行注释和段注释两种。

行注释以"//"符号开始，之后的语句都被视为注释，直到按回车键换行；段注释是指在"/*"和"*/"符号之内的注释。例如：

```
//这就是行注释
/*这是段注释
给程序添加必要的注释是一个很好的习惯*/
```

二、程序设计相关

1. if 条件语句和 for 循环语句

1）if 条件语句

就如汉语中的条件语句一样，C51 语言也一样是"如果××，就××"，或是"如果××，就××，否则××"。也就是说，当条件符合时就执行语句。条件语句又被称为分支语句。C51 语言提供 3 种形式的条件语句。

(1) 当条件表达式的结果为真时,就执行语句,否则跳过,语法格式如下。

```
if (条件表达式)
{
    语句;
}
```

(2) 当条件表达式的结果为真时,就执行语句1,否则执行语句2,语法格式如下。

```
if (条件表达式)
{
    语句1;
}else
{
    语句2;
}
```

(3) 由 if、else 组成多分支条件语句,语法格式如下。

```
if (条件表达式1)
{
    语句1;
}else if (条件表达式2)
{
    语句2;
}else if (条件表达式3)
{
    语句3;
}else if (条件表达式m)
{
    语句m;
}else
{
    语句n;
}
```

小贴士:一般条件语句只会用于单一条件或分支数量少的情况,如果分支数量多,则更多地会用到开关语句。如果使用条件语句来编写超过 3 个以上分支的程序,则会使程序变得不那么清晰易读。

2)for 循环语句

在明确循环次数的情况下,for 循环语句比前面学的 while 循环语句要简单。它的语法格式如下。

```
for ([初值设定表达式];[循环条件表达式];[条件更新表达式])
{
    语句;          //循环体
}
```

方括号中的表达式是可选的,这样 for 循环语句的变化就会有很多种。for 循环语句的执行过程如下:先代入初值,再判断表达式的结果是否为真,表达式的结果为真时执行循环体并更新条件,再判断表达式的结果是否为真……,直到表达式的结果为假时,退出循环。用 for 循环语句实现的延时子函数如下。

```
delay()
{
```

```
    unsigned int i;
    for (i=0;i<30000;i++);
}
```

2. 移位运算符和循环移位函数

1) 移位运算符

移位运算符能够对变量的值进行移位运算，包括左移运算符"<<"和右移运算符">>"。

例如：

```
a=a<<1;          //将变量a的值左移1位后赋给a
a=a>>2;          //将变量a的值右移2位后赋给a
```

移位运算示意图如图 2-3 所示（注意移位后末位补 0）。

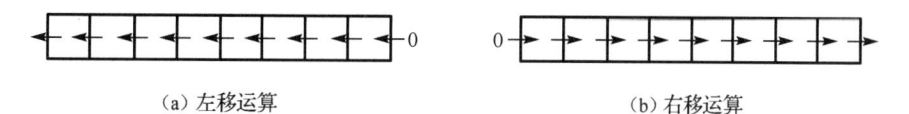

(a) 左移运算   (b) 右移运算

图 2-3　移位运算示意图

2) 循环移位函数

循环移位函数能够对变量的值进行循环移位，属于 MCS-51 单片机内部函数，需要包含头文件 intrins.h。下面利用循环移位函数对字符型变量的值进行循环移位。

```
a=_crol_(a,1);          //将变量a的值循环左移1位后赋给a
a=_cror_(a,2);          //将变量a的值循环右移2位后赋给a
```

循环移位函数执行过程示意图如图 2-4 所示。

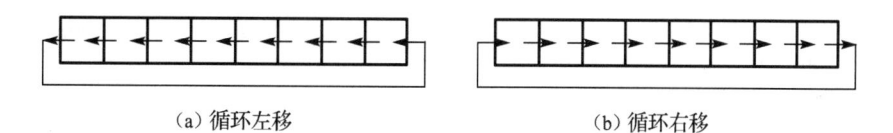

(a) 循环左移   (b) 循环右移

图 2-4　循环移位函数执行过程示意图

3. 数组

数组是同类型数据的有序集合。数组用一个名称来标记，称为数组名。数组中各元素的顺序用下标来表示，下标为 n 的元素可以表示为：数组名[n]。方括号中的数为下标，改变方括号中的下标就可以访问数组中所有的元素。

定义数组的一般格式如下。

```
数据类型 数组名[元素个数];          //元素个数可以不写
```

在定义数组时，可以给数组赋初值。例如：

```
unsigned char a[5]={ 1,2,3,4,5};
```

上面定义的数组 a 共有 5 个元素，并给全部元素赋值，a[0]=1，a[1]=2，a[2]=3，a[3]=4，a[4]=5。

4. 流程图

为了把复杂的工作变得条理化、直观化，通常在编写程序之前先设计流程图。所谓流程图,就是用带箭头的线把矩形框、菱形框和圆角矩形框等连接起来,以表示实现这些步骤或过程的顺序。流程图中常用的符号如图 2-5 所示。

完成流程图设计后,就可以按流程图中的步骤或过程选择合适的语句,一步步地编写程序。例如,为编写控制接在 P2.0 口线的 LED 闪烁的程序而绘制的流程图如图 2-6 所示。

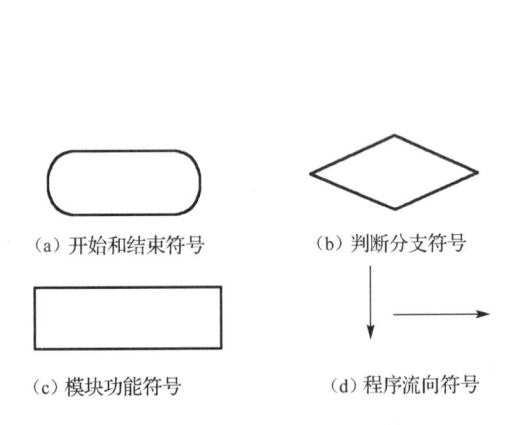

图 2-5　流程图中常用的符号

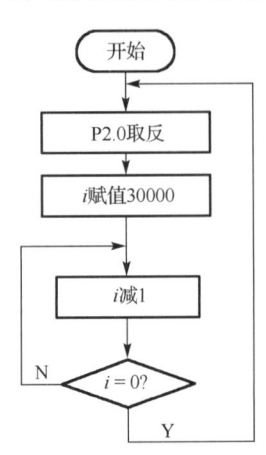

(a) 开始和结束符号　(b) 判断分支符号
(c) 模块功能符号　(d) 程序流向符号

图 2-6　控制接在 P2.0 口线的 LED 闪烁的程序流程图

项目技能实训

技能实训一　闪烁灯的制作

在日常生活中,有各种各样的闪烁灯,有起娱乐或装饰作用的,如儿童玩具、商店门口的装饰灯等,也有起警示作用的,如路障灯、汽车转向灯、十字路口的黄闪灯等。图 2-7 所示为生活中的各种闪烁灯。

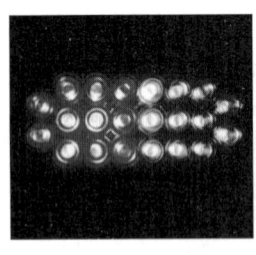

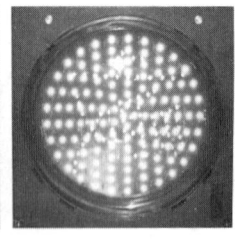

图 2-7　生活中的各种闪烁灯

一、LED 与单片机接口电路

在单片机控制系统中,一般通过 I/O 口进行开关量的控制。例如,发光二极管(LED)的亮灭、电动机的启停等控制都属于单片机的开关量输出控制。

LED 是几乎所有单片机系统都要用到的显示器件。常见的 LED 主要有红色 LED、绿色

LED、蓝色 LED 等单色 LED，另外还有一种能发红色光和绿色光的双色 LED，如图 2-8 所示。

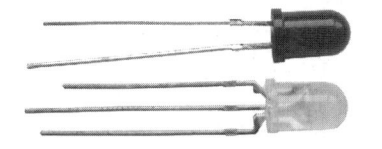

图 2-8　单色和双色 LED

驱动 LED，可分为低电平点亮和高电平点亮两种。由于 P1～P3 口内部上拉电阻较大，为 20～40kΩ，属于"弱上拉"，因此 P1～P3 口引脚输出的高电平电流 I_{OH} 很小（为 30～60μA）。当输出低电平时，下拉场效应管导通，可吸收 1.6～15mA 的灌电流，负载能力较强。因此，两种驱动 LED 的电路在结构上有较大差别。在图 2-9（a）所示的电路中，对 VD1、VD2 的低电平驱动是可以的，而对 VD3、VD4 的高电平驱动是不可以的，因为单片机提供不了点亮 LED 的输出电流。正确的高电平驱动电路如图 2-9（b）所示。因为高电平驱动时需要另加三极管，所以在实际电路设计中，一般采用低电平驱动方式。

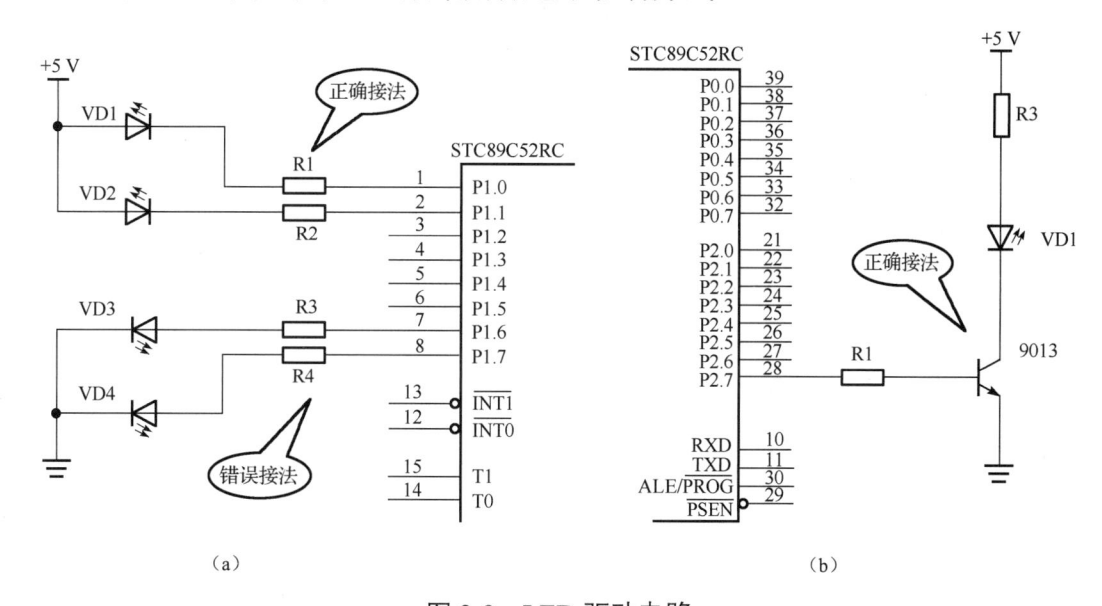

图 2-9　LED 驱动电路

综上所述，欲控制 LED 的亮灭，只需使与其相连的口线输出相应的高、低电平即可。

二、硬件电路设计、制作与调试

1. 电路原理图

根据任务要求，闪烁灯电路原理图如图 2-10 所示。P2 口作为输出口，采用低电平驱动方式。

图 2-10 中的 J1 为 ISP 下载线插座，用于连接 ISP 下载线，方便更新单片机的程序存储器中的程序。标准 ISP 下载线插座引线配置图如图 2-11 所示。

注意：有些下载线的接线并非采用标准接线，这时需要调整引线。

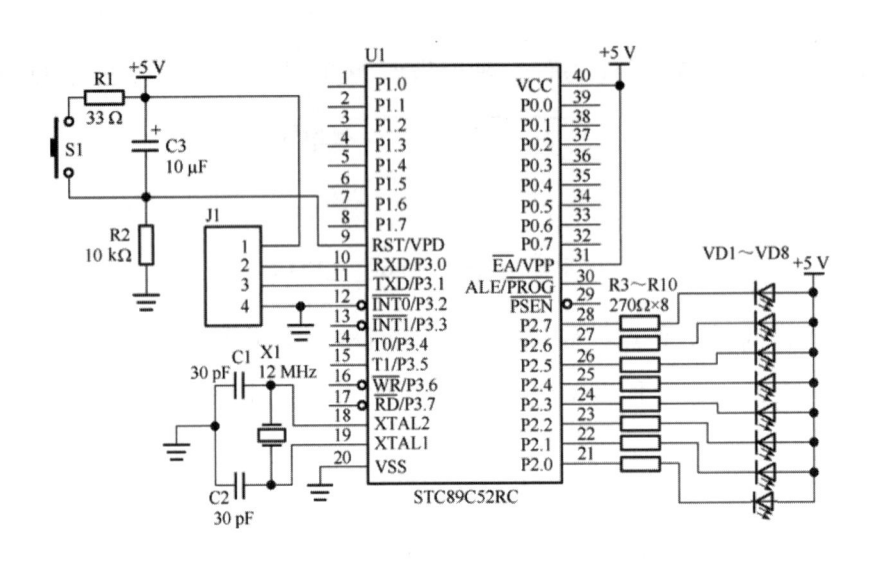

图 2-10 闪烁灯电路原理图

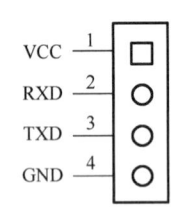

图 2-11 标准 ISP 下载线插座引线配置图

2. 元器件清单

闪烁灯电路元器件清单见表 2-2。

表 2-2 闪烁灯电路元器件清单

代 号	名 称	规 格
R3～R10	电阻	270Ω
R1	电阻	33Ω
R2	电阻	10kΩ
VD1～VD8	发光二极管（LED）	红色φ5
C1、C2	瓷介电容	30pF
C3	电解电容	10μF
S1	轻触按键	
X1	晶振	12MHz
U1	单片机	STC89C52RC
	IC 插座	40 脚
J1	下载线插座	4 脚

3. 电路制作

对于简单电路，可以在万能实验板上进行元器件的插装焊接。电路制作步骤如下。

（1）按图 2-10 所示的电路原理图绘制电路元器件排列布局图。

（2）按布局图在万能实验板上依次进行元器件的排列、插装。

（3）按焊接工艺要求对元器件进行焊接，背面用ϕ0.5mm～ϕ1mm的镀锡裸铜线连接（使用双绞网线的芯线效果非常好），直到所有的元器件连接并焊完为止。

闪烁灯电路装接图如图2-12所示。

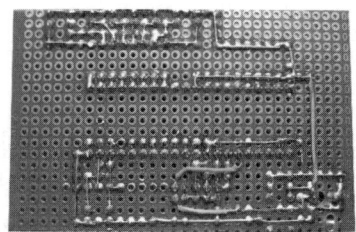

图2-12　闪烁灯电路装接图

4. 电路调试

（1）通电之前先用万用表检查各种电源线与地线之间是否有短路现象。

（2）给硬件系统加电，检查所有插座或元器件的电源端是否有符合要求的电压，检查接地端电压是否为0V。

（3）在不插单片机时，模拟单片机输出低电平，检查相应的外部电路是否正常。方法是：用一根导线将低电平（接地端）分别引到P2.0～P2.7相对应的集成电路（IC）插座的引脚上，观察相应的LED是否正常发光，如图2-13所示。

图2-13　模拟I/O口输出低电平

（4）插上单片机，接通电源，用万用表测量单片机各引脚电压是否正常。

（5）用示波器测试单片机的18脚（XTAL2）、19脚（XTAL1）、30脚（ALE）是否有正常波形，如果有则表示时钟电路已经起振，如图2-14所示。

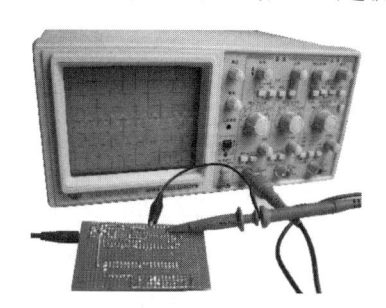

(a) 18脚（XTAL2）的波形　　　　(b) 30脚（ALE）的波形

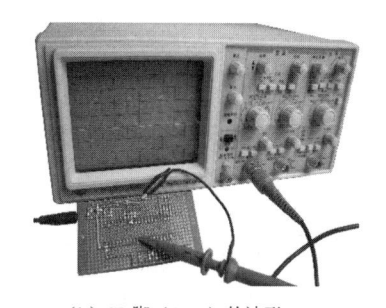

图2-14　用示波器测试振荡波形

三、程序设计

1. 点亮 LED

欲点亮某只 LED，只需使与其相连的口线输出低电平即可。

点亮从高位到低位的第 1、3、5、7 个 LED，实现的方法有字节操作和位操作两种。

方法 1（字节操作）：

```
#include <reg51.h>         //MCS-51单片机头文件
int main(void)             //主程序main函数
{
    while(1)               //在主程序中设置死循环程序
    {
        P2=0x55;           //把十六进制数0x55（二进制数01010101）赋给P2口
    }
}
```

方法 2（位操作）：

```
#include <reg51.h>         //MCS-51单片机头文件
sbit led7=P2^7;            //定义P2.7的名称为led7
sbit led5=   P2^5;
sbit led3=   P2^3;
sbit led1=   P2^1;
int main(void)             //主程序main函数
{
    while(1)               //在主程序中设置死循环程序
    {
        P2=0xff;           //全灭。此语句可省略，因复位后P2口即0xff
        led7=0;            //点亮第1个LED
        led5=0;            //点亮第3个LED
        led3=0;            //点亮第5个LED
        led1=0;            //点亮第7个LED
    }
}
```

2. 让 LED 闪起来

欲使某位 LED 闪烁，可先点亮该 LED，再熄灭该 LED，然后循环。程序如下。

```
#include <reg51.h>         //MCS-51单片机头文件
sbit led7=   P2^7;
int main(void)             //主程序main函数
{
    while(1)               //在主程序中设置死循环程序
    {
        led7=0;            //点亮第1个LED
        led7=1;            //熄灭第1个LED
    }
}
```

但实际运行这个程序，发现第 1 个 LED 一直在亮，只是亮度稍暗，原因是单片机执行一条指令的速度很快，大约为 1μs（具体时间与时钟和具体指令的指令周期有关）。也就是说，LED 确实在闪烁，只不过速度太快，由于人的视觉暂留现象，主观感觉一直在亮。解决的方法是在点亮和熄灭后都加入延时，使亮的时间和灭的时间足够长。

让第 1 个 LED 不停地闪烁，实现的方法有字节操作和位操作两种。

方法 1（字节操作）：

```c
#include <reg51.h>              //MCS-51 单片机头文件
int main(void)                  //主程序 main 函数
{
    unsigned int i;             //定义无符号整型变量 i
    while(1)                    //在主程序中设置死循环程序
    {
        P2=0x7f;                //点亮第 1 个 LED
        i=30000;                //i 赋值 30000
        while(i--);             //30000 次循环，消耗时间达到延时的目的
        P2=0xff;                //熄灭所有的 LED
        i=30000;
        while(i--);             //延时
    }
}
```

方法 2（位操作）：

```c
#include <reg51.h>              //MCS-51 单片机头文件
sbit led7=   P2^7;
int main(void)                  //主程序 main 函数
{
    unsigned int i;             //定义无符号整型变量 i
    while(1)                    //在主程序中设置死循环程序
    {
        led7=~led7;             //led7 取反
        i=30000;                //i 赋值 30000
        while(i--);             //30000 次循环，消耗时间达到延时的目的
    }
}
```

小贴士：所谓延时，实际上是让单片机反复不停地执行指令，虽然执行一条指令的时间很短，但执行上万条指令的时间就很可观了。由于 i 为无符号整型变量，取值范围为 0~65535。改变循环次数（i 值）可改变延时时间，从而改变闪烁频率。

四、程序调试

在项目一中我们学习了如何建立工程，设置工程，编译、连接工程，查找语法错误，并获得目标代码。下面列举一些初学者常犯的语法错误，以便有针对性地进行修改。

（1）main 函数拼写错误，CPU 因无法找到主程序而无法运行。

（2）自定义变量在后面引用时拼写错误。

（3）字母大小写错误，如 I/O 口"P0"中的"P"小写。

（4）数字"0"写成字母"o"。

（5）语句结束缺少分号。

（6）花括号不配对，漏写或多写。

对程序中的错误进行反复修改，最终获得目标代码，也仅仅代表源程序没有语法错误，至于源程序中存在的其他错误，必须通过调试才能发现并解决。事实上，除极简单的程序外，

绝大部分的程序都要通过反复调试才能得到正确的结果，因此调试是软件开发中一个重要的环节。下面将介绍常用调试命令、设置断点的方法以及外围设备辅助工具。

1. **常用调试命令**

在对工程成功地进行编译、连接以后，单击工具栏中的 按钮或单击菜单【Debug】→【Start/Stop Debug Session】即可进入调试状态。Keil 软件内建了一个仿真 CPU 用来模拟执行程序。该仿真 CPU 功能强大，可以在没有硬件和仿真器的情况下进行程序的调试。下面将要学的就是该模拟调试功能。不过在学习之前必须明确，模拟毕竟只是模拟，与真实的硬件执行程序肯定还是有区别的，其中最明显的就是时序。软件模拟是不可能和真实的硬件具有相同时序的，具体的表现就是程序执行的速度和使用的计算机有关，计算机性能越好，执行速度越快。

进入调试状态后，界面与编辑状态相比有明显的变化，【Debug】菜单中原来不能使用的命令现在已可以使用了，工具栏中多出一个用于调试的工具条，如图 2-15 所示。

图 2-15　调试工具条

【Debug】菜单中的大部分命令可以在调试工具条中找到对应的快捷按钮，各按钮所对应的命令见表 2-3。

表 2-3　调试工具条中各按钮所对应的命令

编号	命令	编号	命令	编号	命令
1	复位	8	下一状态	15	内存窗口
2	运行	9	打开跟踪	16	性能分析
3	暂停	10	观察跟踪	17	逻辑分析器窗口
4	单步	11	反汇编窗口	18	符号窗口
5	过程单步	12	观察窗口	19	工具按钮
6	执行完当前子程序	13	代码作用范围分析		
7	执行到当前行	14	1#串行窗口		

学习程序调试，必须明确两个重要的概念，即全速执行与单步执行。全速执行是指一行程序执行完以后紧接着执行下一行程序，中间不停止，这样程序执行的速度很快，并可以看到该段程序执行的总体效果，即最终结果是正确的还是错误的，但如果程序有错，则难以确定错误出现在哪些程序行。单步执行是指每次执行一行程序，执行完该行程序以后即停止，等待命令执行下一行程序，此时可以观察该行程序执行完以后得到的结果是否与我们写该行程序所想要得到的结果相同，从而找到程序中问题所在。程序调试中，这两种运行方式都要用到。

单击菜单【Debug】→【Step】或相应的快捷按钮，或者使用快捷键 F11，可以单步执行程序。单击菜单【Debug】→【Step Over】或相应的快捷按钮，或者使用快捷键 F10，可以以过程单步形式执行程序。所谓过程单步，是指将程序中的子函数作为一个语句来全速执行。

按 F11 键，可以看到源程序调试窗口的左边出现了一个黄色调试箭头，指向源程序的第一行。每按一次 F11 键，即执行该箭头所指程序行，然后该箭头指向下一行，当该箭头指向"while(i– –);"行时，再次按 F11 键会发现，该箭头指向了"while(i– –);"所对应的汇编语言程序的第一行，如图 2-16 所示，不断按 F11 键，即可逐步执行延时程序。

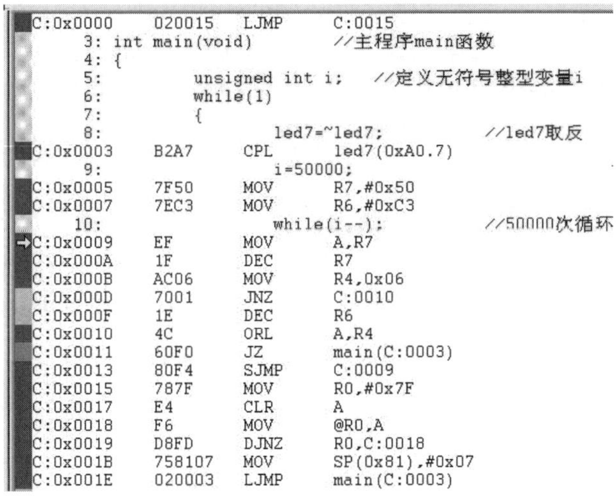

```
C:0x0000    020015   LJMP    C:0015
  3: int main(void)        //主程序main函数
  4: {
  5:         unsigned int i;   //定义无符号整型变量i
  6:         while(1)
  7:         {
  8:             led7=~led7;           //led7取反
C:0x0003    B2A7     CPL     led7(0xA0.7)
  9:             i=50000;
C:0x0005    7F50     MOV     R7,#0x50
C:0x0007    7EC3     MOV     R6,#0xC3
 10:             while(i--);          //50000次循环
→C:0x0009   EF       MOV     A,R7
C:0x000A    1F       DEC     R7
C:0x000B    AC06     MOV     R4,0x06
C:0x000D    7001     JNZ     C:0010
C:0x000F    1E       DEC     R6
C:0x0010    4C       ORL     A,R4
C:0x0011    60F0     JZ      main(C:0003)
C:0x0013    80F4     SJMP    C:0009
C:0x0015    787F     MOV     R0,#0x7F
C:0x0017    E4       CLR     A
C:0x0018    F6       MOV     @R0,A
C:0x0019    D8FD     DJNZ    R0,C:0018
C:0x001B    758107   MOV     SP(0x81),#0x07
C:0x001E    020003   LJMP    main(C:0003)
```

图 2-16 调试窗口

通过单步执行程序，可以找出一些问题的所在。但是，仅依靠单步执行来查错有时是困难的，或者虽能查出错误但效率很低，为此必须辅之以其他的方法。例如，本例中的延时程序是通过将"while(i– –);"这一行语句执行 30000 次来达到延时的目的的，如果用按 30000 次 F11 键的方法来执行完该程序行，则显然不现实。为此，可以采取以下一些方法。第 1 种方法，在循环程序的最后一行单击，把光标定位于该行，然后单击菜单【Debug】→【Run to Cursor line】（执行到光标所在行），即可全速执行完黄色箭头与光标之间的程序行。第 2 种方法，在进入该循环程序后，单击菜单【Debug】→【Step Out of Current Function】（单步执行到该函数外），即全速执行完光标所在的子函数并指向主程序中的下一程序行。第 3 种方法，在开始调试时，按 F10 键而非 F11 键，程序也将单步执行，不同的是，执行到调用子函数行时，按 F10 键，光标不进入子函数的内部，而是全速执行完该子函数，然后直接指向下一行。灵活应用这几种方法，可以大大提高查错的效率。

2. 设置断点

程序调试时，一些程序行必须满足一定的条件才能被执行，如程序中某变量达到一定的值、按键被按下、串行口接收到数据、有中断产生等，这些条件往往是异步发生或难以预先设定的，这类问题使用单步执行的方法是很难调试的，这时就要使用程序调试中的另一种非常重要的方法——设置断点。设置断点的方法有多种，常用的是在某一程序行设置断点。设置好断点后可以全速执行程序，一旦执行到该程序行即停止，可在此观察有关变量值，以确定问题所在。在程序行设置/移除断点的方法是：将光标定位于需要设置断点的程序行，单击菜单【Debug】→【Insert/Remove BreakPoint】设置或移除断点（在该行双击可实现同样的功能）。单击菜单【Debug】→【Enable/Disable Breakpoint】可开启或暂停光标所在行的断点功能。单击菜单【Debug】→【Disable All Breakpoint】可暂停所有断点功能。单击菜单【Debug】→【Kill All BreakPoint】可清除所有的断点。这些功能也可以用调试工具条中的快捷按钮进行设置。

3. 外围设备辅助工具

为了能够比较直观地了解单片机中定时/计数器、中断、并行口、串行口等常用外围设备的使用情况，Keil 软件提供了一些外围设备对话框，可通过【Peripherals】菜单选择。该菜单中的内容与建立项目时所选的 CPU 有关，如果选择的是 AT89C51 这一类标准的 MCS-51 单片机，那么会有 Interrupt（中断）、I/O Ports（并行 I/O 口）、Serial（串行口）、Timer（定时/计数器）这 4 个外围设备命令。打开这些对话框，可以看到外围设备的当前使用情况、各标志位的情况等，可以在这些对话框中直接观察各外围设备的运行情况。

例如，本技能实训中的闪烁灯程序，经编译、连接进入调试后，单击菜单【Peripherals】→【I/O Ports】→【Port 2】，弹出图 2-17 所示的对话框，全速执行，可以看到代表 P2.7 的对勾在不断变化，这样可以直接看到程序执行的结果。

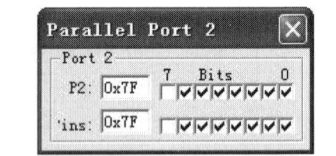

图 2-17 并行 I/O 口调试对话框

五、程序固化

将编译生成的 HEX 文件下载到单片机中并观察运行结果。

技能实训二 广告灯的制作

每当晚上走在大街上时，到处都是光彩夺目、变幻无穷的广告灯，非常好看，如图 2-18 所示。下面我们就来学习广告灯的制作。

图 2-18 变幻无穷的广告灯

一、任务分析

任务要求：单片机的 I/O 口作为输出口，接 8 个 LED，通过编程实现流水灯、花样广告灯的效果。

这里，我们要实现流水灯和花样广告灯两种效果。流水灯指的是 8 个 LED 一个一个地轮流点亮，再循环。花样广告灯是指 8 个 LED 的变化比较复杂，可以按一定的规律点亮相应的 LED，也可以任意点亮 8 个 LED 中的一个或几个。这两种效果都是通过向 I/O 口不停地赋值、延时来实现的。

二、硬件电路设计与制作

广告灯电路与闪烁灯电路完全相同，我们仍采用本项目技能实训一中的硬件电路来制作广告灯。

三、程序设计

1. 流水灯程序设计

只要将 VD1～VD7 轮流点亮和熄灭，8 个 LED 便会一亮一暗地实现流水灯的效果了。

1）实现流水灯效果的基本程序设计

使接在 P2 口的 8 个 LED 实现流水灯效果的程序流程图如图 2-19 所示。

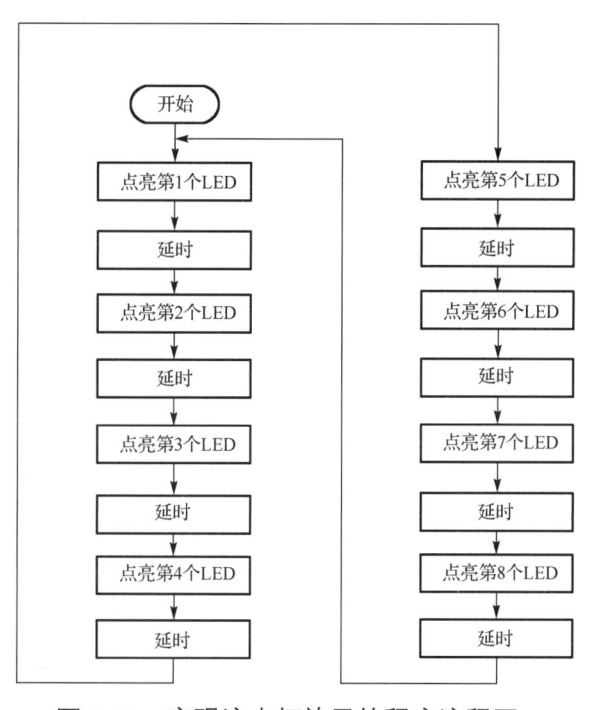

图 2-19 实现流水灯效果的程序流程图

根据程序流程图，按字节操作的程序如下（读者可以自行编写按位操作的程序）。

```
#include <reg51.h>           //MCS-51 单片机头文件
delay()                      //延时子函数
{
    unsigned int i;
    for (i=0;i<30000;i++);   //用 for 循环语句实现 30000 次循环
}
int main(void)               //主程序 main 函数
{
    while(1)                 //在主程序中设置死循环程序
```

```
    {
        P2=0xfe;              //P2口赋值0xfe, 点亮第1个LED
        delay();              //调用延时子函数
        P2=0xfd;              //P2口赋值0xfd, 点亮第2个LED
        delay();              //调用延时子函数
        P2=0xfb;              //P2口赋值0xfb, 点亮第3个LED
        delay();              //调用延时子函数
        P2=0xf7;              //P2口赋值0xf7, 点亮第4个LED
        delay();              //调用延时子函数
        P2=0xef;              //P2口赋值0xef, 点亮第5个LED
        delay();              //调用延时子函数
        P2=0xdf;              //P2口赋值0xdf, 点亮第6个LED
        delay();              //调用延时子函数
        P2=0xbf;              //P2口赋值0xbf, 点亮第7个LED
        delay();              //调用延时子函数
        P2=0x7f;              //P2口赋值0x7f, 点亮第8个LED
        delay();              //调用延时子函数
    }
}
```

将这个程序编译后固化到单片机中，观察LED是不是"流动"起来了？也可以通过修改赋给P2口的值改变"流动"方向。

这个程序原理简单、清晰易懂，但程序冗长。下面我们使用左移运算符或右移运算符及循环移位函数来实现同样的效果。

2）使用左移运算符实现流水灯效果的程序设计

使用左移运算符实现流水灯效果的程序流程图如图2-20所示。

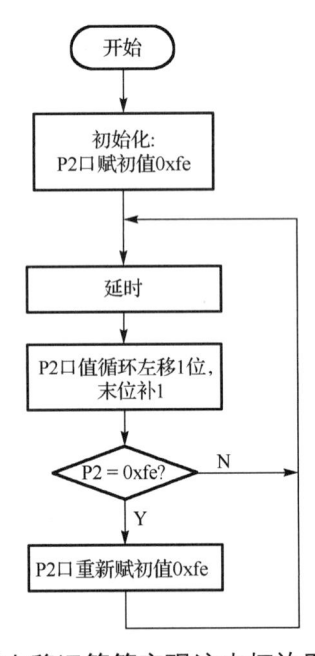

图2-20 使用左移运算符实现流水灯效果的程序流程图

根据图2-20所示的程序流程图编写的程序如下。

```
#include <reg51.h>              //MCS-51单片机头文件
delay()                         //延时子函数
{
    unsigned int i;
```

```
        for (i=0;i<30000;i++);      //用for循环语句实现30000次循环
}
int main(void)                      //主程序main函数
{
    P2=0xfe;                        //P2口赋初值,点亮第1个LED
    while(1)                        //在主程序中设置死循环程序
    {
        delay();                    //调用延时子函数
        P2=P2<<1|0x01;              //P2口的值左移1位后再和0x01进行或运算(末位补1)
        if (P2==0xff)               //如果左移8次,则等于0xff
        {
            P2=0xfe;                //P2口重新赋初值0xfe
        }
    }
}
```

使用左移运算符实现流水灯效果的程序显然要比前面的程序简短、高效。由于左移运算符实现的运算是左移1位,末位自动补0,程序中需要用指令在末位补一个1,但这样左移8次之后就变为全1,即0xff,这时需要重新赋初值0xfe。

3)使用循环左移函数实现流水灯效果的程序设计

使用循环左移函数实现流水灯效果的程序流程图如图2-21所示。

根据图2-21所示的程序流程图编写的程序如下。

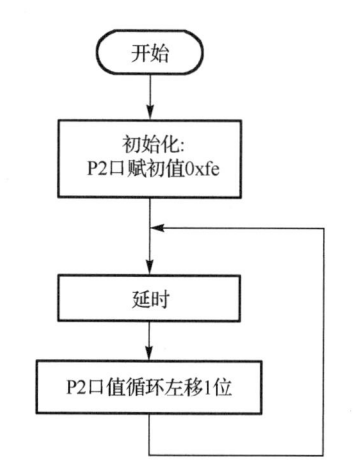

图2-21 使用循环左移函数实现流水灯效果的程序流程图

```
#include <reg51.h>                  //MCS-51单片机头文件
#include <intrins.h>                //MCS-51单片机内部函数头文件
delay()                             //延时子函数
{
    unsigned int i;
    for (i=0;i<30000;i++);          //用for循环语句实现30000次循环
}
int main(void)                      //主程序main函数
{
    P2=0xfe;                        //P2口赋初值,点亮第1个LED
    while(1)                        //在主程序中设置死循环程序
    {
        delay();                    //调用延时子函数
        P2=_crol_ (P2,1);           //P2口的值循环左移1位
    }
}
```

使用循环左移函数进行移位时,相当于所有的二进制数首尾相连成一个闭环,其中0和1的个数保持不变。给P2口赋的初值也可以是0xfc、0xf8,这样就可以有两个或三个LED在"流动"。

2. 花样广告灯程序设计

在流水灯程序设计中，不管是左移还是右移，都是有规律的，我们利用左移运算符、右移运算符或左移函数、右移函数便可轻松实现。但如果要实现复杂的、没有规律的变换，该怎么做呢？我们有两种方法可以选择：第 1 种方法是依次给 P2 口赋值，但程序会很长；第 2 种方法是将所有的数据存入一个数组，在循环程序中不断改变数组的下标，使赋给 P2 口的值不断变化，实现花样广告灯的效果。

使用第 2 种方法实现花样广告灯效果的程序如下。

```c
#include <reg51.h>                //MCS-51单片机头文件
unsigned char tab[]=
{
0xfe,0xfd,0xfb,0xf7,0xef,0xdf,0xbf,0x7f,0x7f,0xbf,0xdf,0xef,0xf7,0xfb,0xfd,0xfe,
0xff,0x7e,0xbd,0xdb,0xe7,0xdb,0xbd,0x7e,0xff
};                                //声明数组tab并赋值（共25个元素）
delay()                           //延时子函数
{
   unsigned int i;
   for (i=0;i<30000;i++);         //用for循环语句实现30000次循环
}
int main(void)                    //主程序main函数
{
   unsigned char j;
   while(1)                       //在主程序中设置死循环程序
   {
      for (j=0;j<25;j++)          //25次循环
      {
         P2=tab[j];               //将数组tab中下标为j的元素赋给P2口
         delay();                 //调用延时子函数
      }
   }
}
```

上面的程序实现的广告灯共有 25 种变化（25 种状态），要想使广告灯具有更多种变化，只需要在数组中增加元素个数，并改变循环次数即可。

项目小结

1. 在单片机控制系统中，一般通过 I/O 口进行开关量的控制。例如，LED 的亮灭、电动机的启停等控制都属于单片机的开关量输出控制。单片机 I/O 口控制电路是学习单片机的重要一步，掌握其制作方法将对今后学习单片机具有重要意义。

2. P0 口和其他 I/O 口不同，它没有内部上拉电阻。在访问外部存储器时用作地址总线和数据总线的情况下，其输出端的两个场效应管推挽输出，可输出高电平和低电平，不需要外接上拉电阻。在 P0 口作为输出口使用时，上端的场效应管始终被关断，当输出 0 时，下端的场效应管导通，输出低电平；当输出 1 时，上、下两个场效应管均截止，引脚处于悬浮状态，并不能输出高电平，这时必须外接上拉电阻。

3．当并行 I/O 口作为输入口时，必须先把 I/O 口置 1，输出级的场效应管 VT2 或 VT 处于截止状态，使引脚处于悬浮状态，才可以作为高阻输入。否则，如果此前输出锁存过数据 0，输出级的场效应管 VT2 或 VT 则处于导通状态，引脚相当于接地，引脚上的电位就被钳制在低电平上，使输入高电平时得不到高电平，读入的数据是错误的，还有可能烧坏 I/O 口。

4．LED 是几乎所有单片机系统都要用到的显示器件。在使用 MCS-51 单片机驱动 LED 或数码管时，要特别注意其驱动电流。一般来讲，由于 P1～P3 口内部上拉电阻较大，为 20～40kΩ，属于"弱上拉"，因此 P1～P3 口引脚输出高电平电流 I_{OH} 很小（为 30～60μA），不足以点亮 LED，需要增加驱动电路。而输出低电平时，下拉场效应管导通，可吸收 1.6～15mA 的灌电流，负载能力较强，可以直接点亮 LED 而不需要额外增加驱动电路。

5．一个 C51 语言程序主要包括子函数、主程序、main 函数、程序的初始化部分、主程序的主体等，如果用到中断，还应包括中断函数。

项目思考题

1．MCS-51 单片机有 4 个并行 I/O 口，在使用上如何分工？试比较各口的特点，并说明"准双向口"的含义。

2．什么是上拉电阻？为什么 P0 口作为输出口使用时必须外接上拉电阻？

3．P0～P3 口作为通用 I/O 口用于输入数据时，应注意什么？

4．为什么大部分电路中对 LED 的驱动采用低电平驱动方式？

5．一个完整的单片机 C51 语言程序包括哪几个部分？

6．单片机的头文件在程序中起什么作用？怎么包含头文件？

7．使用 for 循环语句编写一个两级嵌套的循环程序，要求：外层做 5 次循环，外层每循环 1 次，内层循环 100 次。

8．分别用 4 种方法实现如下流水灯效果：点亮顺序为 A、AB、ABC、ABCD、BCD、CD、D、全灭、……，8 种状态循环。流水灯效果示意图如图 2-22 所示。

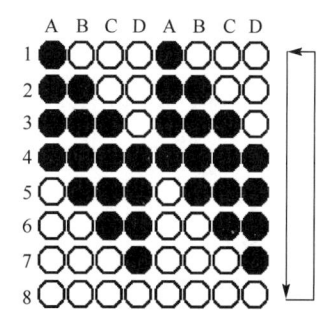

图 2-22 流水灯效果示意图

项目三

MCS-51 单片机基本功

项目基本知识

知识一　MCS-51 单片机基础

通过前面的学习，我们对 MCS-51 单片机的概念及外部引脚有了大概的了解，那么单片机内部结构是怎样的？它又包括哪些硬件资源呢？下面我们进一步学习 MCS-51 单片机的基础知识。

一、MCS-51 单片机内部结构及功能部件

MCS-51 单片机内部结构框图如图 3-1 所示。

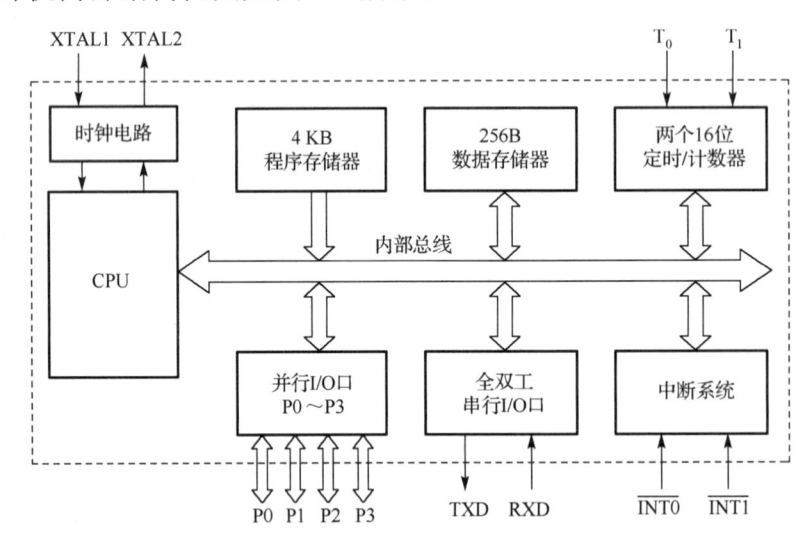

图 3-1　MCS-51 单片机内部结构框图

MCS-51 单片机（51 子系列）内部主要由 CPU（运算器和控制器组成）、程序存储器（4KB）、数据存储器（256B）、定时/计数器（两个，16 位）、并行 I/O 口（4 个，P0~P3，8 位，其中 P3 口为全双工串行 I/O 口）、中断系统和时钟电路等组成。

二、MCS-51 单片机的存储器及存储空间

1. 存储器的概念

什么是存储器呢？打个比方来说，存储器好比是一栋楼，假如这栋楼共有 256 层，我们称存储器的空间是 256 字节（Byte），又称 256 个单元，表示为 256B；每个单元共有 8 位（bit），相当于 8 个房间，每位可以存放 1 位二进制数 0 或 1，那么每个单元可以存放 8 位二进制数。

为了对指定单元存取数据，需要给每个单元编号，这个编号就是地址。在计算机中，所有的编号都是从 0 开始的，用十进制编址就是 0、1、2、…、253、254、255，用十六进制编址就是 00H、01H、02H、…、FDH、FEH、FFH，其中 H 表示十六进制数。存储器单元编址如图 3-2 所示。如果存储器的空间大于 256B，则需要使用 4 位十六进制数进行编址，如 0000H、0001H 等。

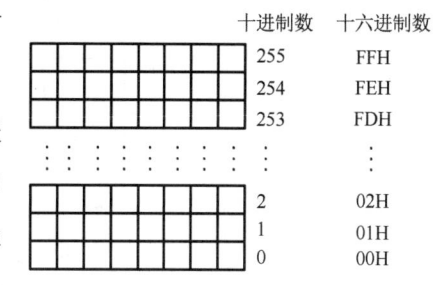

图 3-2 存储器单元编址

在访问存储器时，有的单元只能 8 位同时存入或同时取出，这种操作称为字节操作；有的单元既能进行字节操作，又能对该单元中的某一位单独操作，这种操作称为位操作。要想进行位操作，通常要给位分配一个地址，这个地址称为位地址，好比再给每层楼的每个房间编个号，如 0 号、1 号、…、7 号，用十六进制数表示则是 00H、01H、…、07H。

2. MCS-51 单片机的存储器分类及配置

1）存储器分类

在单片机系统中，按照半导体存储器的存取功能不同，存储器可分为：随机存储器（Random Access Memory，RAM）和只读存储器（Read Only Memory，ROM）。

随机存储器 RAM（也称读写存储器）是用于数据缓冲和数据暂存的存储器，称为数据存储器。其特点是可以通过指令对其中的数据进行读写操作，掉电后数据即丢失。

只读存储器（ROM）是用于存放程序和一些初始值（如段码、字形码等）的存储器，又称为程序存储器。其特点是通过指令只能读取数据，而不能写入和修改数据；数据能保存 10 年以上，不会因电源断电而丢失信息。一般地，只读存储器用来存放固定的程序和数据，如单片机的程序代码、常数和数据表格等。

2）MCS-51 单片机的数据存储器（RAM）

MCS-51 单片机 51 子系列（如 AT89S51）内部有 128B 的数据存储器和 4KB 的程序存储器，52 子系列（如 AT89S52）内部有 256B 的数据存储器和 8KB 的程序存储器，片外可寻址空间均为 64KB。

MCS-51 单片机的数据存储器（RAM）空间结构图如图 3-3 所示。其中，52 子系列内部有两个地址重叠的高 128B 空间，它们是两个独立的空间，采用不同的寻址方式访问，因此不会

造成混淆。

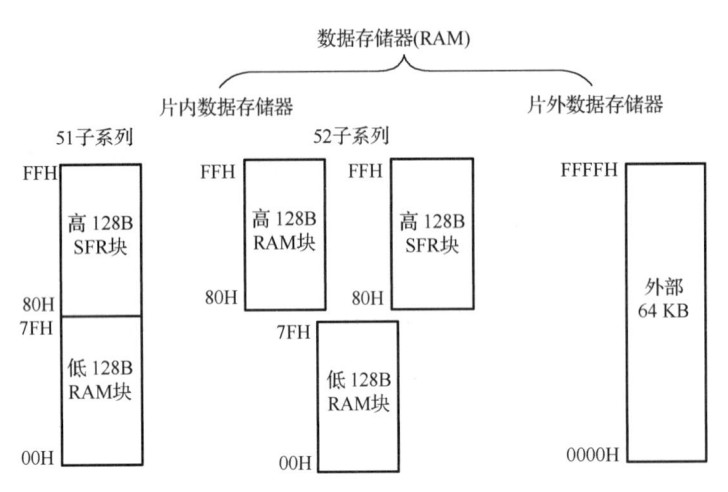

图 3-3　MCS-51 单片机的数据存储器（RAM）空间结构图

3）MCS-51 单片机的程序存储器（ROM）

MCS-51 单片机的程序存储器（ROM）空间结构图如图 3-4 所示。以 51 子系列为例，当单片机的 $\overline{EA}$（31 脚）为高电平时，如果程序的长度小于 4KB，则 CPU 执行内部程序，如果程序的长度大于 4KB，则 CPU 从内部的 0000H 开始执行程序，然后自动转向外部程序存储器的 1000H 开始的单元；当单片机的 $\overline{EA}$（31 脚）为低电平时，程序跳过内部，直接从外部程序存储器开始执行程序。

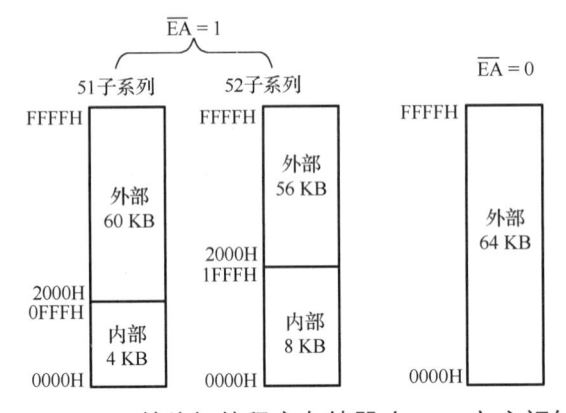

图 3-4　MCS-51 单片机的程序存储器（ROM）空间结构图

3. 片内数据存储器

片内数据存储器（也称内部数据存储器，简称片内 RAM、内部 RAM）和片内程序存储器（也称内部程序存储器，简称片内 ROM、内部 ROM）是供用户使用的重要的单片机硬件资源。

MCS-51 单片机片内数据存储器从功能上将 256B 空间分为两个不同的块：低 128B 的 RAM 块和高 128B 的特殊功能寄存器（SFR）块。

1）低 128B 的 RAM 块

低 128B 的 RAM 块是供用户使用的数据存储器单元，按用途可把低 128 个单元分为 3 个区域，如图 3-5 所示。

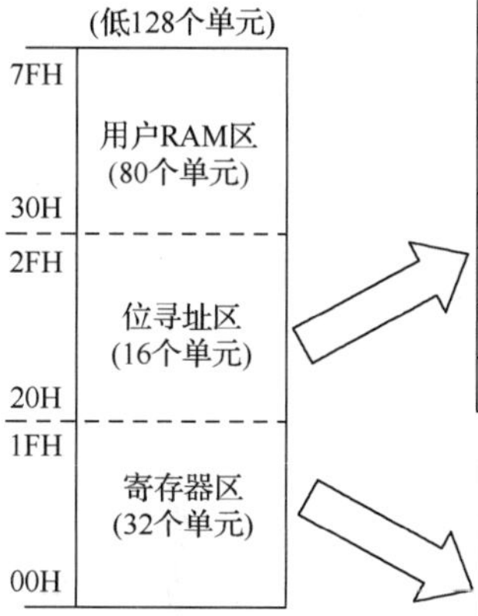

图 3-5　片内数据存储器的低 128 个单元结构图

单元地址	位地址	单元地址	位地址
20H	07H←00H	28H	47H←40H
21H	0FH←08H	29H	4FH←48H
22H	17H←10H	2AH	77H←50H
23H	1FH←18H	2BH	5FH←58H
24H	27H←20H	2CH	67H←60H
25H	2FH←28H	2DH	6FH←68H
26H	37H←30H	2EH	77H←70H
27H	3FH←38H	2FH	7FH←78H

RS1 RS0	寄存器组	片内RAM地址	符号
0　0	第0组	00H～07H	R0～R7
0　1	第1组	08H～0FH	R0～R7
1　0	第2组	10H～17H	R0～R7
1　1	第3组	18H～1FH	R0～R7

（1）寄存器区。地址为 00H～1FH 的空间为寄存器区，共 32 个单元，分成 4 个寄存器组，每个组有 8 个单元，符号为 R0～R7。通过 RS1 位和 RS0 位的状态（在 C51 语言中使用关键字 using）选定当前寄存器组，如图 3-5 中表格所示。任一时刻，CPU 只能使用其中的一组寄存器。

（2）位寻址区。地址为 20H～2FH 的 16 个单元空间为位寻址区，这个区的单元既可以进行字节操作，也可以对每一位单独操作（置 1 或清零），所以每一位都有自己的位地址。在图 3-5 中的表格中，例如，20H 单元的第 0 位的位地址是 00H，25H 单元的第 7 位的位地址是 2FH。

（3）用户 RAM 区。地址为 30H～7FH 的 80 个单元空间是供用户使用的用户 RAM 区，对于该区，只能进行字节操作。

2）高 128B 的 SFR 块

片内数据存储器的高 128 个单元的地址为 80H～FFH，在这 128 个单元中离散分布着若干个 SFR，也就是说，其中有很多地址是无效地址，空间是无效空间。这些 SFR 在单片机中起到非常重要的作用。MCS-51 单片机的 SFR 的名称、标识符、地址见表 3-1。

表 3-1　MCS-51 单片机的 SFR 的名称、标识符、地址

SFR 名称	标识符	地址	位地址或位名称							
			D7	D6	D5	D4	D3	D2	D1	D0
P0 口	P0	80H	87	86	85	84	83	82	81	80
堆栈指针	SP	81H								
数据指针低 8 位	DPL	82H								
数据指针高 8 位	DPTR DPH	83H								

续表

SFR 名称	标识符	地址	位地址或位名称							
			D7	D6	D5	D4	D3	D2	D1	D0
定时/计数器控制	TCON	88H	TF1	TR1	TF0	TR0	IE1	IT1	IE0	IT0
定时/计数器工作方式	TMOD	89H	GATE	C/$\overline{\text{T}}$	M1	M0	GATE	C/$\overline{\text{T}}$	M1	M0
定时/计数器 0 低 8 位	TL0	8AH								
定时/计数器 1 低 8 位	TL1	8BH								
定时/计数器 0 高 8 位	TH0	8CH								
定时/计数器 1 高 8 位	TH1	8DH								
P1 口	P1	90H	97	96	95	94	93	92	91	90
电源控制	PCON	97H	SMOD	—	—	—	GF1	GF0	PD	IDL
串行口控制	SCON	98H	SM0	SM1	SM2	REN	TB8	RB8	TI	RI
串行数据缓冲	SBUF	99H								
P2 口	P2	A0H	A7	A6	A5	A4	A3	A2	A1	A0
中断允许	IE	A8H	EA	—	—	ES	ET1	EX1	ET0	EX0
P3 口	P3	B0H	B7	B6	B5	B4	B3	B2	B1	B0
中断优先级	IP	B8H	—	—	—	PS	PT1	PX1	PT0	PX0
程序状态字	PSW	D0H	CY	AC	F0	RS1	RS0	OV	—	P
累加器	A	E0H	E7	E6	E5	E4	E3	E2	E1	E0
B 寄存器	B	F0H	F7	F6	F5	F4	F3	F2	F1	F0

从表 3-1 可以看出，SFR 反映了单片机的状态，实际上是单片机的状态及控制字寄存器。它大体上可分为两大类：一类为与芯片内部功能有关的控制用寄存器；另一类为与芯片引脚有关的寄存器。

SFR 块中，仅有 21 个单元（51 子系列）作为 SFR 离散分布在这 128 个单元内，其余单元无定义，用户不能对这些单元进行读/写操作。

在 SFR 块的 80H～FFH 空间内，凡字节地址能被 8 整除的 SFR 都有位地址，能够进行位操作，其位地址或位名称见表 3-1。

4. 片内程序存储器

程序存储器主要用来存放程序，但有时也会在其中存放数据表（如数码管段码表等）。

AT89S51 芯片内有 4KB 的程序存储器单元，其地址为 0000H～0FFFH。在片内程序存储器中，地址为 0000H～002AH 的 43 个单元在使用时是有特殊规定的。其中，0000H～0002H 的 3 个单元是系统的启动单元，0000H 称为复位入口地址，也称为主程序入口地址，对应 main 函数。系统复位后，单片机从 0000H 单元开始取指令执行程序。地址为 0003H～002AH 的 40 个单元被均匀地分为 5 段，每段 8 个单元，分别作为 5 个中断源的中断地址区，具体划分见表 3-2。

表 3-2　中断地址区及中断入口地址

中断源	中断号	中断地址区	入口地址
外部中断 0	0	0003H～000AH	0003H
定时/计数器 0 中断	1	000BH～0012H	000BH
外部中断 1	2	0013H～001AH	0013H
定时/计数器 1 中断	3	001BH～0022H	001BH
串行口中断	4	0023H～002AH	0023H

在 C51 语言中，中断过程通过使用 interrupt 关键字和中断号来实现，中断号指明中断程序的入口地址。中断响应后，CPU 能按中断种类，自动转到各中断地址区的入口地址去执行程序。

知识二　单片机的 C51 语言基础知识（二）

在项目二的 C51 语言基础知识中，介绍了 C51 语言的基本结构、程序设计的相关语句等。本项目将进一步介绍 C51 语言的数据类型和运算符，以及用于单片机输入与输出操作的库函数等。

一、基本数据类型

在程序设计中，离不开对数据的处理。Keil C51 编译器所支持的基本数据类型见表 3-3。

表 3-3　Keil C51 编译器所支持的基本数据类型

数据类型	关键字	长度	表示数的范围
位类型	bit	1 位	0 或 1
无符号字符型	unsigned char	1 字节	0～255
有符号字符型	signed char	1 字节	−128～127
无符号整型	unsigned int	2 字节	0～65535
有符号整型	signed int	2 字节	−32768～32767
无符号长整型	unsigned long	4 字节	0～4294967295
有符号长整型	signed long	4 字节	−2147483648～2147482647
单精度浮点型	float	4 字节	3.4E−38～3.4E+38
双精度浮点型	double	8 字节	1.7E−308～1.7E+308
指针	*	1～3 字节	对象的地址

1. 位类型

位类型是 C51 编译器支持的一种扩充数据类型，利用它可定义一个位变量，但不能定义位指针，也不能定义位数组。位类型数据是一个 1 位二进制数，取值为 0 或 1。

2. 字符型

字符型的长度是 1 字节（8 位），通常用于定义处理字符数据的变量或常量。字符型分为无符号字符型（unsigned char）和有符号字符型（signed char），默认为 signed char 型。unsigned char 型用字节中所有的位来表示数值，所以可表示的数值范围是 0~255。signed char 型用字节中最高位表示数据的符号，0 表示正数，1 表示负数，负数用补码表示，所能表示的数值范围是 -128~127。unsigned char 型常用于处理 ASCII 字符，或者用于处理小于或等于 255 的整数。

注意：如果定义了一个字符型变量，而赋给该变量一个大于 255 的数值，如 325（对应的二进制数是 101000101），则编译器并不会提示出错，而是自动截去高于 8 位的部分，只保留低 8 位，即 69（对应的二进制数是 01000101），程序可能会出现一些无法预知的错误，使用时应注意。

3. 整型

整型的长度为 2 字节（16 位），用于存放一个双字节数据。整型分为有符号整型（signed int）和无符号整型（unsigned int），默认为 signed int 型。signed int 型表示的数值范围是 -32768~32767，字节中最高位表示数据的符号，0 表示正数，1 表示负数。unsigned int 型表示的数值范围是 0~65535。

4. 长整型

长整型的长度为 4 字节（32 位），用于存放一个四字节数据。长整型分为有符号长整型（signed long）和无符号长整型（unsigned long），默认为 signed long 型。signed long 型表示的数值范围是 -2147483648~2147483647，字节中最高位表示数据的符号，0 表示正数，1 表示负数。unsigned long 型表示的数值范围是 0~4294967295。

5. 浮点型

float 型数据在十进制中具有 7 位有效数字，是符合 IEEE-754 标准的单精度浮点型数据，占用 4 字节。double 型数据在十进制中具有 15 位有效数字，是双精度浮点型数据，占用 8 字节。因浮点型数据的结构较复杂，所以不再进行详细的讨论。

6. 指针

指针本身就是一个变量，在这个变量中存放指向另一个数据的地址。这个指针变量要占据一定的内存单元，对不同的处理器，其长度也不尽相同，在 C51 语言中，它的长度一般为 1~3 字节。

二、常量、变量和指针

1. 常量

常量就是在程序运行过程中不能改变值的量。常量的数据类型只有位类型、字符型、整型、浮点型、字符串型。

在 C51 语言程序中，常量可以写成十进制数的形式，如 68、512、-35 等，也可以写成十六进制数的形式，通常以 0x 开头表示十六进制数，如 0x36、0xfe、0xa6 等。

常量可用在不必改变值的场合，如固定的数据表、段码表、字库等。

2. 变量

变量是指在程序执行过程中其值可以发生变化的量。要在程序中使用变量，必须先声明变量名及其数据类型，并指出所用存储模式，这样编译系统才能为变量分配相应的存储空间。

1）变量的声明

所有变量在使用前都必须声明，一条变量声明语句可以声明一个或多个变量。声明变量的格式如下。

[存储种类] 数据类型 [存储类型] 变量名表

在声明变量的格式中，除了数据类型和变量名表是必要的，其他都是可选项。例如：

```
unsigned char i, j, k;        //声明无符号字符型变量i、j、k
signed int a=60;              //声明有符号整型变量a并赋值
```

注意：变量名由字母、数字和下画线组成，但第一个字符必须是字母或下画线，长度不能超过 32 个字符。另外，C51 语言是区分大小写的，例如，kg 和 KG 是两个完全不同的变量。

2）变量的作用范围

变量被声明后，根据其声明语句所在的位置，它的作用范围也随之确定。根据变量声明语句所在位置的不同，变量可分为局部变量和全局变量。

局部变量：是在函数内部声明的变量，只在声明它的函数内部有效，仅在使用它时，才为它分配内存单元。

全局变量：是在所有函数的外部声明的变量，可以被任何声明它的语句之后的函数使用，并且在整个程序的运行中都保留其值。由于全局变量的作用范围是从声明它的位置开始直到整个程序文件结束，所以一般应在程序的开始处声明全局变量。

注意：main 函数也是函数，所以在 main 函数中声明的变量也是局部变量，其作用范围只在 main 函数内部。

3. 地址与指针

我们知道，地址就是对存储器中每个存储单元的编号。图 3-6 所示为变量存放示意图。图 3-6 中的 2000、2001 等就是内存单元的地址，而 0x3c、0x5b 等则是存放在相应单元中的内容，也就是说，字符型变量 i 在内存中的地址是 2000，变量 i 的内容是 0x3c。

1）指针

什么是指针呢？当我们在程序中声明了一个变量后，编译器就会在内存中给这个变量分配一个地址，通过访问这个地址就可以找到所需的变量，这个变量的地址称为该变量的指针。如图 3-7 所示，地址 2000 是变量 i 的指针。

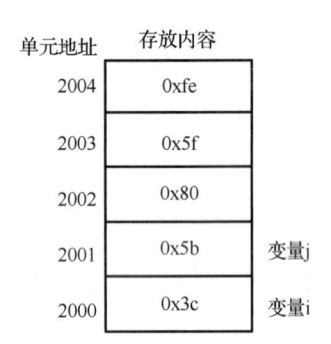

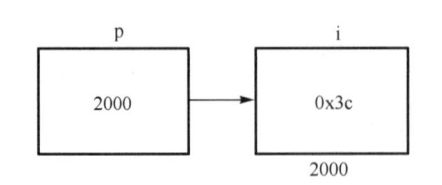

图 3-6　变量存放示意图　　　　图 3-7　变量的地址为该变量的指针

在图 3-7 中，变量 p 中存放了另一个变量 i 的地址，那么变量 p 可以说成是指向了变量 i。

2）指针变量

如果一个变量专门用来存放其他变量的地址，则称该变量为指针变量。图 3-7 中的 p 就是一个指针变量。指针变量在使用前也必须先声明，声明指针变量的一般格式如下。

```
类型说明 *变量名
```

其中，*表示这是一个指针变量；类型说明表示该指针变量所指向的变量的数据类型。

3）指针变量的赋值

指针变量使用前不仅要先声明，而且必须赋具体的值，未经赋值的指针变量不能使用。给指针变量所赋的值与给其他变量所赋的值不同，给指针变量赋值只能赋地址，而不能赋任何具体的数据或变量的值。

那么，怎么才能得到变量的地址呢？C51 语言提供了专门的地址运算符"&"来获取变量的地址，其一般格式如下。

```
&变量名
```

例如，&a 表示变量 a 的地址。给指针变量赋值的方法如下。

```
unsigned int a;
unsigned char b;
unsigned int *p=&a;         //声明指针变量的同时进行赋值
unsigned char *q;           //先声明指针变量
q=&b;                       //再赋值
```

注意：这两种赋值语句之间是有区别的，如果先声明指针变量再赋值，则不要加"*"。

项目二中的花样广告灯程序，使用指针变量实现的程序如下。

```
#include <reg51.h>                //MCS-51 单片机头文件
unsigned char tab[]=
{
0xfe,0xfd,0xfb,0xf7,0xef,0xdf,0xbf,0x7f,0x7f,0xbf,0xdf,0xef,0xf7,0xfb,0xfd,0xfe,0xff,0x7e,0xbd,0xdb,
0xe7,0xdb,0xbd,0x7e,0xff
};                                //声明数组 tab 并赋值（共 25 个元素）
delay()                           //延时子函数
{
    unsigned int i;
    for (i=0;i<30000;i++);        //用 for 循环语句实现 30000 次循环
}
int main(void)                    //主程序 main 函数
```

```
{
    unsigned char *p;              //声明指针变量 p
    unsigned char j;
    while(1)                       //在主程序中设置死循环程序
    {
        p=&tab;                    //将数组 tab 的首地址赋给指针变量 p
        for (j=0;j<25;j++)         //25 次循环
        {
            P2=*p;                 //将指针变量指向的内存单元中的数赋给 P2 口
            p++;                   //指向下一内存单元
            delay();               //调用延时子函数
        }
    }
}
```

4. **存储类型**

C51 语言允许将变量或常量定义成不同的存储类型，C51 编译器支持的存储类型主要包括 data、bdata、idata、pdata、xdata 和 code 等，它们对应单片机的不同存储区域，如图 3-8 所示。存储类型的说明就是指定该变量在单片机硬件系统中所使用的存储区域。

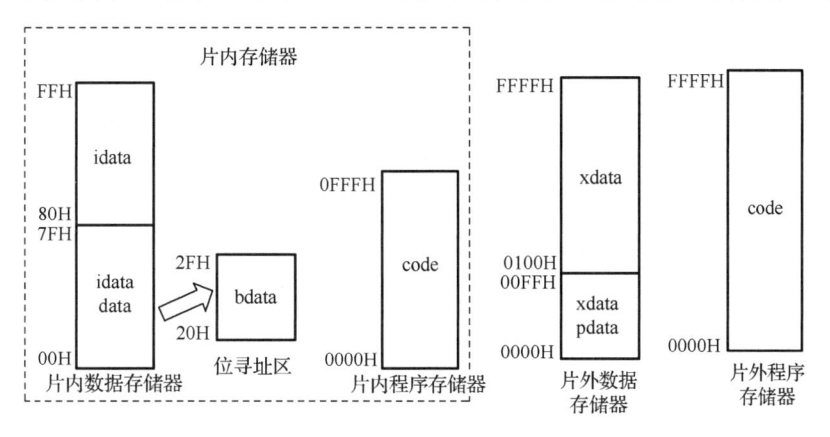

图 3-8 存储类型示意图

C51 编译器所能识别的存储类型见表 3-4。

表 3-4 C51 编译器所能识别的存储类型

存储类型	说明	举例
data	位于片内数据存储器的低 128B，对该区的访问速度最快，data 区空间小，只有使用频繁或对运算速度要求很高的变量才放到 data 区，尤其不要将数据表、段码表和字库等放到 data 区	unsigned char data i; unsigned int data temp; //data 可以省略
bdata	位于片内数据存储器的 20H～2FH 的位寻址区，共 16B。程序中遇到的逻辑标志变量定义到 bdata 区，能大大减小占用内存的空间	unsigned char bdata a;
idata	该区使用寄存器作为指针进行间接寻址	unsigned char idata xun;
pdata	位于片外数据存储器的低 256B，使用 Ri（i=0 或 1）作为指针进行间接寻址	unsigned int pdata buf;

续表

存储类型	说明	举例
xdata	位于整个片外数据存储器的 64KB	unsigned char xdata str[6];

code	位于所有的程序存储器。代码区的数据是不可改变的，在声明的时候必须初始化（赋值）。一般放置数据表、段码表和字库等	unsigned char code sz[]={
		0xc0,0xf9,0xa4,0xb0,0x99,0x92,0x82, 0xf8,0x80,0x90
		}; //共阳型数码管段码表

注意：在 AT89S51 芯片中 RAM 只有低 128B，位于 80H～FFH 的高 128B 则在 AT89S52 芯片中才有，并和 SFR 地址重叠。

三、数组

前面使用的字符型、整型等数据类型都是简单类型，通过一个命名的变量来存取一个数据。然而，在实际应用中经常要处理同一性质的成批数据。例如，为了统计 100 个学生的成绩，可以逐一声明 100 个变量分别存放 100 个学生的成绩，若要求出 100 个学生的最高分和平均分，则程序的编写将很烦琐，由此引入数组。

在项目二中的花样广告灯程序中已经使用了数组，我们已经知道，数组并不是一种数据类型，而是一组相同类型的变量的集合。

在程序中使用数组的最大好处是，可以用一个数组名代表逻辑上相关的一批数据，用下标表示该数组中的各个元素，与循环语句结合使用，可使得程序简洁，书写方便。

数组必须先声明后使用。根据数组的下标的个数不同，数组可分为一维数组和多维数组。

1. 一维数组

具有一个下标的数组称为一维数组，声明一维数组的一般格式如下。

数据类型 [存储类型] 数组名[元素个数];   //元素个数可以不写

其中，数组的命名规则和变量的命名规则相同；元素个数是一个常量，不能是变量或变量表达式。

一维数组声明后，数组元素可表示为：数组名[下标]。下标必须用方括号括起来，下标可以是整数或整型表达式。

在声明一维数组时，可以不赋初值，也可以给部分或全部元素赋初值，但如果定义成 ROM 中的数组则必须赋初值。例如：

```
unsigned char a[6];                  //有 6 个元素的数组 a
char tab[3]={1,2,3};                 //声明数组 tab 并赋值：tab[0]=1，tab[1]=2，tab[2]=3
int shu[10]={1,2,3};                 //声明 10 个元素的数组 shu 并对前 3 个元素赋值
unsigned char code sky[]={0x02,0x34,0x22,0x32,0x21,0x12};     //数据保存在 code 区
```

注意：C51 语言不检查数组下标是否越界。例如，第一个例子中数组 a 共有 6 个元素，即 a[0]～a[5]，但如果在程序中写上 a[6]，则编译器不会认为是语法错误，也不会给出警告。这在使用中一定要引起注意。

2. 多维数组

具有两个或两个以上下标的数组称为多维数组。我们常用的是二维数组,声明二维数组的一般格式如下。

```
数据类型 [存储类型] 数组名[常量1][常量2];        //常量1、常量2可以不写
```

在声明二维数组时,可以不赋初值,也可以给部分或全部元素赋初值,但如果定义成 ROM 中的数组则必须赋初值。例如:

```
unsigned char zimo[4][5]={
{1,2,3,4,5},{6,7,8,9,10},{11,12,13,14,15},{16,17,18,19,20}
};              //第一维下标范围为 0~3,第二维下标范围为 0~4,共 4×5 个元素
```

初值个数必须小于或等于数组长度,不指定数组长度则系统会在编译时根据实际的初值个数自动设置。

在声明并为数组赋初值时,初学者一般会搞错初值个数和数组长度的关系或下标和元素的对应关系,而致使编译出错。本例中,我们声明的二维数组 zimo 共有 4×5 个元素,其下标和元素的对应关系见表 3-5。

表 3-5 二维数组 zimo 的下标和元素的对应关系

zimo[0][0]=1	zimo[0][1]=2	zimo[0][2]=3	zimo[0][3]=4	zimo[0][4]=5
zimo[1][0]=6	zimo[1][1]=7	zimo[1][2]=8	zimo[1][3]=9	zimo[1][4]=10
zimo[2][0]=11	zimo[2][1]=12	zimo[2][2]=13	zimo[2][3]=14	zimo[2][4]=15
zimo[3][0]=16	zimo[3][1]=17	zimo[3][2]=18	zimo[3][3]=19	zimo[3][4]=20

由表 3-5 可以看出,二维数组 zimo 的元素共有 4 组,每组有 5 个元素,第一维下标表示元素所在的组数,第二维下标表示该组中第几个元素。

四、运算符

C51 语言的运算非常丰富,主要包括赋值运算、算术运算、关系运算、逻辑运算、位运算和复合运算等。运算符就是完成某种运算的符号。表达式则是由运算符及运算对象组成的具有特定含义的式子。表达式后面加分号就构成了表达式语句。

C51 语言中的运算符见表 3-6。

表 3-6 C51 语言中的运算符

分类	运算符	名称	说明	举例
赋值运算符	=	赋值运算符	将"="右边的值或表达式赋给"="左边的变量	a=26; 将 26 赋给变量 a c=a+b; 将 a+b 的值赋给变量 c
算术运算符	+	加法运算符	两数相加	1+2; //结果为 3
	−	减法运算符	两数相减	5−2; //结果为 3
	*	乘法运算符	两数相乘	3*5; //结果为 15
	/	除法运算符	两数相除,两侧的操作数可为整型数据或浮点型数据	21/3; //结果为 7

续表

分类	运算符	名称	说明	举例
算术运算符	%	模运算符	取余运算，两侧的操作数均为整型数据	32%10; //结果为 2

	++	自加 1 运算符	自加 1 运算	++a; a++; //相当于 a=a+1
				b=a++; //将 a 值赋给 b 后，a 加 1
				b=++a; //a 先加 1，再赋给 b

	--	自减 1 运算符	自减 1 运算	--a; a--; //相当于 a=a-1
				b=a--; //将 a 值赋给 b 后，a 减 1
				b=--a; //a 先减 1，再赋给 b

关系运算符	>	大于运算符	其中，>、>=、<、<=这 4 个运算符的优先级相同，处于高优先级；==、!=优先级相同，处于低优先级。关系表达式的值为逻辑值，其结果只能取真和假两种值	2>3; //结果为 0
				10>(3+6); //结果为 1

	>=	大于等于运算符		
	<	小于运算符		
	<=	小于等于运算符		
	==	等于运算符		
	!=	不等于运算符		

逻辑运算符	&&	逻辑与运算符	逻辑表达式的值也为逻辑值，即真或假。0 值为逻辑假，非 0 值为逻辑真	!5>3; //结果为 0
				3&&5; //结果为 1

	||	逻辑或运算符		
	!	逻辑非运算符		
位运算符号	&	按位与运算符	两个字符或整数按位进行逻辑与运算	0x3a&0x55; //结果为 0x10
	|	按位或运算符	两个字符或整数按位进行逻辑或运算	0x3a|0x55; //结果为 0x7f
	^	按位异或运算符	两个字符或整数按位进行逻辑异或运算	0x3a^0x55; //结果为 0x6f
	~	按位取反运算符	字符或整数按位进行取反运算	~0x55; //结果为 0xaa
	>>	右移运算符	字符或整数按位右移	0x3a>>1; //结果为 0x1d
	<<	左移运算符	字符或整数按位左移	0x3a<<1; //结果为 0x74

小贴士：当参与运算的操作数的类型不一致时，系统会自动对其进行转换。例如，在赋值运算中，将浮点型数据赋给整型变量时丢弃小数部分，将整型数据赋给字符型变量时丢弃高字节，将整型数据赋给长整型变量时值不变。

另外，赋值运算符前加上其他运算符构成复合运算符。C51 语言提供了 10 种复合运算符：+=、-=、*=、/=、%=、&=、|=、^=、<<=、>>=。例如：

```
a+=b;         //等价于 a=a+b
a*=b;         //等价于 a=a*b
a<<=2;        //等价于 a=(a<<2)
```

五、函数

C51 语言程序就是由一个个的函数构成的，其从一个主函数（main 函数）开始执行，调用其他函数后返回主函数,进行相应的操作,主函数内部一般有一个死循环程序。

1. 函数的分类

C51 语言函数从结构上可以分为主函数和普通函数。主函数是程序执行时首先进入的函数,它可以调用普通函数。普通函数可以调用其他普通函数,但不能调用主函数。

普通函数又可分为标准库函数和用户自定义函数两种。标准库函数是由 C51 编译器提供的函数,可以通过#include 包含相应的头文件调用这些库函数。

在项目二中,我们使用过循环移位函数,其他库函数说明可以参见 Keil μVision 的帮助文件。下面我们重点介绍用户自定义函数。

2. 函数的定义

根据定义的形式,函数分为无参数函数和有参数函数。无参数函数是为了完成某种特定功能而编写的,没有输入变量,可以使用全局变量完成参数的传递;有参数函数在调用时必须按照形式参数提供对应的实际参数。两种函数都可以提供返回值以供其他函数使用。

1)函数定义的一般格式

函数定义的一般格式如下。

```
函数类型 函数名(形式参数列表)
{
    函数体
}
```

其中,函数类型是函数返回值的类型,如果没有返回值则使用 void;函数名由用户自定义,规则和变量相同;形式参数是指调用函数时要传到函数体内参与运算的变量,一个函数可以有一个、多个参数或没有参数,当不需要参数时也就是无参数函数,用括号内为空或写入 void 表示,但括号不能少,有多个参数时,每个参数要用逗号隔开;花括号中的语句块用于实现函数的功能。不能在同一个程序中定义同名的函数。

函数定义举例如下。

```
delay()                                              //无参数、无返回值函数定义
{
}
delay(unsigned int i)                                //有参数、无返回值函数定义
{
}
unsigned int sum(unsigned char a, unsigned char b)   //有参数、有返回值函数定义
{
    unsigned int k;                                  //用于存放返回值的变量
    ……
    return k;                                        //返回值
}
```

2)函数的参数

C51 语言的函数采用参数传递方式,使一个函数可以对不同的变量数据进行功能相同的处理。在调用函数时,实际参数被传到被调用函数的形式参数中,在执行完函数后使用 return

语句将一个和函数类型相同的值返回给调用函数语句。

函数定义好以后,要被其他函数调用才能被执行。定义函数时,在函数名后面的括号里列举的变量称为形式参数;调用函数时,在函数名后面的括号里的量称为实际参数。

例如,在一个程序中我们需要两个延时时间不同的延时程序,可以编写有参数的延时程序,具体程序如下。

```c
delay(unsigned int i)                          //这里i是形式参数
{
    while(i--);
}
int main()
{
    while(1)
    {
        led=0;
        delay(25000);                          //25000是实际参数
        led=1;
        delay(50000);                          //50000是实际参数
    }
}
```

由此可以看出,有参数函数在被调用时将实际参数传递给了形式参数,相当于将实际参数的值赋给了形式参数,用于被调用函数的执行。需要注意的是,实际参数也可以是变量或变量表达式,但其类型必须与形式参数的类型相同。

3)函数的返回值

函数的返回值是在函数执行完成之后通过 return 语句返回给调用函数语句的一个值,返回值的类型和函数类型相同。函数的返回值只能通过 return 语句返回。

调用求和子函数并返回计算结果的程序如下。

```c
unsigned int sum(unsigned char i, unsigned char j)
{
    unsigned int temp;
    temp=i+j;
    return temp;
}
int main()
{
    unsigned char a,b;
    unsigned int c;
    a=2;
    b=3;
    c=sum(a,b);
}
```

3. 函数的调用

函数调用的一般格式如下。

函数名(实际参数列表);

由于函数有的有参数,有的无参数,有的有返回值,有的无返回值,所以在调用时也有多种形式，例如：

```
delay();                          //无参数、无返回值的函数调用
c=sum(a,b);                       //将函数的返回值赋给一个变量
d=sum(a,b)+c;                     //函数的返回值参与表达式的运算
result=max(sum(a,b),sum(c,d));    //函数的返回值作为另一个函数的实际参数
```

六、语句

C51 语言是一种结构化的程序设计语言，提供了相当丰富的程序控制语句。掌握这些语句的用法也是 C51 语言学习中的重点。

1. 表达式语句

表达式语句是最基本的一种语句。不同的程序设计语言都会有不一样的表达式语句。在 C51 语言中，加入分号构成表达式语句。举例如下。

```
b = b * 10;
i++;
P1= a; P2 = 0xfe;
count = (a+b)/a-1;
```

在 C51 语言中有一个特殊的表达式语句，称为空语句，它仅仅是由一个分号组成的。有时候为了使语法正确，就要求有一个语句，但这个语句又没有实际的运行效果，这时就要有一个空语句。例如，由 while、for 构成的循环语句后面加一个分号，形成一个不执行其他操作的空循环体。举例如下。

```
while(i--)
{
}
for(i=0;i<30000;i++)
{
}
```

可以写成：

```
while(i--);
for(i=0;i<30000;i++);
```

注意：空语句有时会造成一些麻烦和错误，在程序书写和调试时要引起重视，如下面的程序。

```
count++;
if (count==10);
{
    count=0; second++;
}
```

小贴士：本来我们希望当变量 count==10 时，再让变量 second 加 1，但由于 if 语句后面加了分号，使 if 语句成为一个空循环体，运行的结果是变量 second 每次都会加 1。

2. 复合语句

在 C51 语言中，花括号{}用于将若干条语句组合在一起形成一种功能块，这种由若干条语句组合而成的语句就称为复合语句。复合语句之间用{}分隔，而它内部的各条语句仍需要

以分号结束。复合语句是允许嵌套的,也就是在{}中的{}也是复合语句。在程序运行时,复合语句{}中的各条单语句是依次顺序执行的。在C51语言中,可以将复合语句视为一条单语句,也就是说在语法上等同于一条单语句。

对一个函数而言,函数体就是一个复合语句。

3. 条件语句

C51语言提供3种形式的条件语句。

(1)当条件表达式的结果为真时,就执行语句,否则跳过,语法格式如下。

```
if (条件表达式)
{
    语句;
}
```

(2)当条件表达式的结果为真时,就执行语句1,否则执行语句2,语法格式如下。

```
if (条件表达式)
{
    语句1;
}else
{
    语句2;
}
```

(3)由if、else组成多分支条件语句,语法格式如下。

```
if (条件表达式1)
{
    语句1;
}else if (条件表达式2)
{
    语句2;
}else if (条件表达式3)
{
    语句3;
}else if (条件表达式m)
{
    语句m;
}else
{
    语句n;
}
```

4. 开关语句

如果使用条件语句编写超过3个以上分支的程序,则会使程序变得不那么清晰易读。开关语句既可以实现处理多分支选择的目的,又可以使程序结构清晰。它的语法格式如下。

```
switch (表达式)
{
case 常量表达式1: 语句1; break;
case 常量表达式2: 语句2; break;
…
case 常量表达式n: 语句n; break;
default: 语句n+1;
}
```

运行中，switch 后面的表达式的值将会作为条件，与 case 后面的各个常量表达式的值相比较，如果相等则执行后面的语句，再执行 break（间断）语句，跳出 switch 语句。当 case 后的常量表达式没有和条件相等的值时就执行 default 后的语句。若要求没有符合条件时不做任何处理，则可以不写 default 语句。

项目二中的流水灯程序，使用开关语句实现的程序如下。

```c
#include<reg51.h>
int main(void)
{
    unsigned int i,j;
    while(1)
    {
        switch (j)
        {
            case 0: P2=0xfe; break;
            case 1: P2=0xfd; break;
            case 2: P2=0xfb; break;
            case 3: P2=0xf7; break;
            case 4: P2=0xef; break;
            case 5: P2=0xdf; break;
            case 6: P2=0xbf; break;
            case 7: P2=0x7f; break;
        }
        for (i=0;i<30000;i++);
        j=(j+1)%8;              //j 加到 7 后又变为 0
    }
}
```

5. 循环语句

循环语句是几乎每个程序都会用到的，它的作用就是实现需要反复进行多次的操作。例如，一个 12MHz 的 AT89S51 应用电路中要求实现 1ms 的延时，就要执行 1000 次空语句才可以达到延时的目的，而写 1000 条空语句将是非常麻烦的事情，还要占用很大的存储空间。这时，我们就可以用循环语句去写，这样不但使程序结构清晰明了，而且使程序占用的存储空间极小。

在 C51 语言中，构成循环控制的语句有 while 语句、do-while 语句、for 语句和 goto 语句。在项目二中，我们已经介绍过 while 循环语句、do-while 循环语句、for 循环语句，下面重点介绍由 goto 语句构成的循环程序。

goto 语句在很多高级语言中都有，它是一个无条件的转移语句，只要执行到这条语句，程序就会跳转到 goto 后的语句标号所在的程序段。它的语法格式如下。

```
goto 语句标号;
```

其中，语句标号为一个有效的标识符。由 if 语句和 goto 语句构成的循环延时程序如下。

```c
delay()
{
    unsigned int a=0;
    loop: a++;              //loop 是标号，标号和语句用冒号隔开
    if (a<30000)
    {
```

```
            goto loop;
    }
}
```

注意：为了便于阅读程序及避免跳转时引发错误，在程序设计中一般不建议使用 goto 语句。

6. break 语句、continue 语句和 return 语句

在循环语句执行过程中，如果需要在满足循环判定条件的情况下退出循环，则可以使用 break 语句或 continue 语句。如果没有执行完子函数而需要返回或需要返回给调用函数语句一个值，则使用 return 语句。

1）break 语句

break 语句用于退出循环，然后执行循环语句之后的语句，不再进入循环。

例如，无符号字符型数组 array 有 100 个数组元素，要求计算这 100 个数的和，并将其保存在整型变量 sum 中，当和超过 3000 时，不再计算，并记录参与计算的数的个数，相应程序如下。

```
unsigned char i;
unsigned char j;            //用于存放参与计算的数的个数
j=0;
sum=0;
for (i=0;i<100;i++)
{
    j++;
    sum=sum+array[i];
    if (sum>3000)
    {
        break;
    }
}
```

2）continue 语句

continue 语句用于退出当前循环，不再执行本轮循环，直接进入下一轮循环，直到判定条件不满足为止。和 break 语句的区别是，该语句不用于退出整个循环。

例如，无符号字符型数组 array 有 100 个数组元素，要求计算这 100 个数的和，并将其保存在整型变量 sum 中，其中大于 99 的数不参与计算，并记录参与计算的数的个数，相应程序如下。

```
unsigned char i;
unsigned char j;            //用于存放参与计算的数的个数
j=0;
sum=0;
for (i=0;i<100;i++)
{
    if (array[i]>99)
    {
        continue;
    }
    j++;
    sum=sum+array[i];
}
```

3）return 语句

return 语句主要用于子函数没有执行完而需要返回的情况，或者需要返回给调用函数语句一个返回值的情况。

项目技能实训

技能实训一 呼吸灯的设计

所谓呼吸灯，是指 LED 在单片机的控制下逐渐由暗到亮、再由亮到暗的周期性变化，看起来就好像在呼吸。单片机的 P3.0 接 LED，程序控制其实现呼吸灯的效果。

单片机的 I/O 口只能输出数字信号，即只能输出高电平和低电平，对应的 LED 也只有亮和灭两种状态，那么怎样才能使 LED 产生不同亮度呢？

这就需要用 PWM 波形来驱动，编程时，稍稍麻烦一点。PWM，即脉冲宽度调制，是通过调整脉冲占空比达到调整电压、电流、功率目的的方法。图 3-9 所示为占空比分别是 10%、50%和 90%的 3 种 PWM 波形。

当用 PWM 波形去控制 LED 时，因为 PWM 波的频率较高，由于人的眼睛具有视觉暂留现象，所以我们看到的 LED 并不闪烁，而是亮度较暗。用占空比不同的 PWM 波控制 LED 时，LED 的亮度是不同的，占空比越小，亮度越低；占空比越大，亮度越高。

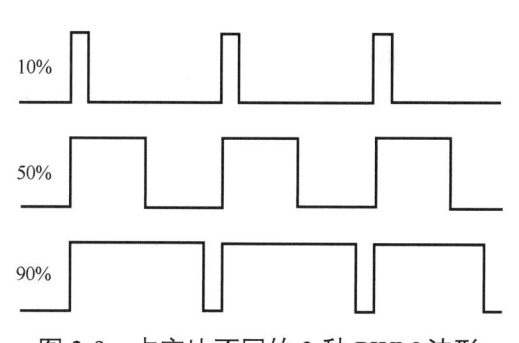

图 3-9 占空比不同的 3 种 PWM 波形

呼吸灯实际上就是不停地改变 PWM 波形的占空比，使占空比循环变大再变小，LED 的亮度随之循环变亮再变暗，从而实现呼吸灯的效果。

根据上述分析，实现呼吸灯效果的程序的编写思路如下。首先使用一个变量 loop 统计主程序的循环次数，主程序每循环一次，loop 加 1，当 loop 等于 10 时，再重新从 0 开始计数，这样，loop 从 0 到 10 的过程为 PWM 波的一个完整周期；然后用一个变量 pwm 来控制占空比的大小；在主程序循环过程中，将 loop 和 pwm 进行比较，如果 loop 小于 pwm，则点亮 LED，否则熄灭 LED。在整个周期中，一段时间点亮 LED，另一段时间熄灭 LED。LED 被点亮的时间长短取决于 pwm 的大小，pwm 越小，LED 被点亮的时间越短；pwm 越大，LED 被点亮的时间越长。所以，只要使 pwm 逐渐增大，再逐渐减小，LED 就会逐渐变亮，然后逐渐变暗，如此循环，即可实现呼吸灯的效果。

使接在 P3.0 的 LED 产生固定亮度的程序如下。

```c
#include <reg51.h>
sbit led=P3^0;
unsigned char loop,pwm;        //loop 从 0 到 10 循环变化
unsigned int i;
int main()
{
    loop=0;
    pwm=6;                     //pwm 的大小决定 LED 的亮度
    while(1)
    {
        if (loop<pwm)          //当 loop 小于 pwm 时,点亮 LED
        {
            led=0;
        }
        else                   //当 loop 不小于 pwm 时,熄灭 LED
        {
            led=1;
        }
        loop++;
        if(loop>10)
        {
            loop=0;
        }
    }
}
```

实现呼吸灯效果的参考程序如下。

```c
#include <reg51.h>
sbit led=P3^0;
unsigned char loop,pwm;        //loop 从 0 到 10 循环变化
unsigned int i;
bit f;
int main()
{
    loop=0;
    pwm=4;
    f=0;
    while(1)
    {
        if (loop<pwm)          //当 loop 小于 pwm 时,点亮 LED
        {
            led=0;
        }
        else                   //当 loop 不小于 pwm 时,熄灭 LED
        {
            led=1;
        }
        loop++;
        if(loop>10)
        {
            loop=0;
            i++;
            if(i==500)         //i 的大小决定呼吸灯的节奏快慢
            {
                i=0;
                if(!f)         //使 pwm 不停地从 4 增大到 10,再减小到 4
```

```
                {
                    pwm++;
                    if(pwm==10)
                    {
                        f=1;
                    }
                }
                else
                {
                    pwm--;
                    if(pwm==4)
                    {
                        f=0;
                    }
                }
            }
        }
    }
}
```

技能实训二　控制直流电动机

在日常生活和生产中经常要对电动机进行控制，如玩具汽车、收录机、洗衣机、电梯、生产车间的流水线等的启动都涉及对电动机的控制。

一、任务分析

任务要求：将单片机的 I/O 口作为输出口，利用单片机控制直流电动机的单方向转动和正向、反向转动。

利用单片机控制直流电动机，需要解决两个问题：驱动和隔离。

电动机的工作电流一般比较大，而单片机 I/O 口的输入和输出电流都很小，不能直接驱动直流电动机工作，因此需要增加相应的驱动电路。

单片机系统的电源为+5V，而直流电动机的工作电压一般不是+5V，如果和单片机直接相连，则会使单片机控制系统的正常工作受到影响，甚至损坏单片机，所以需要进行隔离。

在实际应用中，一般采用继电器隔离和光电耦合器隔离。

继电器通常用于驱动大功率电器并起到隔离作用，由于继电器所需的驱动电流较大，一般由三极管或其他驱动电路驱动。

图 3-10（a）所示是高电平驱动继电器的电路。图 3-10（b）所示似乎是低电平驱动继电器的电路，但仔细分析，该电路并不能正常工作。因为单片机输出的高电平只有+5V，而继电器的工作电压+12V 使三极管的发射结处于正偏状态，继电器不能释放，而且这个电压加在单片机的输入端还有可能损坏单片机。所以，在使用单片机驱动继电器时，采用高电平驱动方式更加安全可靠。二极管 1N4148 起到保护驱动三极管的作用。因为在继电器由吸合到断开的瞬间，将在继电器线圈上产生上负下正的感应电压，和电源电压一起加在驱动电路上，

有可能损坏驱动电路，而二极管可以将线圈两端的感应电压钳制在 0.7V 左右。

为了实现继电器和单片机系统彻底隔离，常常使用光电耦合器，如图 3-11 所示。当 P1.0 输出低电平时，光电耦合器中的发光二极管导通发光，光敏三极管受光照后导通，VT 的基极得到高电平导通，继电器吸合；反之，继电器不吸合。

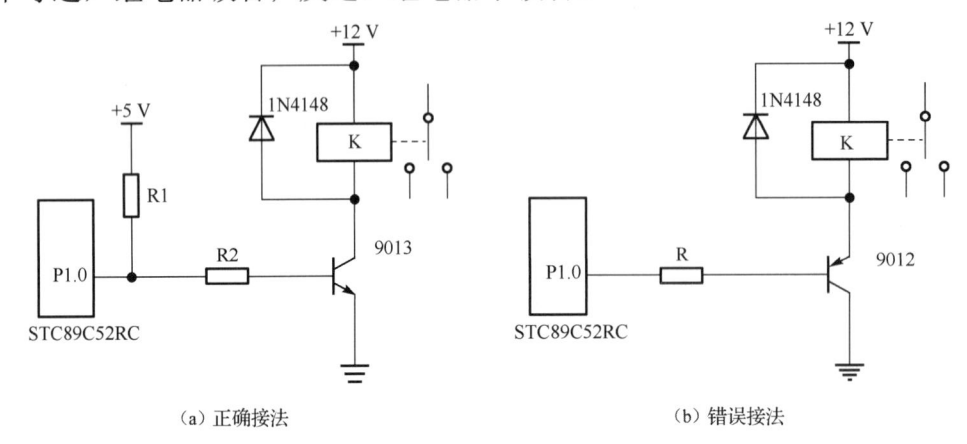

(a) 正确接法　　　　　　　　　　(b) 错误接法

图 3-10　继电器驱动电路

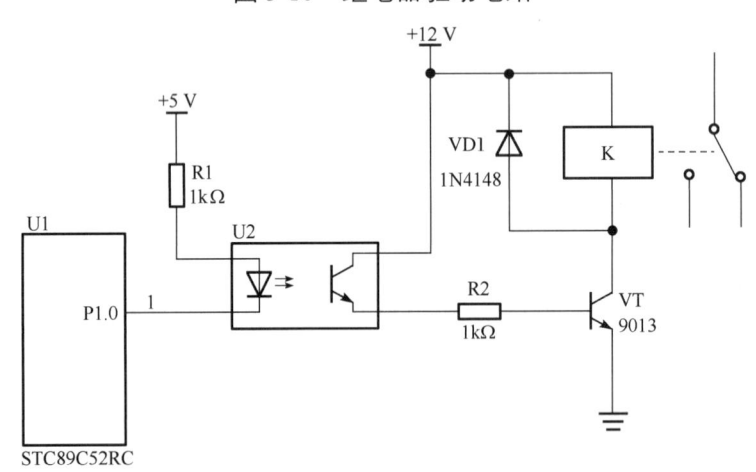

图 3-11　光电耦合器隔离、继电器驱动电路

如果需要控制的继电器数目较多，则可采用继电器专用集成驱动芯片 ULN2003。ULN2003 芯片实物图及内部结构如图 3-12 所示。ULN2003 是高耐压、大电流达林顿阵列，每个达林顿驱动器上提供保护驱动器的二极管。采用 ULN2003 驱动多个继电器的电路如图 3-13 所示。

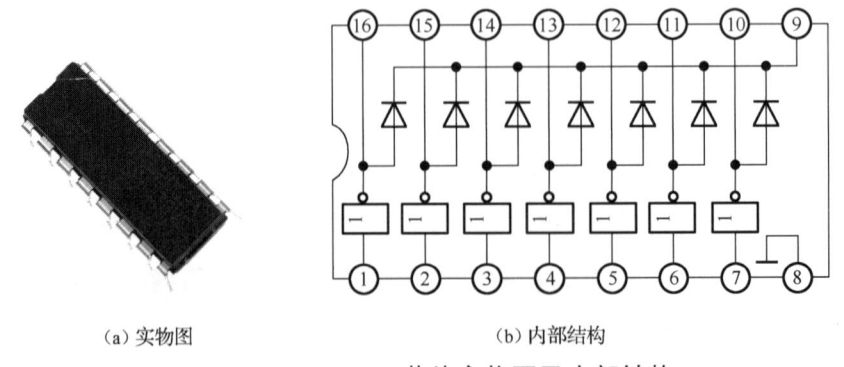

(a) 实物图　　　　　　　　　　(b) 内部结构

图 3-12　ULN2003 芯片实物图及内部结构

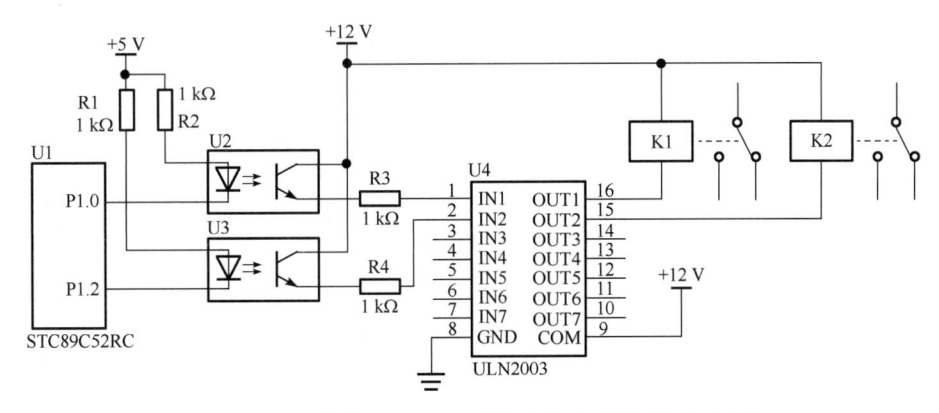

图 3-13 采用 ULN2003 驱动多个继电器的电路

二、硬件电路设计与制作

1. 电路原理图

如果单片机控制直流电动机做单方向旋转，则只需一个继电器，电路原理图如图 3-14 所示。继电器吸合，电动机开始旋转；继电器释放，电动机则停止旋转。

如果单片机要控制直流电动机做正转和反转，则需要使用两个继电器，电路原理图如图 3-15 所示。

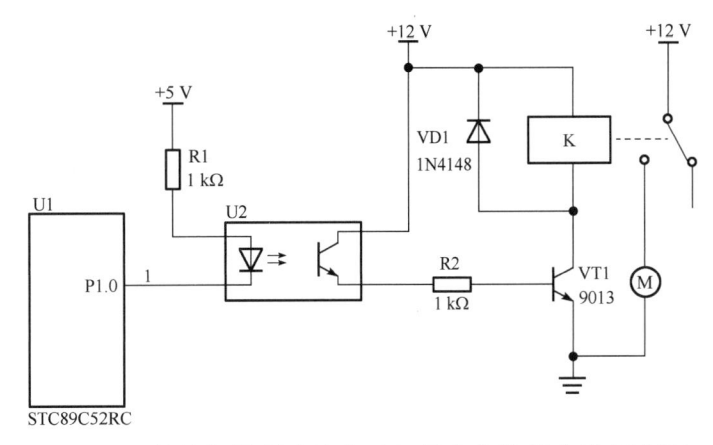

图 3-14 单片机控制直流电动机单方向旋转电路原理图

小贴士：在图 3-14 和图 3-15 中，共有 3 组电源：第 1 组为+5V，给单片机系统和光电耦合器输入端供电；第 2 组为+12V，给光电耦合器输出端、继电器线圈及其驱动三极管供电；第 3 组可以根据实际设备选用所需要的电压，给电动机供电。3 组电源相互隔离，完全独立。为了简化电路，第 2 组和第 3 组电源共用+12V 供电。

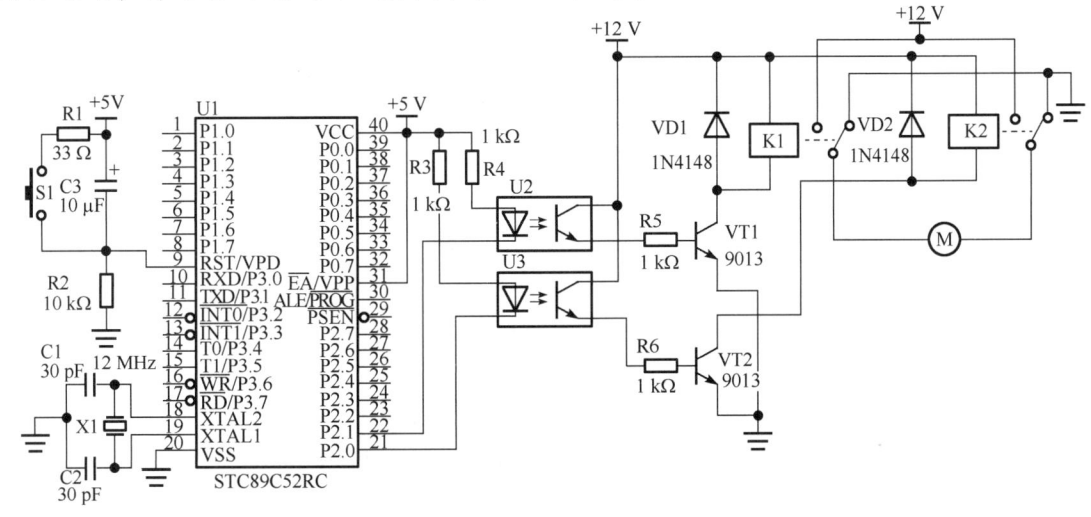

图 3-15 单片机控制直流电动机正、反转电路原理图

2. 元器件清单

本技能实训中我们制作直流电动机正、反转控制电路，元器件清单见表 3-7。

表 3-7　直流电动机正、反转控制电路元器件清单

代号	名称	规格
R3～R6	电阻	1kΩ
R1	电阻	33Ω
R2	电阻	10kΩ
VD1、VD2	开关二极管	1N4148
VT1、VT2	三极管	9013
U2、U3	光电耦合器	TLP521-1
K1、K2	继电器	JZC-23F
C1、C2	瓷介电容	30pF
C3	电解电容	10μF
S1	轻触按键	
X1	晶振	12MHz
U1	单片机	STC89C52RC
M	直流电动机	12V
	IC 插座	40 脚

3. 电路制作

我们仍在万能实验板上进行元器件的插装焊接。制作步骤如下。

（1）按图 3-15 所示的电路原理图绘制电路元器件排列布局图。

（2）按布局图在万能实验板上依次进行元器件的排列、插装。

（3）按焊接工艺要求对元器件进行焊接，背面用 ϕ0.5mm～ϕ1mm 的镀锡裸铜线连接（使用双绞网线的芯线效果非常好），直到所有的元器件连接并焊完为止。

直流电动机正、反转控制电路装接图如图 3-16 所示。

图 3-16　直流电动机正、反转控制电路装接图

三、程序设计

根据电路原理图可知，当单片机的 P2.0 和 P2.1 分别输出 0 和 1 时，电动机正转；当 P2.0 和 P2.1 分别输出 1 和 0 时，电动机反转；当 P2.0 和 P2.1 均输出 0 或均输出 1 时，电动机停止。依此可编写控制电动机正转、反转和停止的程序。

控制直流电动机交替正、反转（模拟洗衣机洗衣过程）的程序流程图如图 3-17 所示。

根据程序流程图编写的程序如下。

```c
#include <reg51.h>          //MCS-51 单片机头文件
sbit ctrl0=P2^0;
sbit ctrl1=P2^1;
delay()
{
    unsigned int i;         //定义无符号整型变量i
    for(i=0;i<50000;i++);
}
zheng()                     //电动机正转
{
    ctrl0=0;
    ctrl1=1;
}
fan()                       //电动机反转
{
    ctrl0=1;
    ctrl1=0;
}
stop()                      //电动机停转
{
    ctrl0=1;
    ctrl1=1;
}
int main(void)              //主程序 main 函数
{
    while(1)                //在主程序中设置死循环程序
    {
        zheng();
        delay();
        stop();
        delay();
        fan();
        delay();
        stop();
        delay();
    }
}
```

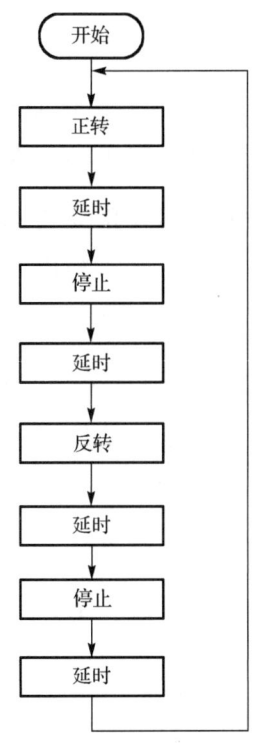

图 3-17 控制直流电动机交替正、反转的程序流程图

小贴士：电动机在由正转突然变为反转时，将会产生较大的感应电动势，使电流突然增大，因此一般应先停止，再反转。此程序仅作为一个正、反转控制的练习，实际应用中往往是通过按键、定时器或一定的条件来控制电动机正、反转的。

项 目 小 结

1. 片内数据存储器和片内程序存储器是供用户使用的重要的单片机硬件资源。片内数据存储器主要用于数据缓冲和中间结果的暂存，其特点是掉电后数据即丢失。对片内程序存储器，无法通过指令写入数据和修改其中的数据，只有通过特殊的方法（如编程器和下载线）才能写入或擦除数据，掉电后数据也不会丢失。程序存储器主要用来存放程序，但有时也会在其中存放数据表。

2. 由于 C51 语言具有语言简洁、结构紧凑，更符合人类思维习惯，开发效率高、开发周期短，运算功能强大等优点，所以越来越受到人们的喜爱。学习 C51 语言，重点要掌握以下几个方面。

（1）数据类型及每种数据类型的长度和所能表示的数的范围。

（2）变量和数组的定义、数据结构和使用方法。

（3）运算符的功能及应用。

（4）函数的分类及每种函数的特点、参数和使用方法。

（5）语句的使用，尤其是条件语句、开关语句和循环语句的使用。

项目思考题

1. MCS-51 单片机内部包含哪些主要部件？各自的功能是什么？

2. MCS-51 单片机存储器从物理结构及功能上是如何分类的？其地址范围是什么？

3. 片内数据存储器的低 128 个单元划分为哪 3 个主要部分？各部分的功能是什么？

4. Keil C51 编译器所支持的基本数据类型有哪些？各基本数据类型的长度和表示数的范围各是什么？

5. 编程实现求 0+1+2+3+⋯+100 的和。

6. 比较 break 语句和 continue 语句的异同。

项目四

并行 I/O 口的应用

数码管显示、按键输入和 LED 点阵显示是单片机常用的人机对话方式，也是学习单片机的难点，透彻理解硬件电路的工作原理是编写程序的关键。

项目基本知识

知识一　LED 数码管接口

一、LED 数码管简介

在单片机系统中，通常用 LED 数码显示器来显示各种字符。常用的 LED 数码显示器有七段 LED 数码管显示器和十六段 LED 米字管显示器等，如图 4-1 所示。数码管主要用于显示数字；米字管不但可以显示数字，而且可以显示更丰富的字符。

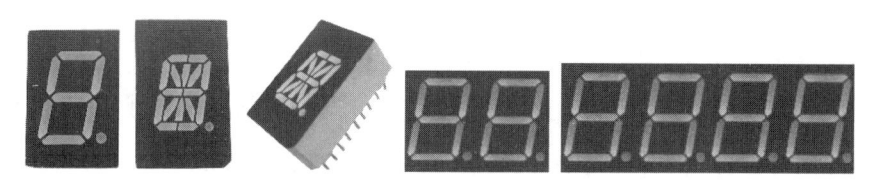

图 4-1　常用的 LED 数码显示器

欲对数码管进行控制，首先要了解数码管的结构及工作原理。

七段 LED 数码管显示器由 8 个 LED 组成，其中 7 个长条形的 LED 排列成 "8" 字形（对应 a、b、c、d、e、f、g 七个笔段），另一个圆点形的 LED 在显示器的右下角用于显示小数点（对应 dp 笔段），通过点亮相应段可显示数字 0～9，字母 a～f、h、l、p、r、u、y，符号 "-" 及小数点 "." 等。

七段 LED 数码管的结构原理图如图 4-2 所示。根据内部 LED 的连接方式，七段 LED 数码管可分为共阴极型和共阳极型两种。8 个 LED 的阴极连在一起构成公共端 COM，称之为共阴极型；8 个 LED 的阳极连在一起构成公共端 COM，称之为共阳极型。

通常，共阴极型数码管的 8 个 LED 的公共端（公共阴极）接低电平，其他引脚接段驱动电路的输出端，当某段驱动电路的输出端为高电平时，则该端所连接的笔段被点亮，根据发光笔段的不同组合可显示不同字符。

通常，共阳极型数码管的 8 个 LED 的公共端（公共阳极）接高电平，其他引脚接段驱动电路的输出端。当某段驱动电路的输出端为低电平时，则该端所连接的笔段被点亮，根据发光笔段的不同组合可显示不同字符。

综上所述，控制 LED 数码管的显示，就是使与其相连的口线输出相应的高/低电平。

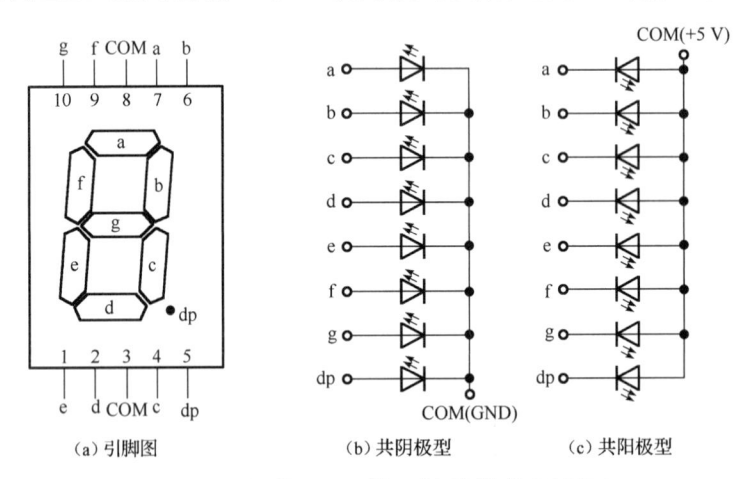

(a) 引脚图　　(b) 共阴极型　　(c) 共阳极型

图 4-2　七段 LED 数码管的结构原理图

二、LED 数码管接口电路

1. 数码管字形段码

共阴极型和共阳极型的 LED 数码管各笔段名和安排位置是相同的，分别用 a、b、c、d、e、f、g 和 dp 表示，如图 4-2（a）所示。将单片机的一个 8 位并行 I/O 口与七段 LED 数码管的引脚 a～g 端及 dp 端对应相连，并由单片机输出不同的 8 位二进制数，即可控制 LED 数码管显示不同字符。控制 8 个 LED 的 8 位二进制数称为段码。例如，对于共阳极型 LED 数码管，当公共阳极接高电平、单片机并行 I/O 口输出二进制数 11000000（对应十六进制数 C0）时，显示数字"0"，则数字"0"的段码是 0xC0。以此类推，可列出数码管段码表，见表 4-1。

表 4-1　七段 LED 数码管段码表

显示字符	字形	共阳极型								共阴极型							
		dp	g	f	e	d	c	b	a	段码	dp	g	f	e	d	c	b	a	段码
0	0	1	1	0	0	0	0	0	0	0xc0	0	0	1	1	1	1	1	1	0x3f
1	1	1	1	1	1	1	0	0	1	0xf9	0	0	0	0	0	1	1	0	0x06
2	2	1	0	1	0	0	1	0	0	0xa4	0	1	0	1	1	0	1	1	0x5b
3	3	1	0	1	1	0	0	0	0	0xb0	0	1	0	0	1	1	1	1	0x4f
4	4	1	0	0	1	1	0	0	1	0x99	0	1	1	0	0	1	1	0	0x66
5	5	1	0	0	1	0	0	1	0	0x92	0	1	1	0	1	1	0	1	0x6d

续表

显示字符	字形	共阳极型									共阴极型								
		dp	g	f	e	d	c	b	a	段码	dp	g	f	e	d	c	b	a	段码
6	6	1	0	0	0	0	0	1	0	0x82	0	1	1	1	1	1	0	1	0x7d
7	7	1	1	1	1	1	0	0	0	0xf8	0	0	0	0	0	1	1	1	0x07
8	8	1	0	0	0	0	0	0	0	0x80	0	1	1	1	1	1	1	1	0x7f
9	9	1	0	0	1	0	0	0	0	0x90	0	1	1	0	1	1	1	1	0x6f
熄灭		1	1	1	1	1	1	1	1	0xff	0	0	0	0	0	0	0	0	0x00

小贴士：在开发单片机系统时，为了接线方便，有时不按 I/O 口的高低位与数码管各笔段的顺序接线，这时的段码就需要根据接线进行调整。

本书配套资料中有一个 LED 数码管编码器，利用它可以在任意接线时方便地计算出共阴极型或共阳极型数码管的段码，其界面如图 4-3 所示。

2. 数码管的静态显示方式

数码管的静态显示是指数码管显示某个字符时，相应的 LED 恒定导通或恒定截止。这种显示方式的各位数码管相互独立，公共端恒定接地（共阴极型）或接正电源（共阳极型）。每个数码管的 8 个笔段分别与一个 8 位 I/O 口相连，I/O 口只要有段码输出，相应字符即显示出来，并保持不变，直到 I/O 口输出新的段码，其示意图如图 4-4 所示。采用静态显示方式占用 CPU 时间少，编程简单，便于控制，但是每个数码管要占用一个并行 I/O 口，所以只适用于显示位数较少的场合。

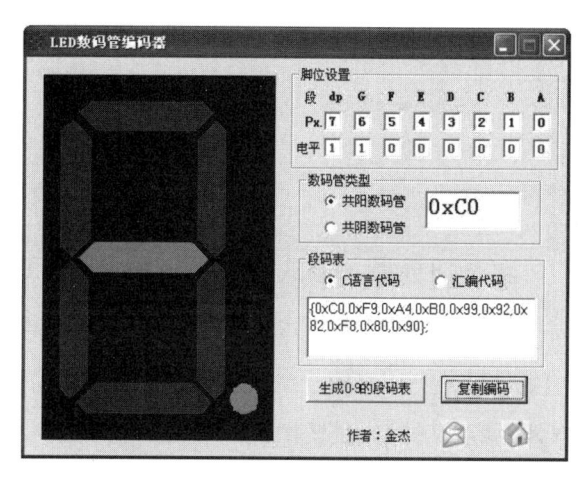

图 4-3 LED 数码管编码器界面

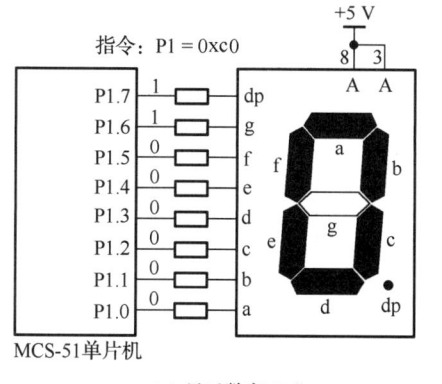

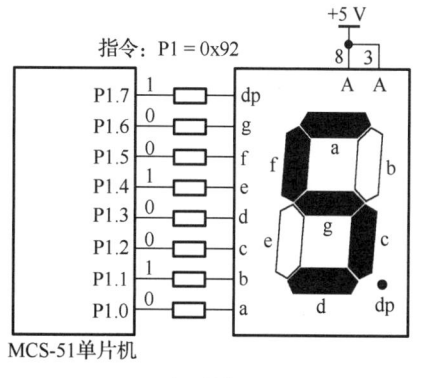

(a) 显示数字 "0"　　(b) 显示数字 "5"

图 4-4 数码管静态显示方式示意图

3. 数码管的动态扫描显示方式

当单片机系统中需要多个数码管显示时,如果采用静态显示方式,那么并行 I/O 口的引脚数将不能满足需要,这时可采用动态扫描显示方式。

动态扫描显示是指一位接一位地轮流点亮各位数码管。

动态扫描显示方式在接线上不同于静态显示方式,它是指将各七段 LED 数码管的 8 个显示笔段 a、b、c、d、e、f、g、dp 中同名的笔段连接在一起,称为段控端;每个数码管的公共端 COM 不再接固定的高电平或低电平,而是由独立的 I/O 口线控制,称为位控端。2 位数码管动态扫描显示方式接线示意图如图 4-5 所示。

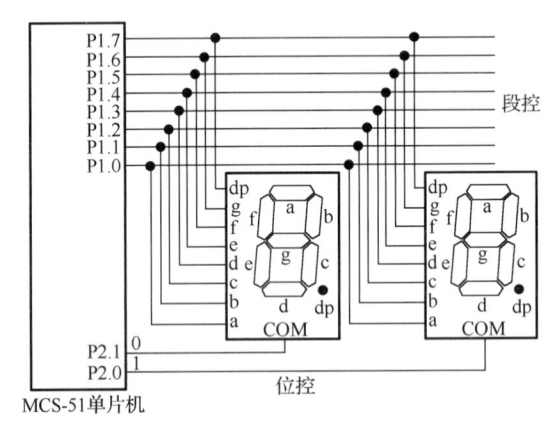

图 4-5 2 位数码管动态扫描显示方式接线示意图

动态扫描显示方式的显示过程:当 CPU 送出某个字符的段码时,所有的数码管都会接收到,但只有需要显示的数码管其位控端 COM 才被选通,该数码管接收到有效电平才被点亮,而没有被选通的数码管不会亮。这种通过分时轮流控制各个数码管的 COM 端送出相应段码,使各个数码管轮流受控、依次显示且循环往复的方式称为动态扫描显示方式。2 位数码管动态扫描显示方式示意图如图 4-6 所示。

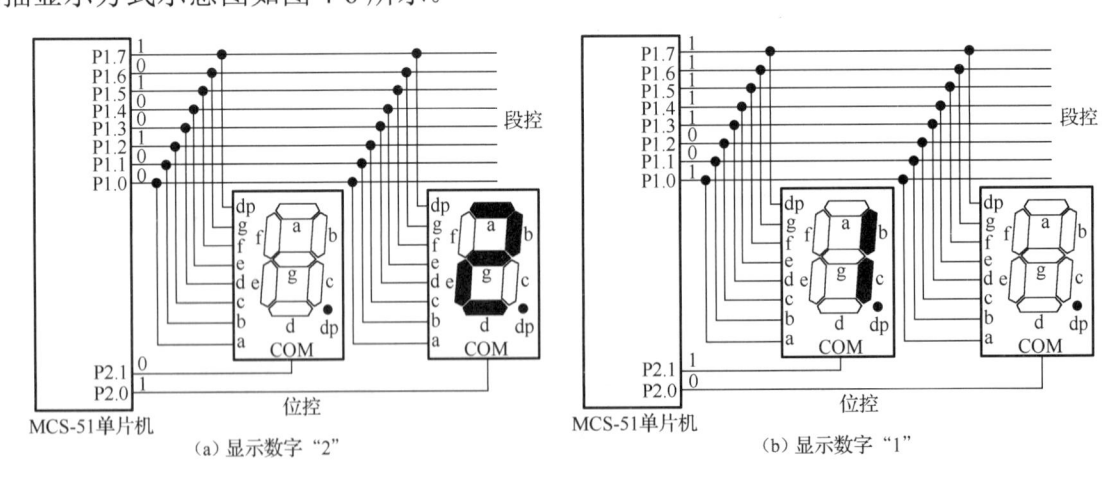

(a) 显示数字 "2" (b) 显示数字 "1"

图 4-6 2 位数码管动态扫描显示方式示意图

在数码管轮流显示的过程中,每个数码管被点亮的时间为 1ms 左右,虽然各位数码管并非同时点亮,但由于人眼的视觉暂留效应,主观感觉各位数码管同时在显示。

为了使用方便，有专门生产的供动态扫描显示的多位数码管。表 4-2 中为 2 位和 4 位共阳极型动态扫描显示数码管的实物图、引脚图及内部结构图。

表 4-2 共阳极型动态扫描显示数码管的实物图、引脚图及内部结构图

	2 位数码管	4 位数码管
实物图		
引脚图		
内部结构图（共阳极型）		

知识二 键盘接口

键盘实际上就是一组按键，它是单片机常用的输入设备。在单片机系统中，通常用到的是轻触式机械按键，按键被按下时闭合，松手后自动断开。

一、独立式按键接口

键盘分为编码键盘和非编码键盘。键盘上闭合键的识别由专用的硬件编码器实现，并产生键编码或键值，这样的键盘称为编码键盘，如计算机键盘。而靠软件编程来识别闭合键的键盘称为非编码键盘。一般单片机系统中用得较多的是非编码键盘，它具有结构简单、使用灵活等特点。非编码键盘又分为两类：一类是独立式键盘，另一类是行列式键盘。

独立式按键接口电路中，并行 I/O 口作为输入，将按键的一端接到单片机的一位并行 I/O 口线上，另一端接地，如图 4-7 所示。独立式按键的特点是每个按键独占一位 I/O 口线，每个按键工作时不会影响其他 I/O 口线的状态。在所需按键不多的单片机控制系统中，一般使用独立式按键。识别闭合键的过程：先给该口线赋高电平，然后不停地查询该口线的输入状态，当查询到的输入状态为高电平时，说明按键没有按下，当查询到的输入状态为低电平时，说明按键按下。

图 4-7 中的电阻为上拉电阻，当按键没有按下时，把输入电平上拉为高电平。因为 MCS-51 单片机的 P0 口内部没有上拉电阻，作为 I/O 口时必须外接上拉电阻；而 P1 口、P2 口、P3 口为准双向口，内部都有上拉电阻，当按键接于这 3 个端口时，外部上拉电阻可以省略。

按键的结构为机械开关结构，由于其机械触点的弹性及电压突跳等原因，往往在触点闭合或断开的瞬间会出现电压抖动，如图 4-8 所示。

为保证按键识别的准确性，不能在电压抖动的情况下输入，为此需进行去抖动处理（消抖，或称去抖）。消抖有硬件消抖和软件消抖两种方法：硬件消抖就是加消抖电路，从根本上避免抖动的产生；软件消抖则是指采用时间延迟以避开抖动，待闭合稳定之后，再进行按键识别及编程。一般情况下，延时消抖的时间为 5～10ms。在单片机系统中，为简单起见，均采用软件延时消抖的方法。

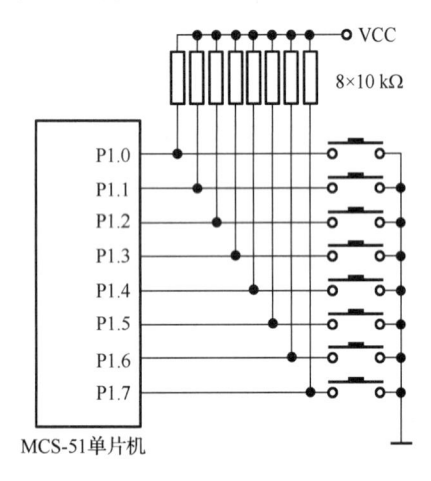

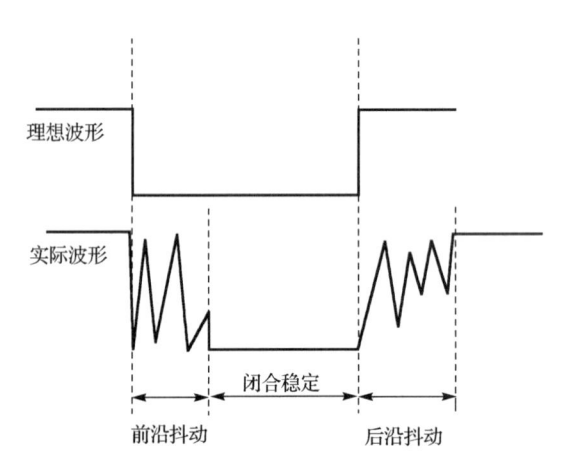

图 4-7　独立式按键接口电路　　图 4-8　在按键闭合或断开的瞬间出现电压抖动

按键稳定闭合时间的长短则是由操作人员的按键动作决定的，一般为零点几秒至数秒。为了保证无论按键动作持续时间长短，单片机对按键的一次闭合仅进行一次处理，必须等待按键释放后才能继续后面的程序。

综上所述，独立式按键编程时可以采用查询的方法来处理，即如果只有一个独立式按键，则检测其是否闭合，如果闭合，则去除按键抖动后再执行按键功能代码，最后还要等待按键释放；如果有多个独立式按键，则可依次逐个查询处理。以 P1.0 所接按键为例，其识别程序流程图如图 4-9 所示。

在图 4-7 所示的独立式按键接口电路中，P1.0 所接按键的识别程序如下。

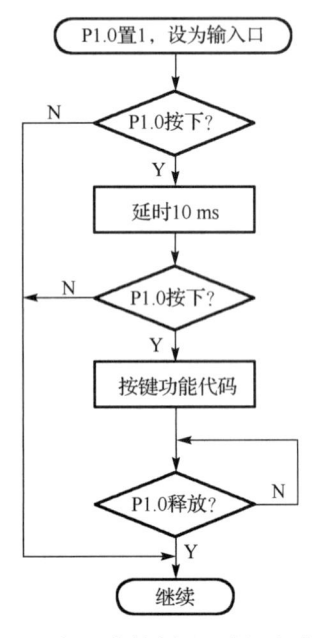

图 4-9　独立式按键识别程序流程图

```
sbit key=P1^0;
key=1;                  //P1.0置1，作为输入口
if (key==0)             //判断按键是否按下
{
    delay10ms();        //延时10ms
    if (key==0)         //再次判断按键是否按下
    {
        a++;            //按键功能代码（变量a加1操作）
        while(key==0);  //等待按键释放
    }
}
```

其他按键可依次逐个查询处理。

二、行列式键盘接口

前面我们介绍了独立式按键，独立式按键的优点是电路简单、程序编写容易，但是每一个按键需占用一个引脚，引脚资源消耗大，故独立式键盘只适用于按键较少或操作速度较高的场合。当系统需要的按键数量比较多时，可以使用行列式键盘。

1. 行列式键盘接口电路

行列式键盘又称为矩阵式键盘。行列式键盘接口电路如图 4-10 所示，用一些 I/O 口线组成行结构，用另一些 I/O 口线组成列结构，其交叉点处不接通，设置为按键。利用这种行列结构只需 M 根行线和 N 根列线，就可形成具有 $M×N$ 个按键的键盘，因此减少了键盘与单片机连接时所占用 I/O 引脚的数目。

同样，如果是接于 P0 口，则必须有上拉电阻；如果是接于 P1 口、P2 口或 P3 口，则上拉电阻可以省略。

2. 闭合键的识别

为了提高 CPU 的效率，对闭合键的识别一般分为两步：第 1 步是快速检查整个键盘中是否有键（按键）按下，如果没有键按下，则直接转到其他程序，如果有键按下，再进行下一步；第 2 步是确定按下的是哪一个键。

第 1 步：快速检查整个键盘中是否有键按下。其方法是先通过输出口在所有的行线上发出全 0 信号，然后检查输入口的列线信号是否为全 1；若为全 1，则表示无键按下，如图 4-11（a）所示；若不为全 1，则表示有键按下，如图 4-11（b）所示。这时，还不能确定按下的键处于哪一行上。

第 2 步：确定按下的是哪一个键。识别闭合键有两种方法：一种称为逐行扫描法，另一种称为线反转法。

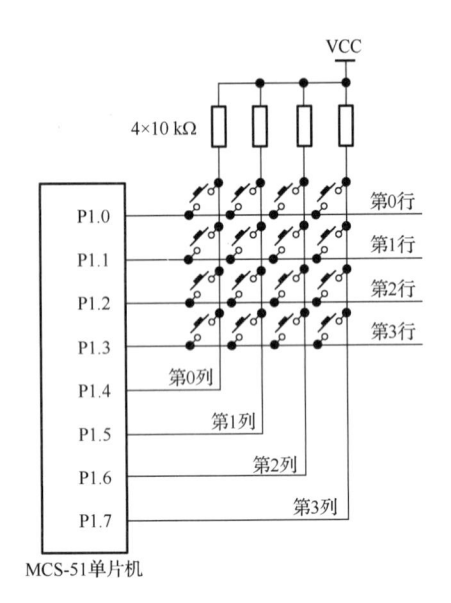

图 4-10　行列式键盘接口电路

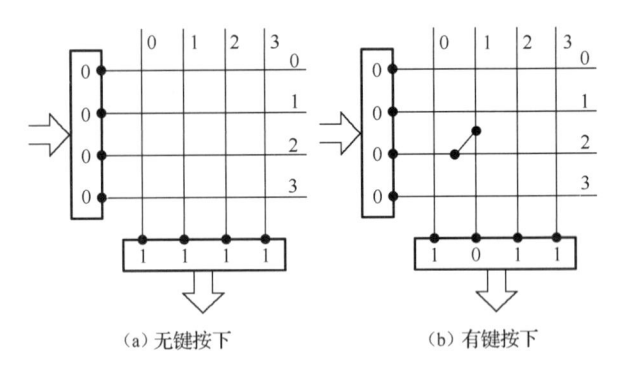

图 4-11　检查是否有键按下示意图

1）逐行扫描法

逐行扫描法是识别闭合键的常用方法，在硬件电路上要求行线作为输出，列线作为输入，列线上要有上拉电阻。

4×4 键盘逐行扫描法的工作原理：先扫描第 0 行，即输出 1110（第 0 行为 0，其余 3 行为 1），然后读入列信号，判断是否为全 1；若为全 1，则表示第 0 行无键按下；若不为全 1，则表示第 0 行有键按下，闭合键的位置处于第 0 行和不为 1 的列线相交之处；如果第 0 行无键按下，则扫描第 1 行，用同样的方法判断第 1 行是否有键按下，直到找到闭合键为止，如图 4-12 所示。

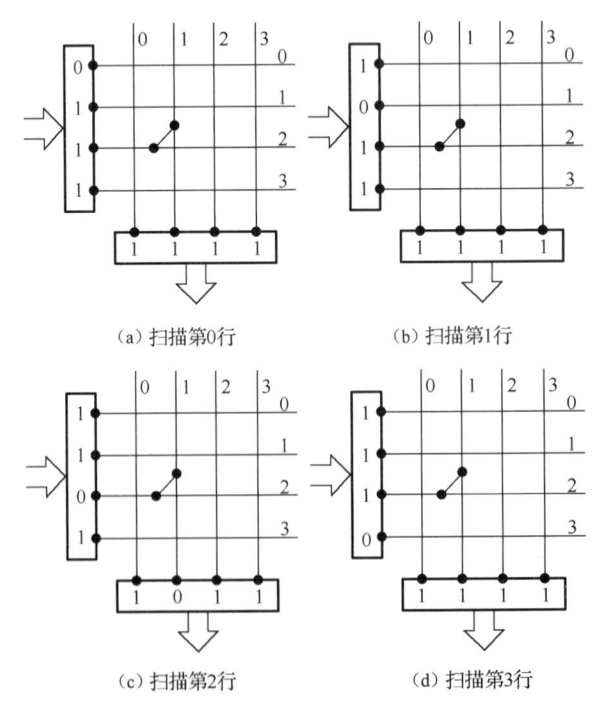

图 4-12　逐行扫描法示意图

在行列式键盘的闭合键处理程序中,仍需要进行按键去抖和等待按键的释放。在图 4-10 所示的行列式键盘接口电路中,采用逐行扫描法识别闭合键的程序如下。

```
P1=0xf0;
if (P1!=0xf0)                //判断是否有按键按下
{
    delay();                 //延时去抖
    if (P1!=0xf0)            //再次判断是否有按键按下
    {
        P1=0xfe;             //扫描第 0 行
        switch (P1)
        {
            case 0xee:第 0 行第 0 个按键的功能代码;    break;
            case 0xde:第 0 行第 1 个按键的功能代码;    break;
            case 0xbe:第 0 行第 2 个按键的功能代码;    break;
            case 0x7e:第 0 行第 3 个按键的功能代码;    break;
        }
        P1=0xfd;             //扫描第 1 行
        switch (P1)
        {
            case 0xed:第 1 行第 0 个按键的功能代码;    break;
            case 0xdd:第 1 行第 1 个按键的功能代码;    break;
            case 0xbd:第 1 行第 2 个按键的功能代码;    break;
            case 0x7d:第 1 行第 3 个按键的功能代码;    break;
        }
        P1=0xfb;             //扫描第 2 行
        switch (P1)
        {
            case 0xeb:第 2 行第 0 个按键的功能代码;    break;
            case 0xdb:第 2 行第 1 个按键的功能代码;    break;
            case 0xbb:第 2 行第 2 个按键的功能代码;    break;
            case 0x7b:第 2 行第 3 个按键的功能代码;    break;
        }
        P1=0xf7;             //扫描第 3 行
        switch (P1)
        {
            case 0xe7:第 3 行第 0 个按键的功能代码;    break;
            case 0xd7:第 3 行第 1 个按键的功能代码;    break;
            case 0xb7:第 3 行第 2 个按键的功能代码;    break;
            case 0x77:第 3 行第 3 个按键的功能代码;    break;
        }
        P1=0xf0;
        while (P1!=0xf0);
    }
}
```

2)线反转法

线反转法也是识别闭合键的一种常用方法,该方法比逐行扫描法速度快,但在硬件电路上要求行线与列线都要既能作为输出又能作为输入,行线和列线上都要有上拉电阻。

下面仍以 4×4 键盘为例说明线反转法的工作原理。首先将行线作为输出线,列线作为输入线,先通过行线输出全 0 信号,读入列线的值,如果此时有某一个键按下,则必然使某一列线值为 0;然后将行线和列线的输入和输出关系互换(输入线与输出线反转),列线作为输出线,行线作为输入线,再通过列线输出全 0 信号,读入行线的值,那么闭合键所在的行线上的值必定为 0。这样，当一个键按下时，必定读得一对唯一的行值和列值，根据这一对值即可确定闭合键。线反转法示意图如图 4-13 所示。

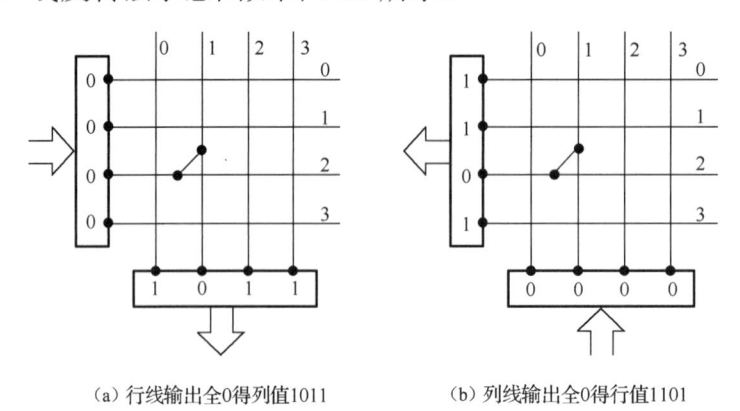

(a) 行线输出全0得列值1011　　(b) 列线输出全0得行值1101

图 4-13　线反转法示意图

在图 4-10 所示的行列式键盘接口电路中，采用线反转法识别闭合键的程序如下。

```
unsigned char temp;
temp=0xff;
P1=0xf0;
if (P1!=0xf0)              //判断是否有按键按下
{
   delay();                //延时去抖
   if (P1!=0xf0)           //再次判断是否有按键按下
   {
      P1=0xf0;             //行作为输出，列作为输入
      temp=P1;             //读取列值
      P1=0x0f;             //列作为输出，行作为输入
      temp=temp|P1;        //读取行值，并和列值合并
      switch (temp)
      {
         case 0xee:第0行第0个按键的功能代码;     break;
         case 0xde:第0行第1个按键的功能代码;     break;
         case 0xbe:第0行第2个按键的功能代码;     break;
         case 0x7e:第0行第3个按键的功能代码;     break;
         case 0xed:第1行第0个按键的功能代码;     break;
         case 0xdd:第1行第1个按键的功能代码;     break;
         case 0xbd:第1行第2个按键的功能代码;     break;
         case 0x7d:第1行第3个按键的功能代码;     break;
         case 0xeb:第2行第0个按键的功能代码;     break;
         case 0xdb:第2行第1个按键的功能代码;     break;
         case 0xbb:第2行第2个按键的功能代码;     break;
         case 0x7b:第2行第3个按键的功能代码;     break;
         case 0xe7:第3行第0个按键的功能代码;     break;
         case 0xd7:第3行第1个按键的功能代码;     break;
         case 0xb7:第3行第2个按键的功能代码;     break;
         case 0x77:第3行第3个按键的功能代码;     break;
      }
      P1=0xf0;
      while (P1!=0xf0);
   }
}
```

需要说明的是，用线反转法来确定闭合键时，如果遇到多个键闭合的情况，则得到的行

值或列值中一定有 1 个以上的 0。由于识别闭合键的程序中没有这样的值，故可以判断为重键而丢弃。由此可见，用这种方法可以很方便地解决重键问题。

知识三　LED 点阵显示模块接口

一、LED 点阵显示模块简介

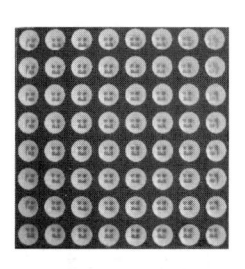

一个 LED 点阵显示屏往往是由若干个点阵显示模块拼成的，而一个点阵显示模块又是由 8×8 共 64 个 LED 按照一定的连接方式组成的方阵，如图 4-14 所示。有的点阵中的每个 LED 是由双色 LED 组成的，即双色 LED 点阵显示模块。点阵在显示的时候采用动态扫描显示方式。动态扫描显示方式是一列接一列（或一行接一行）地轮流点亮各个 LED，使各列（或各行）LED 轮流受控、依次显示且循环往复的显示方式。

（a）单色 LED 点阵显示模块　　　　　　　　　　（b）双色 LED 点阵显示模块

图 4-14　8×8 LED 点阵显示模块

为了显示多个字符或方便地改变所显示的字符，必须建立一个字模库。显示字符的字模可以通过字符取模软件来实现。

二、LED 点阵显示模块的结构及引脚

LED 点阵显示屏中的每个 LED 代表一个像素，LED 的个数越多，像素越高，显示的内容越丰富。例如，8×8 的点阵只能显示一些非常简单的字符，显示一个汉字至少需要 16×16 的点阵。如果点阵中的每个 LED 是由双色 LED 组成的，那么可构成双色 LED 点阵显示屏。下面我们重点介绍单色 8×8 LED 点阵显示模块的结构及引脚。

1. 8×8 LED 点阵显示模块的分类及结构

一个 8×8 LED 点阵显示模块是由 64 个 LED 按一定规律安装成方阵,将其内部各 LED 引脚按一定规律连接成 8 根行线和 8 根列线，作为点阵显示模块的 16 个引脚，最后封装起来构成的。

按照点阵显示模块内部连接的不同可分为共阳极型和共阴极型两种。图 4-15 所示为共阳极型接法，每一行由 8 个 LED 组成，它们的阳极都连接在一起，共构成 8 根行线，每一列也由 8 个 LED 组成，它们的阴极都连接在一起，共构成 8 根列线，如果行线接高电平，列线接

低电平，则其对应的 LED 就会被点亮。图 4-16 所示为共阴极型接法，每一行由 8 个 LED 组成，它们的阴极都连接在一起，共构成 8 根行线，每一列也由 8 个 LED 组成，它们的阳极都连接在一起，共构成 8 根列线，如果行线接低电平，列线接高电平，则其对应的 LED 就会被点亮。这里要注意的是，我们是站在行的角度上来看是共阴极型或共阳极型的，有的地方是站在列的角度上来看的，其共阴极型或共阳极型则正好相反。

2. 8×8 LED 点阵显示模块的引脚

在使用 LED 点阵显示模块时，首先要了解它的引脚排列，一般它并不会如我们想象的那样按顺序排列，而是为了方便生产而排列的。

一般的 8×8 LED 点阵显示模块的引脚，无论是共阴极型的还是共阳极型的，其排列如图 4-17 所示。其中，字母 C 表示列引脚，字母 R 表示行引脚。例如，第 16 脚为 C8，是第 8 列引脚；第 1 脚为 R4，是第 4 行引脚。

实际应用中，LED 点阵显示模块有多种型号，引脚排列不尽相同，需要时可亲自测量或查阅相关资料。

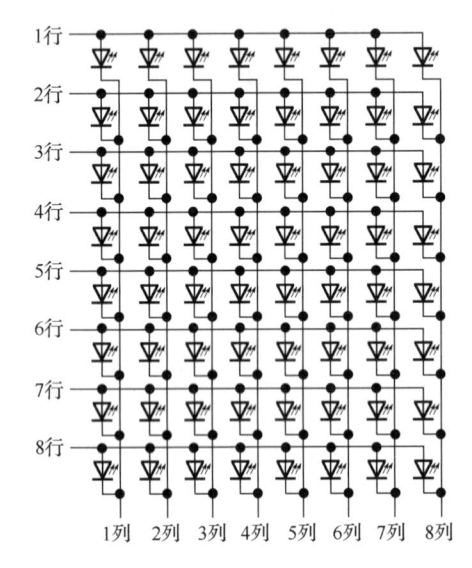

图 4-15　共阳极型 8×8 LED 点阵显示模块内部结构图

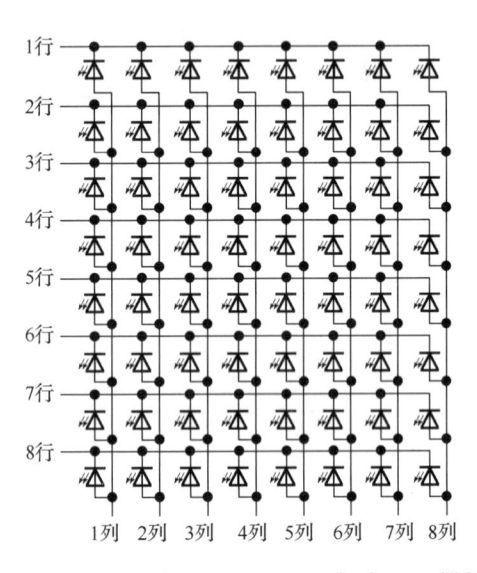

图 4-16　共阴极型 8×8 LED 点阵显示模块内部结构图

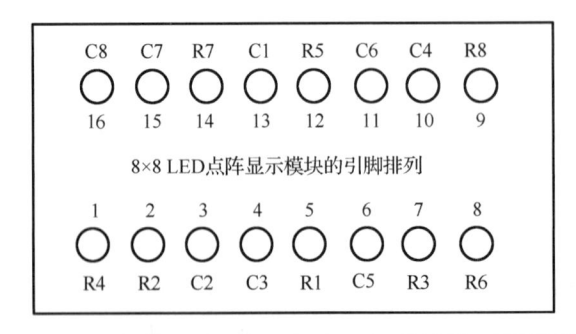

图 4-17　一般的 8×8 LED 点阵显示模块的引脚排列图

三、LED 点阵显示模块的接口及编程

1. LED 点阵显示模块接口电路

由前面可知，8×8 LED 点阵显示模块是由 8 列、每列 8 个 LED 构成的。如果把每列看成 1 位数码管，每列的 8 个 LED 看成 1 位数码管的 8 段，就可以把 8×8 LED 点阵显示模块看成 8 位动态扫描显示数码管。因此，8×8 LED 点阵显示模块的接口及编程和 8 位动态扫描显示数码管非常相似。

8×8 LED 点阵显示模块在和单片机相连时只要将 8 根行线接在一个 I/O 口上，8 根列线接在另一个 I/O 口上就可以了。但需要注意的是，单片机的并行 I/O 口作为高电平驱动时，流出的电流很小，不足以点亮 LED，必须另加驱动电路（若是 P0 口，则还需加上拉电阻）；而作为低电平驱动时，灌电流能够直接驱动 LED，可以不另加驱动电路。驱动电路可以是三极管或任何 TTL 逻辑电路。由三极管驱动的 8×8 LED 点阵显示模块接口电路如图 4-18 所示。由单向总线驱动电路 74LS244 驱动的 8×8 LED 点阵显示模块接口电路如图 4-19 所示。

2. LED 点阵显示模块程序设计

若要显示一个图形或字符，仍采用动态扫描方式，则可以逐列扫描或逐行扫描，即一列一列或一行一行地将要显示的点阵信息显示出来。例如，要逐列显示一个数字"2"，确定其字模码的方法如图 4-20 所示。首先在纸上画出 8×8 共 64 个圆圈，然后将需要显示的笔画处的圆圈涂黑，最后逐列确定其所对应的十六进制数。例如，左起第 2 列的亮灭情况为（由高位到低位，高电平亮，低电平灭）"亮亮灭灭灭亮亮灭"，其对应的二进制数为 11000110B，对应的十六进制数为 0xc6，同理可得各列对应的编码。因此，逐列显示数字"2"，应加在行上的字模码为 0x00、0xc6、0xa1、0x91、0x89、0x89、0x86、0x00，共 8 字节。

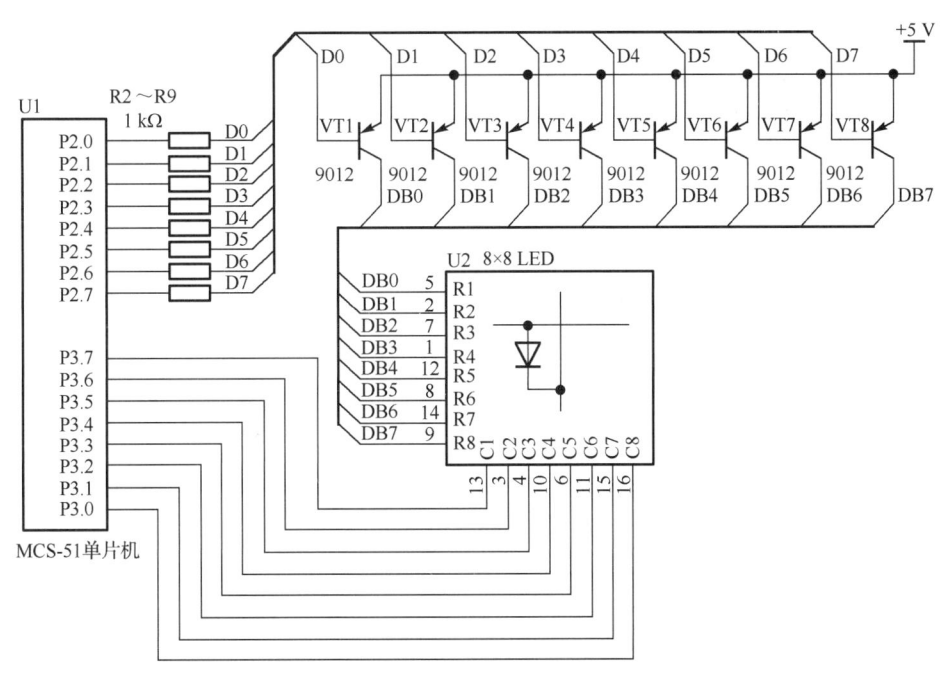

图 4-18 由三极管驱动的 8×8 LED 点阵显示模块接口电路

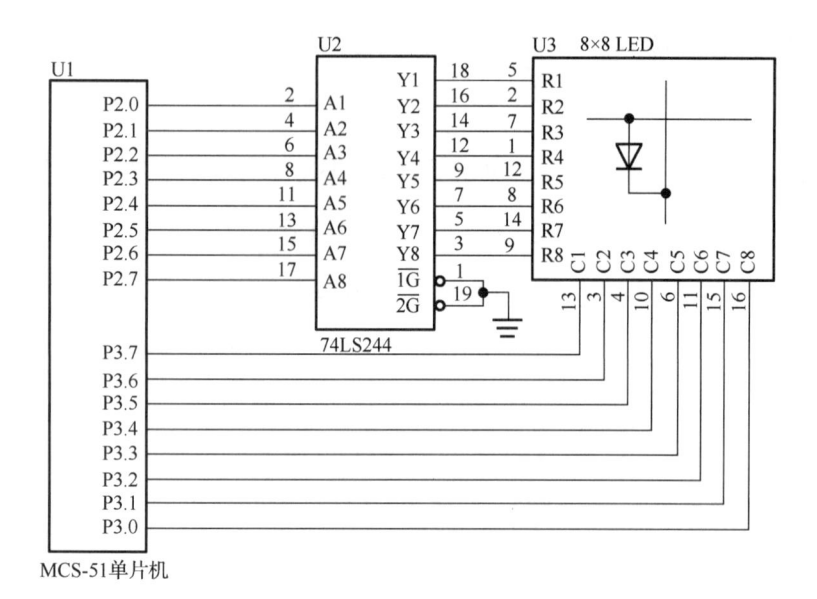

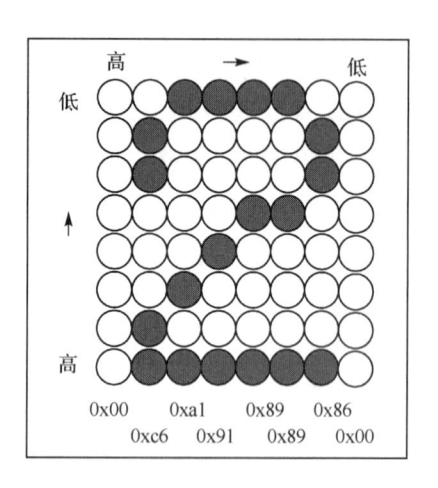

图 4-19 由单向总线驱动电路 74LS244 驱动的 8×8 LED 点阵显示模块接口电路

图 4-20 确定字模码的方法

在实际应用时并不需要这么麻烦,可以从网上下载一个字模生成软件,只要设置好取模方式,然后输入要显示的字符,单击"生成字模"按钮就可以输出字模码并自动生成一个字模码数组,如图 4-21 所示。

8×8 LED 点阵显示模块程序流程图如图 4-22 所示。

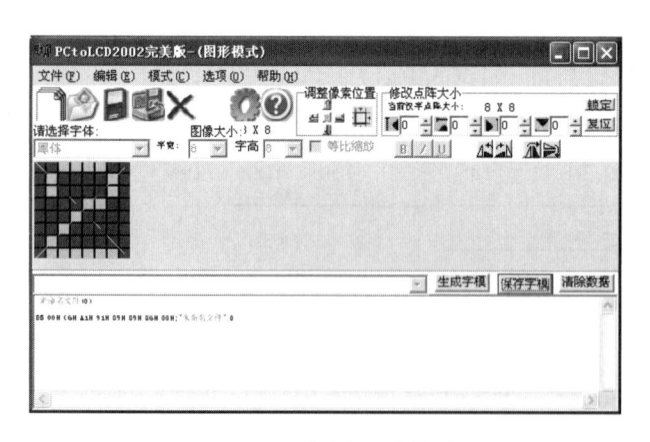

图 4-21 字模生成软件

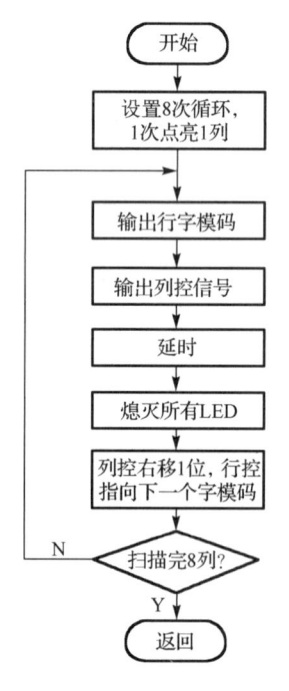

图 4-22 8×8 LED 点阵显示模块程序流程图

项目技能实训

技能实训一 七段 LED 数码管显示电路的制作

通常使用的七段 LED 数码管内部有 8 个 LED，是单片机应用系统中最常用的输出显示器件，它具有显示清晰、亮度高、连接方便、价格便宜等优点。图 4-23 所示为数码管的应用实例。

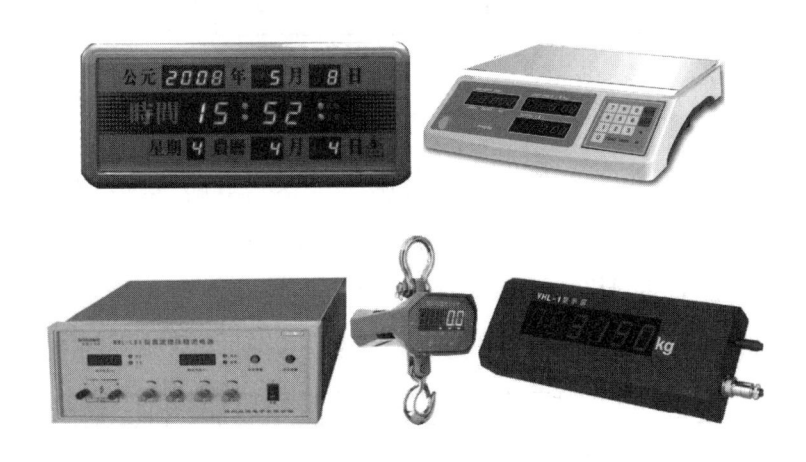

图 4-23 数码管的应用实例

一、任务分析

任务要求：包括两个方面，一是 1 位数码管静态显示，即使用单片机 I/O 口作为输出口，接 1 个 LED 数码管，编程实现 0～9 的显示；二是多位数码管动态扫描显示，即使用单片机 I/O 口作为输出口，接 8 个 LED 数码管，编程实现显示 8 个不同的数字。

二、硬件电路设计、制作与调试

1. 电路原理图

通过对 LED 数码管的学习，根据任务要求，1 位 LED 数码管静态显示电路原理图如图 4-24 所示。用单片机的 P2 口接数码管，如果把数码管看成 8 个 LED，则该电路和项目二中图 2-10 所示的闪烁灯电路完全等效。需要说明的是，这种接法只适用于共阳极型数码管，也是最简单的接法，如果采用共阴极型数码管，则必须有驱动电路。

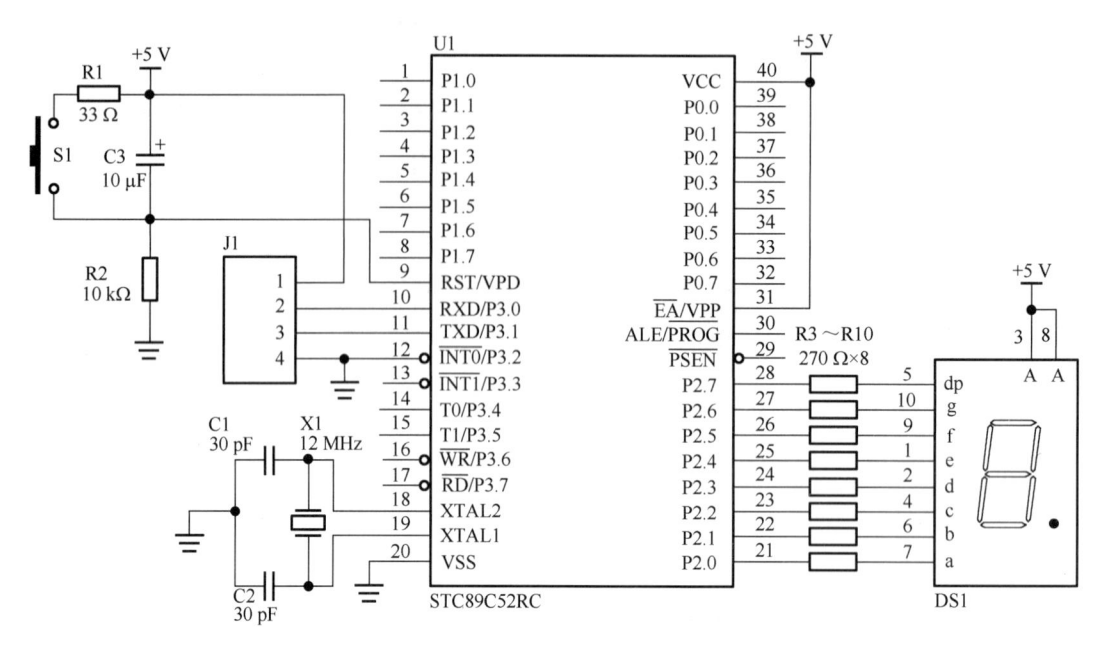

图 4-24　1 位 LED 数码管静态显示电路原理图

采用动态扫描显示时，可用单片机的一个接口与数码管的段控线相连，再用另一个接口与它的位控线相连，这样可接 8 位数码管。8 位 LED 数码管动态扫描显示电路原理图如图 4-25 所示，其中使用了 4 个 2 位共阳极型动态扫描显示数码管（也可以使用两个 4 位共阳极型动态扫描显示数码管），所有的段控线与 P2 口相连，位控线相互独立并分别与 P3 口的每位口线相连。

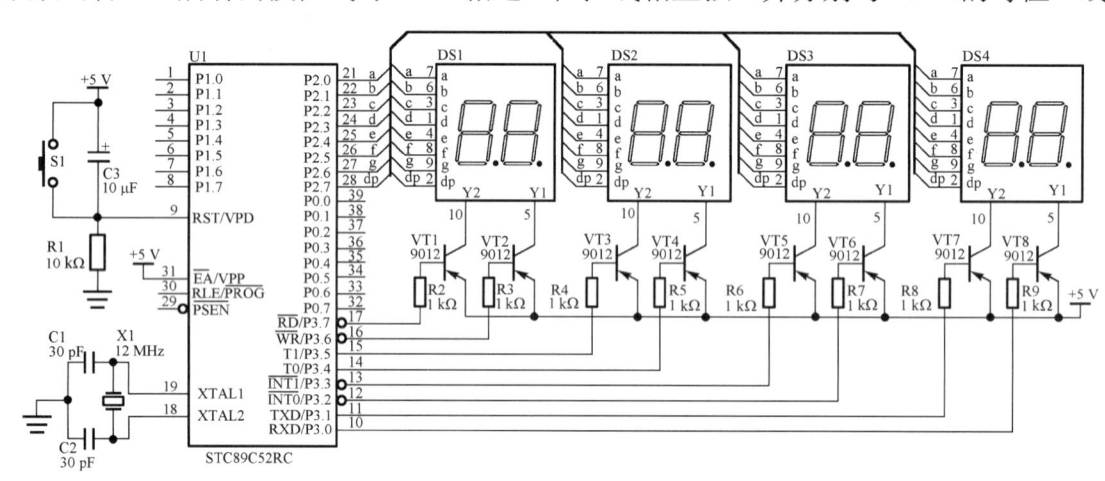

图 4-25　8 位 LED 数码管动态扫描显示电路原理图

注意：在图 4-25 中，为了使原理图美观且便于识读，段控线采用总线的画法，单片机的引脚并没有按实际芯片的引脚排列顺序排列，并隐藏了 40 脚（VCC）和 20 脚（VSS），在制作时请注意各个引脚的连接关系。

2. 元器件清单

对于 8 位 LED 数码管动态扫描显示电路，如果给某一位数码管加固定位选通信号，则可以看成 1 位静态显示，因此本技能实训中仅制作 8 位 LED 数码管动态扫描显示电路，其元器件清单见表 4-3。

表 4-3　8 位 LED 数码管动态扫描显示电路元器件清单

代号	名称	规格
R1	电阻	10kΩ
R2～R9	电阻	1kΩ
C1、C2	瓷介电容	30pF
C3	电解电容	10μF
S1	轻触按键	
X1	晶振	12MHz
VT1～VT8	三极管	9012
DS1～DS4	数码管	2 位共阳极型
U1	单片机	STC89C52RC
	IC 插座	40 脚

3. 电路制作与调试

本电路虽然元器件不多，但在万能实验板上组装时连线较多，有一定的难度，必须细心连接，如果有条件可以制作印制电路板。在万能实验板上制作电路的步骤如下。

（1）按图 4-25 所示的电路原理图绘制电路元器件排列布局图。

（2）按布局图在万能实验板上依次进行元器件的排列、插装。

（3）按焊接工艺要求对元器件进行焊接，背面用 ϕ0.5mm～ϕ1mm 的镀锡裸铜线连接（使用双绞网线的芯线效果非常好），直到所有的元器件连接并焊完为止。

调试时，可以先不通电测量各关键点的电阻值，排除短路、断路现象；然后通电测量各关键点电压是否正常，也可以用示波器测试波形，判断时钟电路是否起振。本电路中由于段控线上没有接限流电阻，切忌通过导线短接法模拟高、低电平来观察数码管点亮情况。如果使用此法，则必须在每根段控线上接 200Ω～1 kΩ 的限流电阻。

三、程序设计

1. 1 位数码管静态显示程序设计

设计思路是首先通过 P3 口选中最右边的 1 位数码管，然后通过 P2 口输出相应数字的段码。实现显示固定数字的程序如下。

```c
#include <reg51.h>
unsigned char code tab[]={0xc0,0xf9,0xa4,0xb0,0x99,0x92,0x82,0xf8,0x80,0x90};
                                    //0～9 十个数字的段码
int main()
{
    P3=0xfe;                        //选通第 1 位数码管
    while(1)
    {
        P2=tab[5];                  //P2 口输出"5"的段码
    }
}
```

实现循环显示数字 0~9 的程序如下。

```c
#include <reg51.h>
unsigned char code tab[]={0xc0,0xf9,0xa4,0xb0,0x99,0x92,0x82,0xf8,0x80,0x90};
                                        //0~9十个数字的段码
int main()
{
    P3=0xfe;                            //选通第1位数码管
    while(1)
    {
        unsigned char i;
        unsigned int j;
        for (i=0;i<=9;i++)
        {
            P2=tab[i];                  //依次输出0~9的段码
            for (j=0;j<30000;j++);      //延时
        }
    }
}
```

2. 8位数码管动态扫描显示程序设计

在制作的硬件电路上，实现8位数码管从左到右依次显示"1""2""3""4""5""6""7""8"这8个数字。8位数码管动态扫描显示程序流程图如图4-26所示。

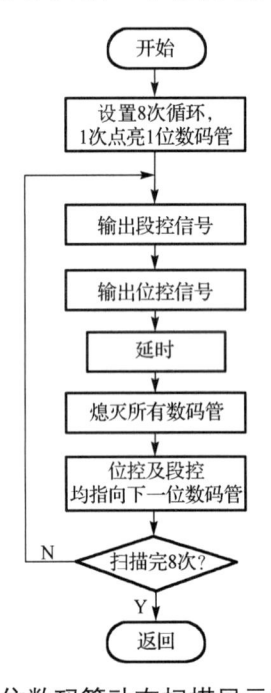

图 4-26　8 位数码管动态扫描显示程序流程图

根据程序流程图编写的程序如下。

```c
#include <reg51.h>
#include <intrins.h>
unsigned char code tab[]={0xc0,0xf9,0xa4,0xb0,0x99,0x92,0x82,0xf8,0x80,0x90};
                                        //0~9十个数字的段码
void delay()
{
    unsigned char j;
```

```
        for (j=0;j<200;j++);
}
int main()
{
    while(1)
    {
        unsigned char i,wk=0xfe;        //变量wk作为位控，初始选通右边第1位
        for (i=8;i>=1;i--)
        {
            P2=tab[i];                   //依次输出8~1的段码
            P3=wk;                       //输出位控信号
            delay();                     //延时
            P3=0xff;                     //熄灭所有数码管（消隐）
            wk=_crol_(wk,1);             //位控左移1位
        }
    }
}
```

注意：在数码管动态扫描显示中，熄灭所有的数码管，即消隐控制信号是必需的。因为如果不进行消隐，上一位数码管的位控信号处于锁存输出的同时，下一位数码管的段控信号便输出到段控端，其结果就是下一位数码管上会显示上一位数码管所显示数字的影子，俗称"鬼影"。数码管动态扫描显示时，消除"鬼影"一般不需要同时熄灭位和段，基本原则是后送位控信号就消位，后送段控信号就消段。

技能实训二　按键控制球赛记分牌的制作

传统的球赛记分牌是在塑料板上写上数字，然后将塑料板串起来，使用的时候需要一张一张地翻，现在球类比赛中越来越多地使用电子记分牌。电子记分牌主要是由数码管组成的，稍复杂的还带有显示球队名称的点阵显示屏。图4-27所示为各种球类比赛用记分牌。

图4-27　各种球类比赛用记分牌

一、任务分析

任务要求：在本项目技能实训一所设计的电路基础上，增加5个按键，编程实现8位数码管的高3位和低3位分别显示甲、乙两支球队的得分，中间2位数码管显示"--"，其显示格式如图4-28所示，按键用于设置和清除比分。

图4-28　按键控制球赛记分牌显示格式

在本项目技能实训一，通过数码管动态扫描显示，虽然让8位数码管显示了不同的数字，但这些数字在编程的时候已经确定，在运行过程中无法改变，其目的只是深刻认识动态扫描

这种显示方式，并无实际应用价值。在实际应用中往往要显示一些编程时无法预知的、随时间或其他条件可能改变的数值（如温度、电压等），即变量。

存放段码的数组中只有 0~9 十个数字的段码，其下标也不能大于 9，而要显示的变量一般是大于 9 的数，因此要使用多位数码管显示一个大于 9 的数，就要首先"分离"出这个数的个位、十位、百位等数字，并将每一位数字在其对应的数码管上显示。

二、硬件电路设计

1. 电路原理图

根据任务要求，按键控制球赛记分牌电路只需在图 4-25 所示的 8 位 LED 数码管动态扫描显示电路的基础上增加 5 个独立按键即可，如图 4-29 所示。

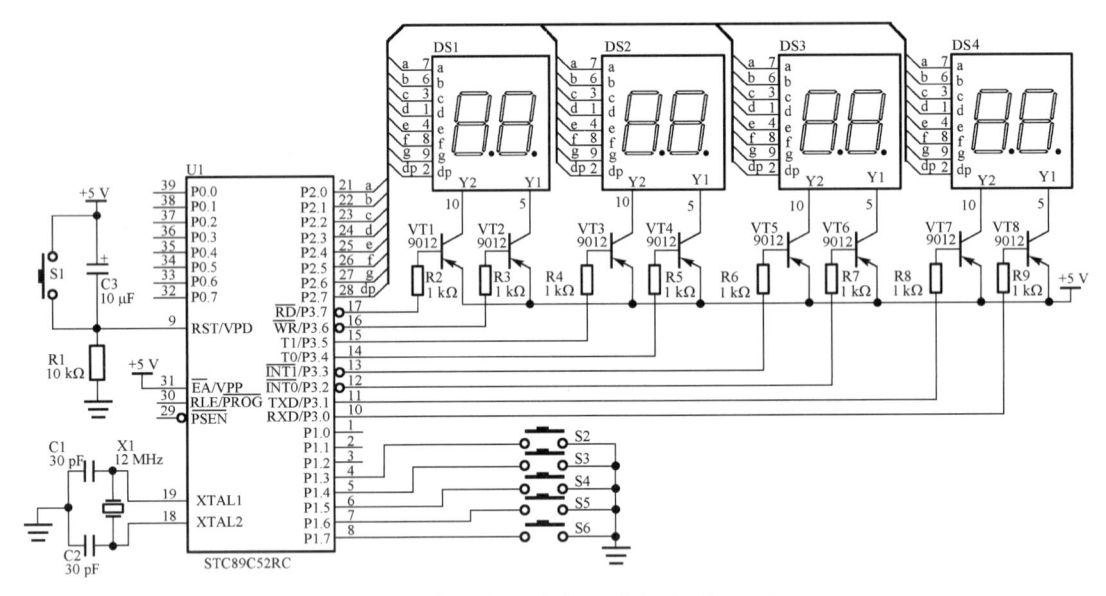

图 4-29 按键控制球赛记分牌电路原理图

2. 元器件清单

按键控制球赛记分牌电路元器件清单见表 4-4。

表 4-4 按键控制球赛记分牌电路元器件清单

代号	名称	规格
R1	电阻	10kΩ
R2~R9	电阻	1 kΩ
C1、C2	瓷介电容	30pF
C3	电解电容	10μF
X1	晶振	12MHz
VT1~VT8	三极管	9012
DS1~DS4	数码管	2 位共阳极型
U1	单片机	STC89C52RC
S1~S6	轻触按键	
	IC 插座	40 脚

三、程序设计

程序主要由两个部分组成：一是 8 位数码管显示程序，用以显示两支球队的得分；二是按键处理程序。

1. 8 位数码管显示程序设计

在单片机测控技术中，往往要在 LED 数码管上显示一个变量，而这个变量可能是一个大于 9 的多位数，且其值也随时会改变，这就涉及用多位 LED 数码管显示变量的问题。下面介绍如何确定一个变量的个位、十位、百位等，并将每一位在 LED 数码管上显示。

要获取一个变量的每一位数字的值，将用到除法运算符"/"和模运算符"%"两个算术运算符。当对两个整数做除法运算时，结果仍为整数，余数会被丢弃，因此可视为取整操作；模运算相当于取余操作。

例如，求一个变量 temp 的百位、十位、个位，并将其分别赋给变量 a、b、c 的代码如下。

```
a=temp/100%10;          //除以100,再对10取余
b=temp/10%10;           //求得 temp 的十位
c=temp%10;              //求得 temp 的个位
```

要在 LED 数码管上显示变量 temp 的百位、十位、个位，可直接写作：

```
P2=tab[temp/100%10];
P2=tab[temp/10%10];
P2=tab[temp%10];
```

由于数组 tab 下标的值也就是数码管要显示的内容，它往往随着单片机控制程序的运行而改变，且无规律，所以对每一位数码管都要书写一段显示程序，这使得程序变得很长且不便于控制。为此，可以定义一个数码管显示缓冲数组 buf，将数码管要显示的内容先赋给数组 buf，只要书写显示 buf 内容的程序就可以了。

例如，本技能实训中甲、乙两支球队的得分分别存于变量 scoreA、scoreB 中，8 位数码管的高 3 位和低 3 位分别显示甲、乙两支球队的得分，中间 2 位数码管显示"--"，显示程序如下。

```
unsigned char i,wk=0xfe;        //变量 wk 作为位控,初始选通右边第1位
unsigned char buf[8];           //声明数码管显示缓冲数组
buf[0]=tab[scoreB%10];          //乙队得分的个位
buf[1]=tab[scoreB/10%10];       //乙队得分的十位
buf[2]=tab[scoreB/100];         //乙队得分的百位,小于999时可以不对1000取余
buf[3]=0xbf;                    //显示"-"
buf[4]=0xbf;                    //显示"-"
buf[5]=tab[scoreA%10];          //甲队得分的个位
buf[6]=tab[scoreA/10%10];       //甲队得分的十位
buf[7]=tab[scoreA/100];         //甲队得分的百位
for (i=0;i<=7;i++)
{
    P2=buf[i];                  //依次输出段码
    P3=wk;                      //输出位控
    delay();                    //延时
    wk=_crol_(wk,1);            //位控左移1位
    P3=0xff;                    //熄灭所有数码管（消隐）
}
```

2. 按键处理程序设计

按键处理程序中，S2 的功能是使甲球队得分加 1，S3 的功能是使甲球队得分减 1，S4 的功能是使乙球队得分加 1，S5 的功能是使乙球队得分减 1，S6 的功能是使甲、乙球队的得分均清零。

3. 总程序设计

按键控制球赛记分牌程序流程图如图 4-30 所示。

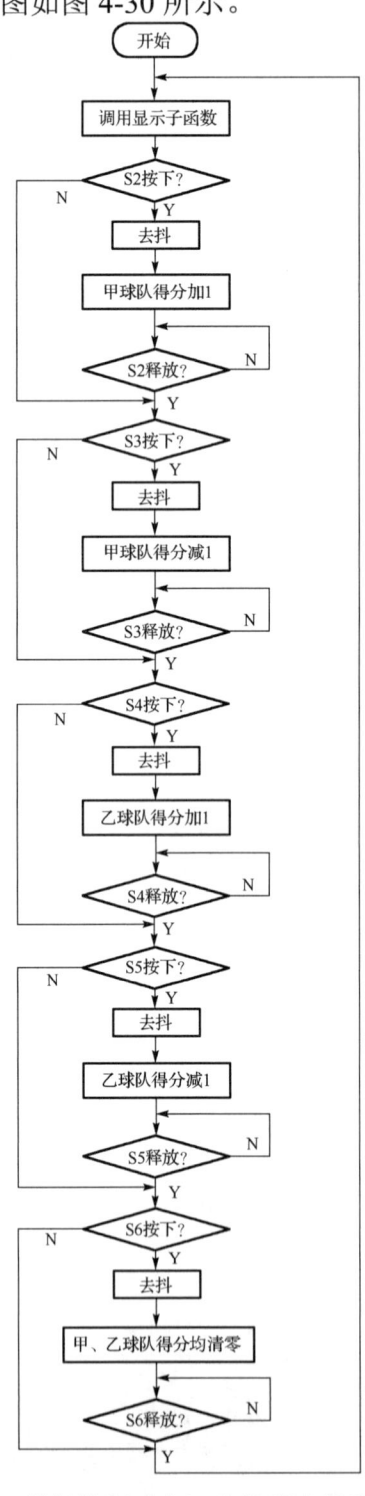

图 4-30　按键控制球赛记分牌程序流程图

根据程序流程图编写的程序如下。

```c
#include <reg51.h>
#include <intrins.h>
sbit key1=P1^3;
sbit key2=P1^4;
sbit key3=P1^5;
sbit key4=P1^6;
sbit key5=P1^7;
unsigned char scoreA=0,scoreB=0;
unsigned char code tab[]={0xc0,0xf9,0xa4,0xb0,0x99,0x92,0x82,0xf8,0x80,0x90};
                                    //0~9的段码
delay()
{
    unsigned char j;
    for (j=0;j<200;j++);
}
display()                           //显示子函数
{
    unsigned char i,wk=0xfe;        //变量wk作为位控，初始选通右边第1位
    unsigned char buf[8];           //声明数码管显示缓冲数组
    buf[0]=tab[scoreB%10];          //乙球队得分的个位
    buf[1]=tab[scoreB/10%10];       //乙球队得分的十位
    buf[2]=tab[scoreB/100];         //乙球队得分的百位
    buf[3]=0xbf;                    //显示"-"
    buf[4]=0xbf;                    //显示"-"
    buf[5]=tab[scoreA%10];          //甲球队得分的个位
    buf[6]=tab[scoreA/10%10];       //甲球队得分的十位
    buf[7]=tab[scoreA/100];         //甲球队得分的百位
    for (i=0;i<=7;i++)
    {
        P2=buf[i];                  //依次输出段码
        P3=wk;                      //输出位控
        delay();                    //延时
        wk=_crol_(wk,1);            //位控左移1位
        P3=0xff;                    //熄灭所有数码管（消隐）
    }
}
button()                            //按键处理子函数
{
    if (key1==0)
    {
        delay();
        if (key1==0)
        {
            scoreA++;
            if (scoreA==0)          //255加1等于0
            {
                scoreA=255;
            }
            while (key1==0)
            {
                display();
            }
        }
    }
    if (key2==0)
    {
```

```c
        delay();
        if (key2==0)
        {
            scoreA--;
            if (scoreA==255)           //0减1等于255
            {
                scoreA=0;
            }
            while (key2==0)
            {
                display();
            }
        }
    }
    if (key3==0)
    {
        delay();
        if (key3==0)
        {
            scoreB++;
            if (scoreB==0)
            {
                scoreB=255;
            }
            while (key3==0)
            {
                display();
            }
        }
    }
    if (key4==0)
    {
        delay();
        if (key4==0)
        {
            scoreB--;
            if (scoreB==255)
            {
                scoreB=0;
            }
            while (key4==0)
            {
                display();
            }
        }
    }
    if (key5==0)
    {
        delay();
        if (key5==0)
        {
            scoreA=0;
            scoreB=0;
            while (key5==0)
            {
                display();
            }
        }
```

```
        }
    }
int main()
{
    while(1)
    {
        display();
        button();
    }
}
```

技能实训三 电子密码锁的制作

电子密码锁是一种通过输入密码来控制电路或芯片工作，从而控制机械开关的开启、闭合，完成开锁、闭锁任务的电子产品。它的种类很多，有简易的电路产品，也有基于芯片的性价比较高的产品。现在应用较广的电子密码锁是以芯片为核心，通过编程来实现的。各种密码锁如图 4-31 所示。

图 4-31 各种密码锁

一、任务分析

任务要求：使用 4×4 行列式键盘，按键设置如图 4-32 所示，编程要实现以下功能。

（1）复位或按下"清除"键，所有数码管无显示。

（2）当按下 0～9 中的一个数字键时，数码管最右一位显示按下的数字，再次按下一个数字键时，上次按下的数字左移一位，在数码管右起第 2 位显示，最右一位显示这次按下的数字，如图 4-33 所示，以此类推，实现如手机拨号时的效果。当输完 6 位数字后，不再响应输入（按下数字键）。

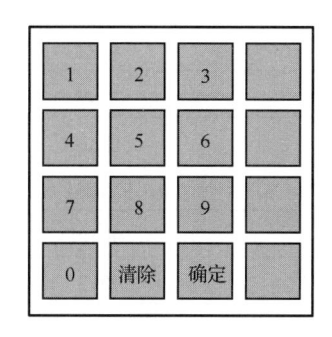

图 4-32 电子密码锁按键设置

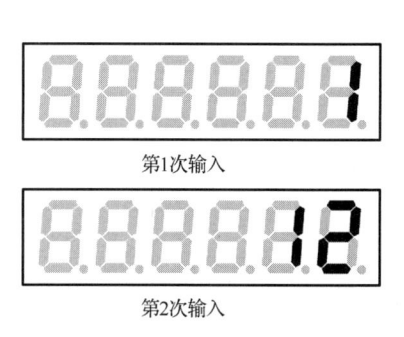

图 4-33 显示输入密码示意图

（3）当按下"确定"键时，将输入的密码与设定的密码进行比较。若密码正确，则控制继电器吸合开锁，然后释放；若密码错误，继电器无动作。无论密码正确与否，数码管均清屏。

二、硬件电路设计

1. 电路原理图

根据任务要求，电子密码锁电路主要包括以下 4 个部分：单片机控制系统、6 位数码管显示电路、用于输入和设置操作的行列式键盘电路、控制密码锁开关的继电器电路。电子密码锁电路原理图如图 4-34 所示。

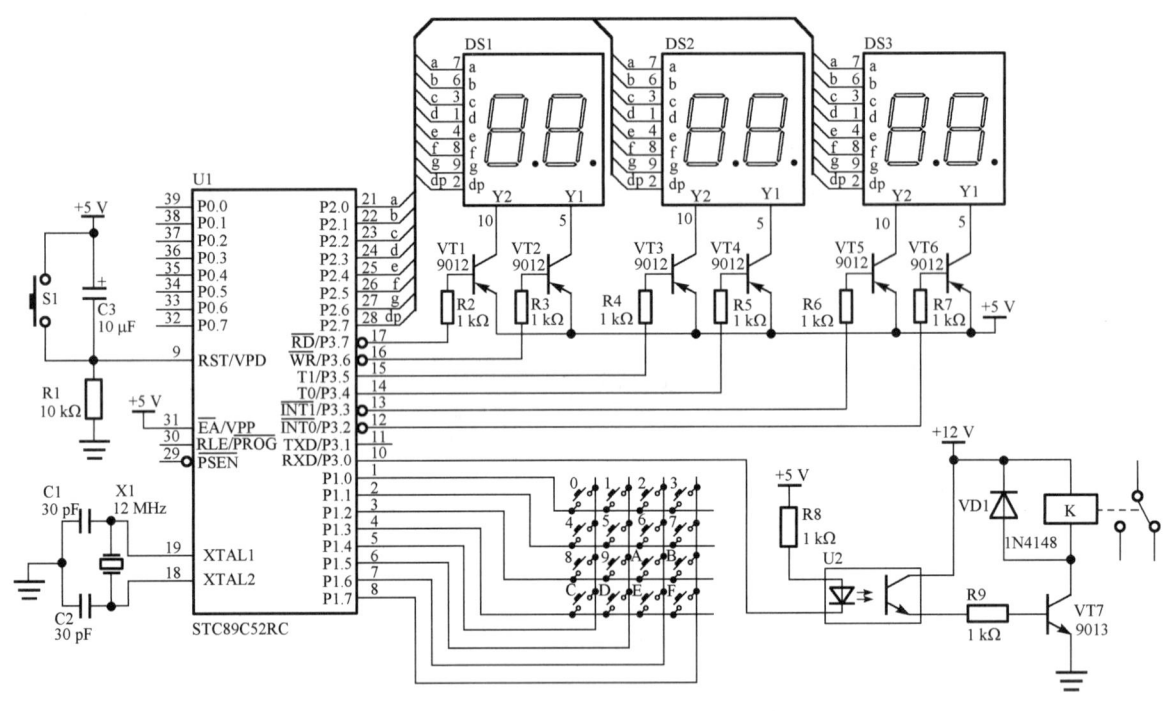

图 4-34 电子密码锁电路原理图

2. 元器件清单

电子密码锁电路元器件清单见表 4-5。

表 4-5 电子密码锁电路元器件清单

代号	名称	规格
R1	电阻	10kΩ
R2～R9	电阻	1 kΩ
C1、C2	瓷介电容	30pF
C3	电解电容	10μF
X1	晶振	12MHz
VT1～VT6	三极管	9012
VT7	三极管	9013
VD1	开关二极管	1N4148

续表

代号	名称	规格
DS1~DS3	数码管	2位共阳极型
U1	单片机	STC89C52RC
U2	光电耦合器	
K	继电器	12V
S1~S17	轻触按键	
	IC插座	40脚

三、程序设计

1. 按数字键时显示数字逐位左移程序设计

如何实现按数字键时让数码管上显示的数字逐位左移呢？我们可以先定义一个含有6个元素的数组pw用来存放输入的6位密码，每次按下数字键时，均把该数字送入pw[0]，而原来pw[0]中的数字送入pw[1]，原来pw[1]中的数字送入pw[2]，原来pw[2]中的数字送入pw[3]，原来pw[3]中的数字送入pw[4]，原来pw[4]中的数字送入pw[5]，显示程序显示pw[0]~pw[5]中的数字。程序如下：

```
if (keyNum<10)            //按下的是数字键
{
   count++;
   if (count<7)           //按键次数少于7次
   {
      pw[5]=pw[4];        //将pw[i]（i=0、1、2、3、4）中的数字依次送入pw[i+1]，
      pw[4]=pw[3];        //实现数码管上显示的数字逐位左移的效果
      pw[3]=pw[2];
      pw[2]=pw[1];
      pw[1]=pw[0];
      pw[0]=keyNum;       //按下数字键后，将数字送入pw[0]
   }
}
```

2. 密码校验程序设计

密码校验程序相对简单，只要逐位比较输入的密码与设定的密码就可以了，程序如下：

```
if(pw[0]==6&&pw[1]==5&&pw[2]==4&&pw[3]==3&&pw[4]==2&&pw[5]==1)
   {
      jdq=0;        //继电器吸合，开锁
      delay(50000);
      jdq=1;
   }
```

3. 总程序设计

电子密码锁程序流程图如图4-35所示。

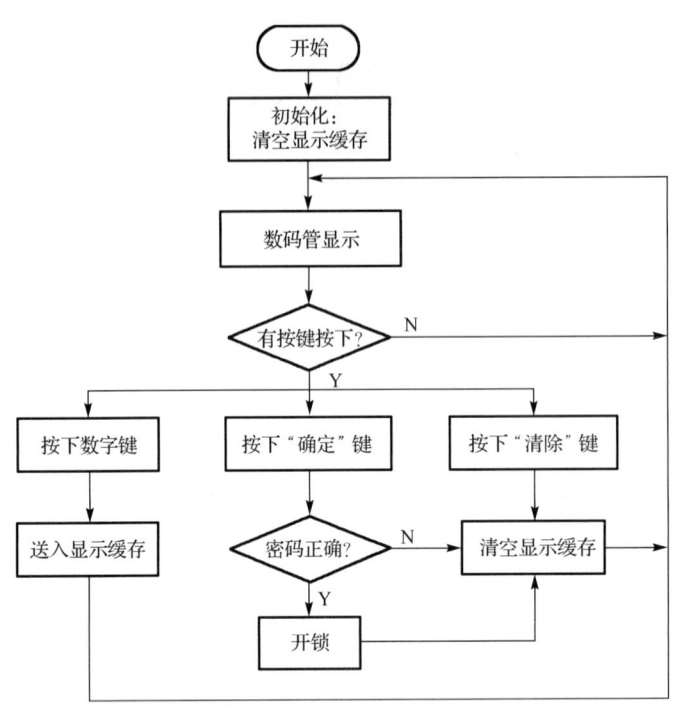

```
                              开始
                               │
                        初始化:
                        清空显示缓存
                               │
                         ┌────►│
                         │     ▼
                         │   数码管显示
                         │     │
                         │    ╱ ╲  N
                         │  ◄有按键按下?►──┐
                         │    ╲ ╱         │
                         │     │Y         │
                  ┌──────┼─────┼──────┐   │
                  ▼      ▼            ▼   │
              按下数字键 按下"确定"键  按下"清除"键
                  │      │             │  │
                  ▼      ▼             ▼  │
              送入显示缓存 ╱ ╲  N   清空显示缓存
                  │    ◄密码正确?►─────►│ │
                  │      ╲ ╱            │ │
                  │       │Y            │ │
                  │       ▼             │ │
                  │      开锁           │ │
                  │       │             │ │
                  └───────┴─────────────┴─┘
```

图 4-35 电子密码锁程序流程图

根据程序流程图编写的程序如下:

```c
#include <reg51.h>
#include <intrins.h>
#define uchar unsigned char
#define uint unsigned int
sbit jdq=P3^0;
uchar count,buf[6],pw[6];
uchar code tab[]={0xc0,0xf9,0xa4,0xb0,0x99,0x92,0x82,0xf8,0x80,0x90,0xff};
delay(unsigned int j)
{
    while(j--);
}
init()                                  //清空显示缓存子函数
{
    pw[0]=pw[1]=pw[2]=pw[3]=pw[4]=pw[5]=10;
    count=0;
}
display()                               //数码管显示子函数
{
    unsigned char i,wk=0xfb;
    buf[0]=tab[pw[0]];
    buf[1]=tab[pw[1]];
    buf[2]=tab[pw[2]];
    buf[3]=tab[pw[3]];
    buf[4]=tab[pw[4]];
    buf[5]=tab[pw[5]];
    for (i=0;i<=5;i++)
    {
        P3=P3|0xfc;                     //熄灭所有数码管并使最低2位保持不变
        P2=buf[i];                      //依次输出段码
        P3=P3&wk;                       //输出位控并使最低2位保持不变
        delay(100);                     //延时
        wk=_crol_(wk,1);                //位控左移1位
```

```c
            P3=P3|0xfc;                    //熄灭所有数码管
        }
}
uchar keypress()                           //按键识别子函数
{
    unsigned char temp,num;
    num=15;
    temp=0xff;
    P1=0xf0;
    if (P1!=0xf0)                          //判断是否有按键按下
    {
        delay(300);                        //延时去抖
        if (P1!=0xf0)                      //再次判断是否有按键按下
        {
            P1=0xf0;                       //行作为输出，列作为输入
            temp=P1;                       //读取列值
            P1=0x0f;                       //列作为输出，行作为输入
            temp=temp|P1;                  //读取行值，并和列值合并
            switch (temp)
            {
                case 0xee:num=1;   break;
                case 0xde:num=2;   break;
                case 0xbe:num=3;   break;
                case 0xed:num=4;   break;
                case 0xdd:num=5;   break;
                case 0xbd:num=6;   break;
                case 0xeb:num=7;   break;
                case 0xdb:num=8;   break;
                case 0xbb:num=9;   break;
                case 0xe7:num=0;   break;
                case 0xd7:num=10;  break;
                case 0xb7:num=11;  break;
            }
            P1=0xf0;
            while (P1!=0xf0)display();
        }
    }
    return num;
}
button()                                   //按键处理子函数
{
    uchar keyNum;
    keyNum=keypress();                     //返回按键号，带返回值的函数的应用
    if (keyNum<10)                         //按下的是数字键
    {
        count++;
        if (count<7)                       //按键次数少于7次
        {
            pw[5]=pw[4];                   //将pw[i]（i=0、1、2、3、4）中的数依次送入pw[i+1]
            pw[4]=pw[3];
            pw[3]=pw[2];
            pw[2]=pw[1];                   //实现数码管上显示的数字逐位左移的效果
            pw[1]=pw[0];
            pw[0]=keyNum;                  //按下数字键后，将数字送入pw[0]
        }
    }
    else
    {
```

```
            if (keyNum==10)                //按下的是"清除"键
            {
                init();                    //数码管清屏
            }
            if (keyNum==11)                //按下的是"确定"键
            {
                if(pw[0]==6&&pw[1]==5&&pw[2]==4&&pw[3]==3&&pw[4]==2&&pw[5]==1)
                {
                    jdq=0;                 //继电器吸合，开锁
                    delay(50000);
                    jdq=1;
                }
                init();                    //数码管清屏
            }
        }
    }
    int main()                             //主程序main函数
    {
        init();                            //初始化程序
        while(1)
        {
            display();
            button();
        }
    }
```

说明：（1）逻辑运算是改变一字节数据的某些位而使另一些位保持原值不变的常用方法。逻辑运算的基本原理是任何位和"0"相或保持不变，和"0"相与为"0"；任何位和"1"相或为"1"，和"1"相与保持不变。

（2）实际生活中的密码锁在输入密码时为了不让别人看到输入的数字，常常以"*"显示，使用数码管时可以用"-"代替"*"，方法是在输入数字时给buf数组赋"-"的段码。

（3）密码锁还应具有输入密码多次错误时启动报警系统等功能，读者可自行添加这些功能。

技能实训四　LED点阵显示屏的制作

在车站、广场等很多地方，经常能看到一些大的显示屏。这些显示屏不但能显示图形、汉字，还能播放视频，它们是由LED点阵显示模块或像素单元组成的平面式显示屏幕，称为LED点阵显示屏。LED点阵显示屏如图4-36所示。它们是怎么制作的呢？下面我们就来制作一个LED点阵显示屏，并利用单片机使显示屏根据要求显示信息。

图4-36　LED点阵显示屏

一、任务分析

任务要求：硬件电路通过单片机的一个 I/O 口与点阵显示模块的各行相连，输出显示字符对应的字模数据代码（简称字模码），通过单片机的另一个 I/O 口与点阵显示模块的各列相连，进行列选；利用软件编程实现静止字符的显示和滚动字符的显示。

二、硬件电路设计

1. 电路原理图

根据任务要求，8×8 LED 点阵显示屏电路原理图如图 4-37 所示。为简单起见，将单片机的 P2 口通过 74LS244 连接到点阵显示模块的 8 根行线上，将 P3 口直接连接到点阵显示模块的 8 根列线上。

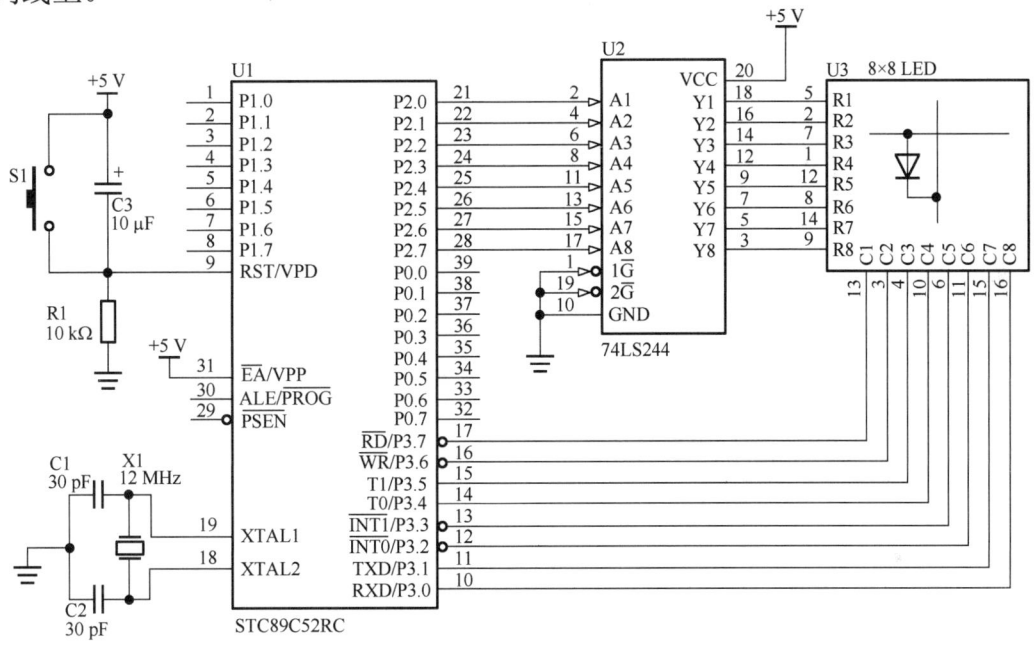

图 4-37　8×8 LED 点阵显示屏电路原理图

2. 元器件清单

8×8 LED 点阵显示屏电路元器件清单见表 4-6。

表 4-6　8×8 LED 点阵显示屏电路元器件清单

代号	名称	规格
R1	电阻	10kΩ
C1、C2	瓷介电容	30pF
C3	电解电容	10μF
X1	晶振	12MHz
S1	轻触按键	
U1	单片机	STC89C52RC
U2	单向总线驱动电路	74LS244
U3	点阵显示模块	8×8 共阳极型
	IC 插座	40 脚

三、程序设计

1. 显示静止字符程序设计

显示汉字一般需要 16×16 点阵或更高的分辨率，而 8×8 点阵只能显示一些简单的图形或字符。我们以显示静止字符"2"（见图 4-38）为例说明显示静止字符程序设计。

参考程序如下。

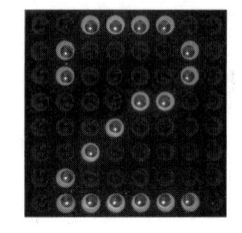

图 4-38 显示静止字符"2"

```c
#include <reg51.h>
#include <intrins.h>
unsigned char code tab[]={0x00,0xc6,0xa1,0x91,0x89,0x89,0x86,0x00};// "2"的字模码
delay()
{
    unsigned char j;
    for (j=0;j<200;j++);
}
display()
{
    unsigned char i,wk=0x7f;        //变量wk作为列控,初始选通左边第1列
    for (i=0;i<=7;i++)
    {
        P2=tab[i];                  //依次输出行字模码
        P3=wk;                      //输出列控
        delay();                    //延时
        wk=_cror_(wk,1);            //列控右移1位
        P3=0xff;                    //熄灭所有数码管（消隐）
    }
}
int main()
{
    while(1)
    {
        display();
    }
}
```

2. 显示滚动字符程序设计

要在一个点阵显示模块上显示多个字符，可以采用滚动显示方法。要使显示的内容滚动，可以定时对字模码数组下标进行加 1（左移滚动）或减 1（右移滚动）操作，这样就在选中的列上显示下一个字模码，产生滚动效果，如图 4-39 所示。

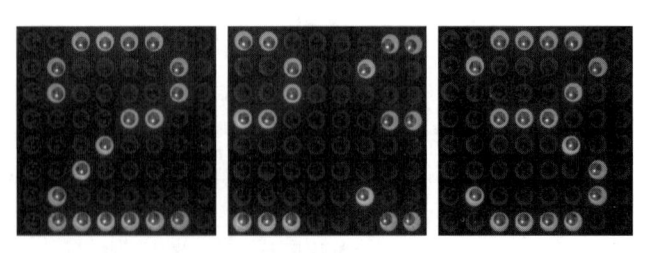

图 4-39 滚动显示字符"2"和"3"

参考程序如下。

```c
#include <reg51.h>
```

```c
#include <intrins.h>
unsigned char code tab[]=
{
    0x00,0xc6,0xa1,0x91,0x89,0x89,0x86,0x00,      //"2"的字模码
    0x00,0x42,0x89,0x89,0x89,0x95,0x62,0x00       //"3"的字模码
};
unsigned char count,Num;
delay()
{
    unsigned char j;
    for (j=0;j<200;j++);
}
display()
{
    unsigned char i,wk=0x7f;          //变量wk作为列控,初始选通左边第1列
    for (i=0;i<=7;i++)
    {
        P2=tab[i+Num];                //依次输出行字模码
        P3=wk;                        //输出列控
        delay();                      //延时
        wk=_cror_(wk,1);              //列控右移1位
        P3=0xff;                      //熄灭所有数码管(消隐)
    }
}
int main()
{
    while(1)
    {
        display();
        count++;
        if(count==20)
        {
            count=0;
            Num=(Num+1)&0x07;
        }
    }
}
```

本技能实训以 8×8 点阵为例介绍 LED 点阵显示屏的制作方法,读者可在此基础上设计制作 16×16 点阵或更高像素的 LED 点阵显示屏。

项 目 小 结

1．数码管显示、按键输入和 LED 点阵显示是单片机常用的人机对话方式,也是学习单片机的难点,透彻理解硬件电路的工作原理是编写程序的关键。本项目围绕数码管、键盘接口和数码管静、动态显示这 3 个问题展开。

2．掌握根据数码管接口电路推算数码管字形段码的方法。

3．数码管显示方式根据原理分为静态显示方式和动态扫描显示方式。

4．数码管的静态显示是指数码管显示某个字符时,相应的 LED 恒定导通或恒定截止。

5. 通过分时轮流控制各个数码管的公共端输出相应段码，使各个数码管轮流受控、依次显示且循环往复的方式称为动态扫描显示方式。在数码管轮流显示的过程中，每个数码管被点亮的时间均为 1ms 左右，虽然各位数码管并非同时点亮，但由于人眼的视觉暂留效应，主观感觉各位数码管同时在显示。

6. 键盘实际上就是一组按键，它是单片机常用的输入设备。在单片机系统中，通常使用的键盘分为两类：一类是独立式键盘，另一类是行列式键盘，又称矩阵式键盘。

7. 独立式按键接口电路中，并行 I/O 口作为输入，将按键的一端接到单片机的一位并行 I/O 口线上，另一端接地。独立式按键电路简单，程序编写容易，但按键较多时占用 I/O 口线较多。

8. 行列式键盘：用一些 I/O 口线组成行结构，用另一些 I/O 口线组成列结构，其交叉点处不接通，设置为按键。利用这种行列结构只需 M 根行线和 N 根列线，就可形成具有 $M \times N$ 个按键的键盘，因此减少了键盘与单片机连接时所占用 I/O 引脚的数目。行列式键盘的编程稍复杂，应注意掌握逐行扫描法和线反转法两种识别闭合键的方法。

9. 一个 LED 点阵显示屏往往是由若干个点阵显示模块拼成的，而一个点阵显示模块又是由 8×8 共 64 个 LED 按照一定的连接方式组成的方阵。点阵在显示的时候采用动态扫描显示方式。

10. 对数码管和键盘的内部构造知识不甚了解，读者无须烦恼。关键是要在应用时看懂引脚的功能，看清楚接线方式，同时理解编程注意事项。

项目思考题

1. 共阳极型数码管和共阴极型数码管在电路的连接上有什么不同？

2. 什么是 LED 数码管静态显示方式？什么是 LED 数码管动态扫描显示方式？简述动态扫描显示方式的工作原理和实现方法。

3. 什么是"按键去抖"？如何编写按键处理程序？

4. 试比较独立式按键和行列式键盘的优缺点。

5. 在行列式键盘中是如何识别有无按键按下的？简要说明逐行扫描法和线反转法识别闭合键的过程。

6. 8×8 LED 点阵显示模块共有多少个引脚？其内部结构是怎样的？

7. 简述 8×8 LED 点阵显示模块显示字符的过程。

项目五

中断系统及外部中断的应用

项目基本知识

MCS-51 单片机的中断系统及外部中断的应用

中断是为单片机实时处理外部和内部随机事件而设置的一项基本功能。中断系统是单片机中非常重要的组成部分。中断功能的存在，极大地提高了单片机处理外部和内部事件的能力。目前几乎所有单片机都会配置这一项基本功能。而中断功能也成为衡量一种单片机功能是否强大的重要指标之一。作为单片机的学习者，中断的概念及编程能力是必须灵活掌握的重要内容。下面就来介绍中断的概念、MCS-51 单片机的中断系统及外部中断的应用。

一、中断的概念

为了能让大家更容易理解中断的概念，先来看生活中的一个事例：你坐在书桌前看书，突然电话铃响了，你放下书，在书中夹了一个书签，然后去接电话，通话完毕后，你挂断电话，返回书桌前从书签处继续看书。在这个过程中其实就发生了一次中断，所以，中断可以描述为：当你正在做某一件事情时，发生了另一件事情，需要你去处理，这时你就暂停当前正在做的事情，转去处理另一件事情，处理完毕后，再回到原来事情被中断的地方继续做原来的事情。

对单片机来讲，中断是指 CPU 在处理某一事件 A 时，发生了另一事件 B，请求 CPU 迅速去处理（中断请求）；CPU 接到中断请求后，暂停当前正在进行的工作（中断响应），转去处理事件 B（执行相应的中断程序）；待 CPU 将事件 B 处理完毕后，再回到原来事件 A 被中断的地方继续处理事件 A（中断返回）。

我们将生活中的中断事例与单片机的中断过程对比，如图 5-1 所示。

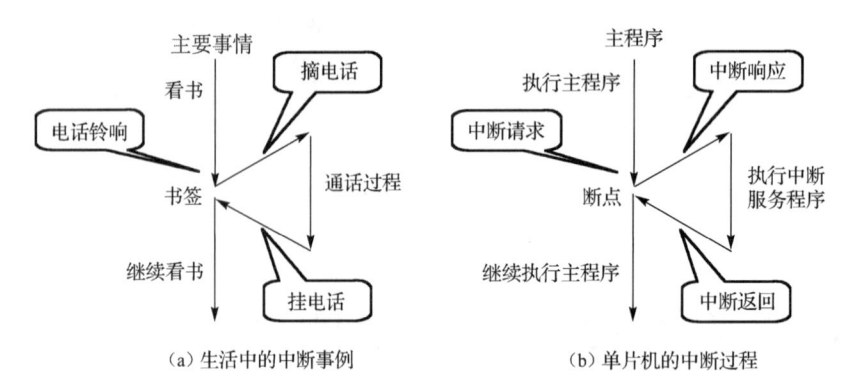

图 5-1 生活中的中断事例与单片机的中断过程对比

根据图 5-1，我们将前面讲的生活事例与单片机中断过程进行对比分析：你的主要事情是看书，电话铃响是一个中断请求信号；你所看到的书的当前位置相当于断点，你为了记住该位置，放了一个书签，称为保护断点；你走到电话旁摘下话筒即中断响应；整个通话过程相当于执行中断服务程序；挂电话回到书桌前对应单片机的中断返回；继续看书对应单片机继续执行主程序。

需要注意的是，电话铃响是一个随机事件，你无法事先安排，它是通过铃声通知你的，只要铃声一响，你就要立即暂停看书，去接电话，通话完毕后再回来接着看书。单片机在执行程序时，中断也随时有可能发生，它是通过中断请求信号通知 CPU 的，CPU 收到信号就要立即暂停当前程序，转去执行中断服务程序，执行完毕后再返回刚才暂停处接着执行原来的程序。这里还有一个问题，就是当电话铃响起时，你也可以选择不接听，单片机也是一样，只有我们通过编程开启了中断，CPU 才会响应中断，否则 CPU 是不会响应中断的。

综上所述，将与中断有关的几个概念总结如下。

（1）中断：CPU 正在执行当前程序的过程中，由于 CPU 之外的某种原因，暂停当前程序的执行，转而去执行相应的处理（中断服务）程序，待处理程序执行结束之后，再返回源程序断点处继续运行的过程称为中断。

（2）中断系统：实现中断过程的软、硬件系统称为中断系统。

（3）中断源：可以引起中断事件的来源称为中断源。

（4）中断响应：CPU 收到中断请求信号后，暂停当前程序，转去执行中断服务程序的过程称为中断响应。

（5）断点：暂停当前程序时所在的位置称为断点。

（6）中断服务程序：中断响应后，转去执行的对突发事件的处理程序称为中断服务程序。

（7）中断返回：执行完中断服务程序，返回源程序的过程称为中断返回。

（8）中断优先级：当多个中断源同时申请中断时，为了使 CPU 能够按照用户的规定先处理最紧急的事件，再处理其他事件，就需要中断系统设置优先级机制，排在前面的中断源称为高级中断，排在后面的中断源称为低级中断。设置优先级以后，若有多个中断源同时发出中断请求，则 CPU 会优先响应优先级较高的中断源。如果优先级相同，则将按照它们的自然优先级顺序响应默认优先级较高的中断源。

（9）中断嵌套：当 CPU 响应某一中断源请求而进入该中断服务程序中处理时，若更高级别的中断源发出中断申请，则 CPU 暂停执行当前的中断服务程序，转去响应优先级更高的中断，等到更高级别的中断处理完毕后，再返回低级中断服务程序，继续原先的处理，这个过程称为中断嵌套。中断嵌套示意图如图 5-2 所示。在中断系统中，高级中断能够打断低级中断以形成中断嵌套，反之，低级中断则不能打断高级中断，同级中断也不能相互打断。

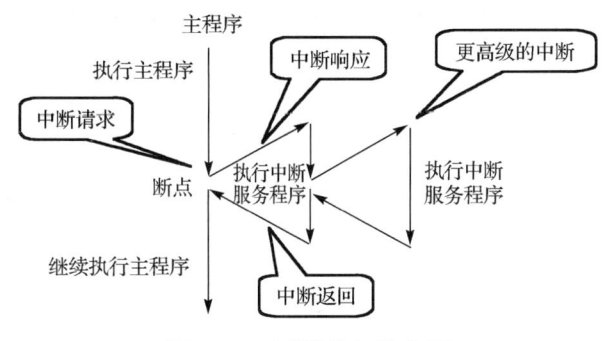

图 5-2 中断嵌套示意图

二、MCS-51 单片机的中断系统

MCS-51 单片机的中断系统内部结构组成框图如图 5-3 所示。

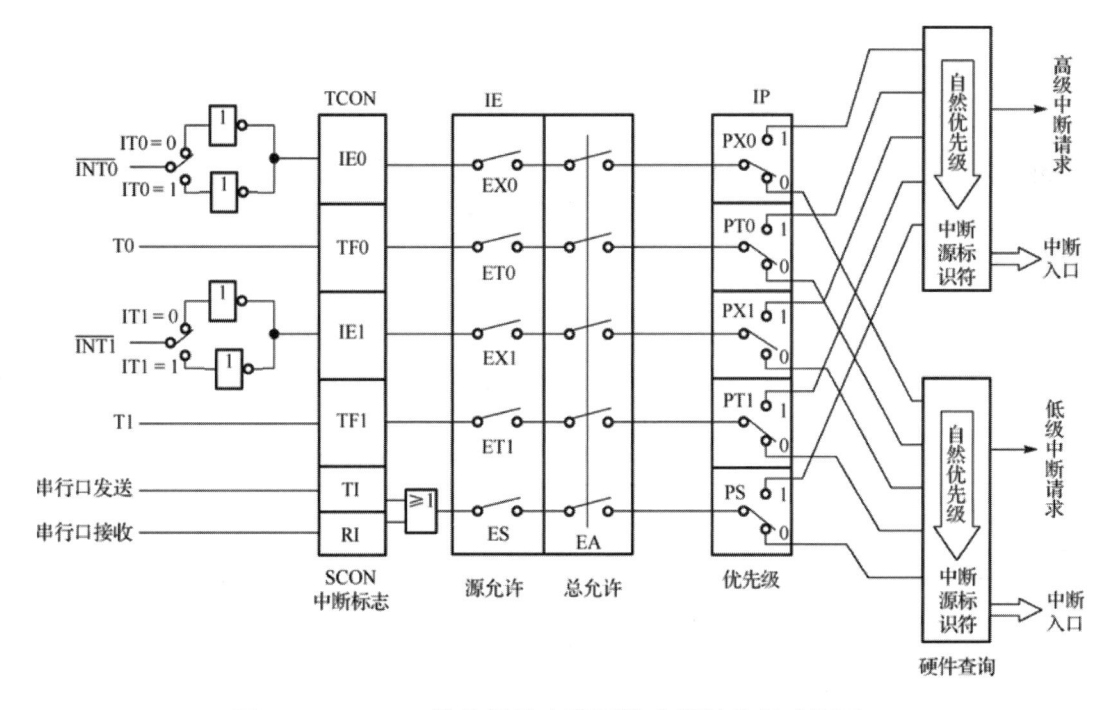

图 5-3 MCS-51 单片机的中断系统内部结构组成框图

MCS-51 单片机的中断系统有 5 个中断源，4 个用于中断控制的寄存器 TCON、SCON、IE、IP。这些寄存器可控制中断类型、中断的开关和各中断源的优先级。

1. 中断源（5个）

（1）外部中断0（$\overline{INT0}$）：中断请求信号由单片机的P3.2（12脚）口线引入，可通过编程设置为低电平触发或下降沿触发。

（2）外部中断1（$\overline{INT1}$）：中断请求信号由单片机的P3.3（13脚）口线引入，可通过编程设置为低电平触发或下降沿触发。

（3）定时/计数器0（T0）中断：当定时/计数器0计满溢出时就会向CPU发出中断请求信号。

（4）定时/计数器1（T1）中断：当定时/计数器1计满溢出时就会向CPU发出中断请求信号。

（5）串行口中断：MCS-51单片机内部有1个全双工的串行通信接口（简称串行口），利用它可以和外部设备进行串行通信。当串行口接收或发送完一帧数据后会向CPU发出中断请求信号。

中断系统是单片机内部一个重要的功能模块。从程序开发的角度讲，对单片机内部功能模块的结构不需要掌握得太深入。因为要让各功能模块发挥强大的功能，只需要正确设置相应寄存器就可以了，所以在这里就不过多分析中断系统的具体结构了。

小贴士：52子系列单片机有6个中断源，除上述5个中断源外，还有一个定时/计数器2（T2）中断，当定时/计数器2计满溢出时就会向CPU发出中断请求信号。

2. 用于中断控制的寄存器（4个）

1）定时/计数器控制寄存器TCON

定时/计数器控制寄存器TCON是一个可位寻址的8位特殊功能寄存器，即可以对其每一位单独进行操作。它不仅与两个定时/计数器的中断有关，也与两个外部中断源有关。它可以用来控制定时/计数器的启动与停止，标示定时/计数器是否计满溢出，还可以设定两个外部中断的触发方式、标示外部中断请求是否触发。因此，它又称为中断请求标志寄存器。单片机复位时，TCON的全部位均被清零。TCON的位名称见表5-1。

表5-1 定时/计数器控制寄存器TCON的位名称

位号	D7	D6	D5	D4	D3	D2	D1	D0
位名称	TF1	TR1	TF0	TR0	IE1	IT1	IE0	IT0

TCON各位的功能介绍如下。

IT0：外部中断0（$\overline{INT0}$）的触发方式控制位。当IT0=0时，外部中断0为电平触发方式，$\overline{INT0}$收到低电平时则认为是中断请求；当IT0=1时，外部中断0为边沿触发方式，$\overline{INT0}$收到脉冲下降沿时则认为是中断请求。

IE0：外部中断0（$\overline{INT0}$）的中断请求标志位。当外部中断0的触发请求有效时，由硬件自动将该位置1。换句话说，当IE0=1时，表示有外部中断0向CPU请求中断；当IE0=0时，表示外部中断 0 没有向 CPU 请求中断。当 CPU 响应该中断后，由硬件自动将该位清零，不需用专门的语句将该位清零。

IT1：外部中断 1（$\overline{INT1}$）的触发方式控制位。当 IT1=0 时，外部中断 1 为电平触发方式，$\overline{INT1}$ 收到低电平时则认为是中断请求；当 IT1=1 时，外部中断 1 为边沿触发方式，$\overline{INT1}$ 收到脉冲下降沿时则认为是中断请求。

IE1：外部中断 1（$\overline{INT1}$）的中断请求标志位。当外部中断 1 的触发请求有效时，由硬件自动将该位置 1；当 CPU 响应该中断后，由硬件自动将该位清零，不需用专门的语句将该位清零。

TR0：定时/计数器 0（T0）的启动/停止控制位。当 TR0=1 时，T0 启动计数；当 TR0=0 时，T0 停止计数。

TF0：定时/计数器 0（T0）的溢出中断标志位。当定时/计数器 0 计满溢出时，由硬件自动将该位置 1，表示向 CPU 发出中断请求；当 CPU 响应该中断进入中断服务程序后，由硬件自动将该位清零，不需用专门的语句将该位清零。

TR1：定时/计数器 1（T1）的启动/停止控制位，其功能及使用方法同 TR0。

TF1：定时/计数器 1（T1）的溢出中断标志位，其功能及使用方法同 TF0。

小贴士：实际上中断请求的过程是，当有中断请求信号时，首先将其对应的标志位置 1，而 CPU 只是通过查询中断标志位来判断是否有中断请求，它并不关心外部中断引脚上是否有中断请求信号或定时/计数器是否溢出。IE0、IE1、TF0、TF1 这 4 个中断标志位在有中断请求时，均由硬件自动将其置 1；一旦响应中断，均由硬件自动将其清零，但是如果中断被屏蔽，使用软件查询方式去处理该位时，则需要通过指令将其清零，如 IE0=0，TF1=0。

2）串行口控制寄存器 SCON

串行口控制寄存器 SCON 中只有低 2 位与中断有关，用于锁存串行口的接收中断标志和发送中断标志。SCON 的位名称见表 5-2。

表 5-2 串行口控制寄存器 SCON 的位名称

位号	D7	D6	D5	D4	D3	D2	D1	D0
位名称	—	—	—	—	—	—	TI	RI

SCON 的低 2 位功能介绍如下。

RI：串行口接收中断标志位。当串行口接收完一帧数据后，由硬件自动置位 RI。RI=1 表示串行口接收缓冲器正在向 CPU 请求中断。

TI：串行口发送中断标志位。当串行口发送完一帧数据后，由硬件自动置位 TI。TI=1 表示串行口发送缓冲器正在向 CPU 请求中断。

小贴士：由于串行口中断有两个中断标志位 TI 和 RI，在中断服务程序中我们必须判断是由 TI 引起的中断还是由 RI 引起的中断，才能进行中断处理。尤其需要注意的是，当 CPU

响应串行口中断后，并不知道是由 TI 引起的中断还是由 RI 引起的中断，所以不会自动对 TI 或 RI 清零，必须由用户在中断服务程序中用指令将 TI 或 RI 清零，如 TI=0，RI=0。

3）中断允许寄存器 IE

在 MCS-51 单片机的中断系统中，中断的允许或禁止是在中断允许寄存器 IE 中设置的。IE 也是一个可位寻址的 8 位特殊功能寄存器，可以对其每一位单独进行操作，也可以对整个字节进行操作。单片机复位时，IE 全部被清零。IE 的位名称见表 5-3。

表 5-3 中断允许寄存器 IE 的位名称

位号	D7	D6	D5	D4	D3	D2	D1	D0
位名称	EA	—	—	ES	ET1	EX1	ET0	EX0

IE 的各位功能介绍如下。

EX0：外部中断 0（$\overline{INT0}$）的中断允许位。EX0=1，则允许外部中断 0 中断；EX0=0，则禁止外部中断 0 中断。

ET0：定时/计数器 0（T0）的中断允许位。ET0=1，则允许定时/计数器 0 中断；ET0=0，则禁止定时/计数器 0 中断。

EX1：外部中断 1（$\overline{INT1}$）的中断允许位。EX1=1，则允许外部中断 1 中断；EX1=0，则禁止外部中断 1 中断。

ET1：定时/计数器 1（T1）的中断允许位。ET1=1，则允许定时/计数器 1 中断；ET1=0，则禁止定时/计数器 1 中断。

ES：串行口中断允许位。ES=1，则允许串行口中断；ES=0，则禁止串行口中断。

EA：全局中断允许控制位。当 EA=0 时，所有中断均被禁止；当 EA=1 时，允许所有中断，在此条件下，由各个中断源的中断控制位确定相应的中断被允许或禁止。换言之，EA 就是各种中断源的总开关。

例如，如果要设置允许外部中断 0、定时/计数器 1 中断，禁止其他中断，则 IE 的各位取值见表 5-4。

表 5-4 举例中 IE 的各位取值

位号	D7	D6	D5	D4	D3	D2	D1	D0
位名称	EA	—	—	ES	ET1	EX1	ET0	EX0
取值	1	0	0	0	1	0	0	1

即 IE=0x89。当然，也可以用位操作指令来实现，即 EA=1，EX0=1，ET1=1。

4）中断优先级寄存器 IP

前面已讲到中断优先级的概念。在 MCS-51 单片机的中断系统中，中断源按优先级分为两级中断：1 级中断即高级中断，0 级中断即低级中断。中断源的优先级需在中断优先级寄存器 IP 中设置。IP 也是一个可位寻址的 8 位特殊功能寄存器。单片机复位时，IP 的全部位均被清零，即所有中断源均为低级中断。IP 的位名称见表 5-5。

表 5-5 中断优先级寄存器 IP 的位名称

位号	D7	D6	D5	D4	D3	D2	D1	D0
位名称	—	—	—	PS	PT1	PX1	PT0	PX0

PX0、PT0、PX1、PT1、PS 分别为外部中断 0、定时/计数器 0 中断、外部中断 1、定时/计数器 1 中断、串行口中断的优先级控制位。当某位置 1 时，则相应的中断就是高级中断，否则就是低级中断。优先级相同的中断源同时提出中断请求时，CPU 会按照对 5 个中断源的标志位的查询顺序进行查询，排在前面的中断会被优先响应。CPU 对 5 个中断源的查询顺序是：外部中断 0→定时/计数器 0 中断→外部中断 1→定时/计数器 1 中断→串行口中断。

3. 中断响应过程及中断功能的使用

1）中断响应过程

如果中断源有请求，CPU 开中断（开总中断和相应中断源的中断），且没有同级中断或高级中断正在服务，CPU 就会响应中断。

中断响应过程可以分为以下几个步骤。

（1）保护断点。保护断点是指将下一条将要执行指令的地址送入堆栈保存起来，在中断返回时再从堆栈中取出，以保证中断返回后能找到断点并从断点处继续执行。保护断点由硬件自动完成，不需要编程者编写相应的程序。

（2）清除中断标志位。内部硬件自动清除所响应的中断源的中断标志位。可自动清除的中断标志位有 IE0、IE1、TF0、TF1。

（3）寻找中断入口。中断响应后，CPU 会自动转去执行对应中断源的中断服务程序。那么 CPU 是怎么找到各中断源的中断服务程序的呢？原来 MCS-51 单片机的每个中断源都有固定的入口地址，一旦响应中断，CPU 自动跳转到相应中断源的入口地址处执行。我们的任务就是把中断服务程序存放在与中断源对应的入口地址处，如果没有把中断服务程序放在那里，则中断服务程序就不能被执行，就会出错。MCS-51 单片机的中断服务程序入口地址及中断序号见表 5-6。

表 5-6 MCS-51 单片机的中断服务程序入口地址及中断序号

中断源名称	中断服务程序入口地址	中断序号
外部中断 0	0003H	0
定时/计数器 0 中断	000BH	1
外部中断 1	0013H	2
定时/计数器 1 中断	001BH	3
串行口中断	0023H	4

（4）执行中断服务程序。

（5）中断返回。当执行完中断服务程序后，就从中断服务程序返回主程序断点处，继续执行主程序。

2）中断功能的使用

中断功能的使用主要包括中断初始化和中断服务程序的编写两个方面。

中断初始化实质上就是对 4 个与中断有关的特殊功能寄存器 TCON、SCON、IE 和 IP 进行管理和控制，具体包括：

（1）外部中断请求信号触发方式的设置（TCON 寄存器的 IT0、IT1 位）。

（2）中断的允许和禁止设置（IE 寄存器）。

（3）中断源优先级别的设置（IP 寄存器）

中断初始化程序通常只包含几条赋值语句。由于中断初始化程序往往只需要执行一次，故通常在主程序 main 函数的开始处、while(1)死循环的前面。例如，我们要使用外部中断 0 和外部中断 1（这两个外部中断均为边沿触发方式，且外部中断 1 优先于外部中断 0），程序如下。

```
int main()
{
    IT0=1;              //将外部中断 0 设置为边沿触发方式
    IT1=1;              //将外部中断 1 设置为边沿触发方式
    IE=0x85;            //开总中断、外部中断 0 中断和外部中断 1 中断
    IP=0x04;            //设外部中断 1 为高级中断，其他均为低级中断
    while(1)
    {
                        //主程序代码
    }
}
```

中断服务程序是一种具有特定功能的独立程序段，往往写成一个独立函数，函数内容可根据中断源的要求进行编写。

C51 语言的中断服务程序（函数）的格式如下。

```
void 函数名() interrupt 中断序号 using 工作寄存器组编号
{
    函数内容
}
```

中断服务函数不会返回任何值，故其函数类型为 void；中断服务函数的函数名可以任意定义，只要符合 C51 语言中对标识符的规定即可；中断服务函数不带任何参数，所以函数名后面的括号内为空；interrupt 即"中断"的意思，是为区别于普通自定义函数而设的；中断序号是编译器识别不同中断源的唯一符号，它对应汇编语言程序中的中断服务程序入口地址，因此在写中断服务程序时一定要把中断序号写准确，否则中断服务程序将不被执行；"using 工作寄存器组编号"指定这个中断服务程序使用单片机 RAM 中 4 组工作寄存器中的哪一组，

如果不加设定，则 C51 编译器在对程序编译时会自动分配工作寄存器组，因此通常可以省略不写。

三、外部中断应用举例

与外部中断相关的寄存器是 TCON、IE 和 IP，对外部中断的初始化就是对这 3 个寄存器赋值。外部中断初始化主要包括：

（1）外部中断请求信号触发方式的设置（对 TCON 寄存器的 IT0、IT1 位赋值）；

（2）中断的允许和禁止设置（对 IE 寄存器的 EA、EX0、EX1 位赋值）；

（3）中断源优先级别的设置（对 IP 寄存器的 PX0、PX1 位赋值）。

中断服务程序需要根据中断源的具体要求来编写。

例 请编程实现：在图 5-4 所示的 LED 亮灭中断控制系统中，每按一次按键 S1，单脉冲发生器产生一个脉冲，模拟外部中断的中断请求；在 AT89S51 单片机的 P1.0 接一个 LED，每产生一次外部中断，P1.0 取反一次，LED 便会由亮变灭或由灭变亮。单脉冲发生器的作用是对按键进行硬件去抖，保证每按一次按键只产生一次中断请求。

分析：由于每按一次按键，单脉冲发生器产生一个脉冲作为中断请求信号，所以将外部中断 0 设置为边沿触发方式，即 IT0=1；要让 CPU 响应中断，需开总中断和外部中断 0 中断，即 EA=1，EX0=1；因为只有一个中断源，所以不用设置中断优先级。

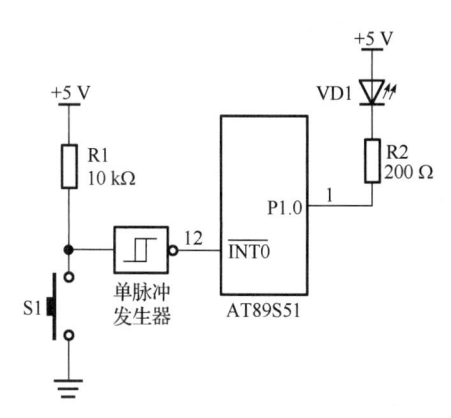

图 5-4 LED 亮灭中断控制系统

参考程序如下。

```c
#include <reg51.h>
sbit led=P1^0;
int main()
{
    IT0=1;
    EA=1;
    EX0=1;
    while(1)
    {
    
    }
}
void int0() interrupt 0
{
    led=!led;
}
```

项目技能实训

技能实训一 防盗报警器的制作

防盗报警器应用广泛，有单机防盗、联网防盗两种主要的应用形式。各种防盗报警器如图 5-5 所示。

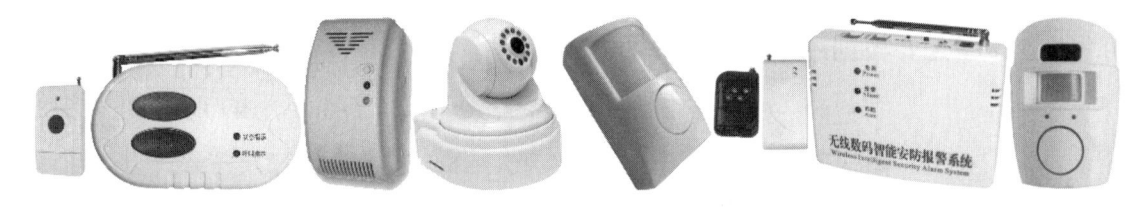

图 5-5 各种防盗报警器

一、任务分析

防盗报警器的种类很多，如红外报警器、感应报警器等。家庭防盗报警器通常由报警器主机、各类防卫探头、用户操作部件（键盘、遥控器等）构成。防盗报警器从功能上可分为三大部分：探测部分、现场处理部分、后续处理部分。探测部分可以是门磁、被动红外探测器、主动红外探测器、紧急按钮、烟感/火警探头、易燃气体探头等。

任务要求：采用断线式防盗报警器电路，当触及报警器时，设在隐蔽处的报警电路断线，从而输出报警信号。该信号可作为中断请求信号向 CPU 发出中断请求，CPU 响应中断后开始报警，LED 闪烁，同时发出警笛声。

二、硬件电路设计与制作

1. 电路原路图

根据任务要求设计防盗报警器电路原理图，如图 5-6 所示。其中，S2 为警戒线，R5 为三极管 VT1 的基极提供偏置电压，在警戒状态下，基极偏置电压经警戒线 S2 对地短路，三极管 VT1 截止，集电极输出到单片机 $\overline{INT1}$（P3.3）为高电平。若遇盗情，则 S2 被断开，三极管 VT1 基极得到正向偏置电压，饱和导通，集电极输出到单片机 $\overline{INT1}$（P3.3）为低电平，该信号作为中断请求信号向 CPU 发出中断请求，CPU 响应中断后开始报警，使 LED（VD1）快速闪烁，同时扬声器 SP 发出急促的警笛声。报警器一旦开启，即使再将断线重新接通，也照报不误，只有按下复位键或断开电源，才能解除报警，所以具有防破坏功能。

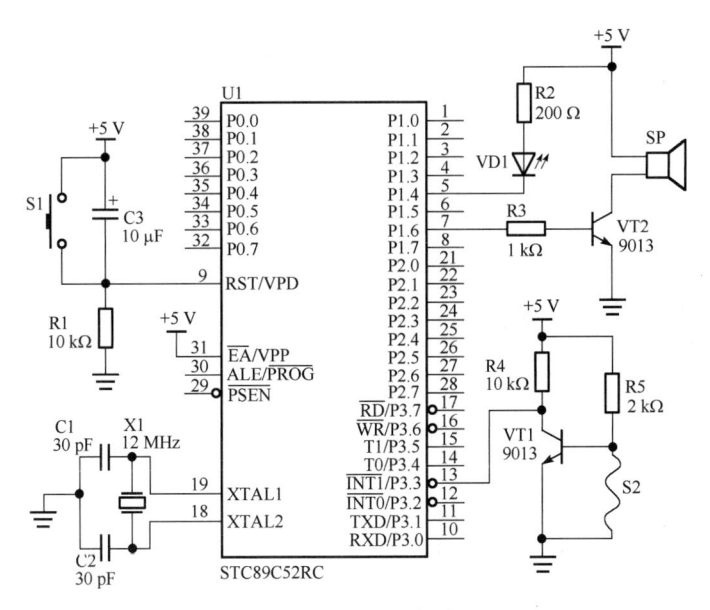

图 5-6 防盗报警器电路原理图

2. 元器件清单

防盗报警器电路元器件清单见表 5-7。

表 5-7 防盗报警器电路元器件清单

代号	名称	规格
R1、R4	电阻	10kΩ
R2	电阻	200Ω
R3	电阻	1kΩ
R5	电阻	2kΩ
VD1	发光二极管	红色φ5
VT1、VT2	三极管	9013
SP	扬声器	
S2	警戒线	
S1	轻触按键	
C1、C2	瓷介电容	30pF
C3	电解电容	10μF
S1	轻触按键	
X1	晶振	12MHz
U1	单片机	STC89C52RC
	IC 插座	40 脚

3. 电路制作

我们仍在万能实验板上进行元器件的插装焊接。制作步骤如下。

（1）按图 5-6 所示的电路原理图绘制电路元器件排列布局图。

（2）按布局图在万能实验板上依次进行元器件的排列、插装。

（3）按焊接工艺要求对元器件进行焊接，背面用 φ0.5mm～φ1mm 的镀锡裸铜线连接（可使用双绞网线的芯线），直到所有的元器件连接并焊完为止。

三、程序设计

程序设计主要包括两个部分：一是主程序，主要完成自检、外部中断初始化、中断被触发后调用报警子函数等；二是中断服务程序，当有中断请求时将报警标志位置 1。防盗报警器主程序及中断服务程序流程图如图 5-7 所示。

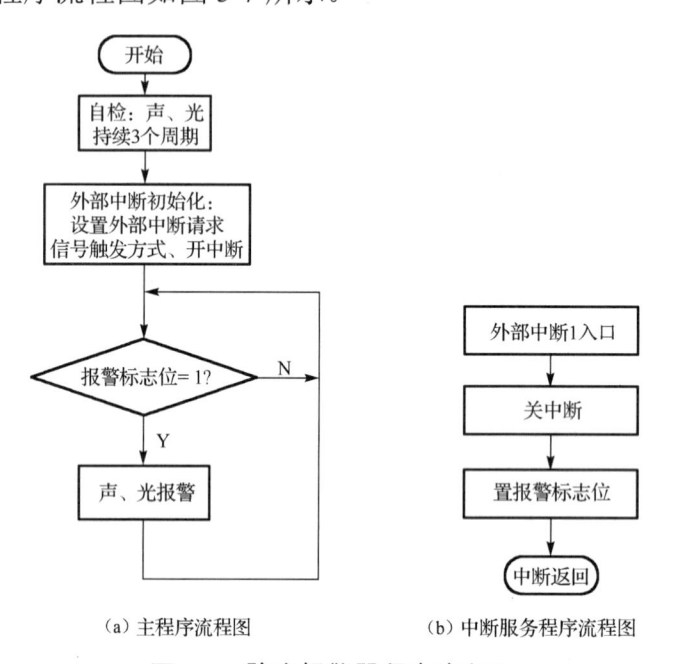

图 5-7 防盗报警器程序流程图

因为声音是由振动产生的，只要在 P1.6 输出方波，就能使扬声器的纸盆不停地振动而发声，但要发出人耳能够听到的声音，则方波频率必须为 20Hz～20kHz（音频）。频率不同，音调则不同，这样我们就可以通过不停地改变方波频率而产生模拟警笛的声音。

为了保证报警器开机后正常运行，报警器应具有自检功能，即报警开始后发出声、光等信号，通知用户报警功能开启正常，随后报警器进入警戒状态。

根据程序流程图编写的程序如下。

```c
#include <reg51.h>
#define uchar unsigned char
#define uint unsigned int
sbit SPK = P1^6;
sbit led=P1^4;
bit flag=0;                      //报警标志位
void Alarm(uchar t)
{
    uchar i,j;
    for(i=0;i<200;i++)
    {
        SPK = ~SPK;               //不停地取反，产生方波信号
        for(j=0;j<t;j++);
    }
    led=!led;
```

```c
}
int main()
{
    uchar k=3;
    while(k--)                  //开机自检，声、光持续 3 个周期
    {
        Alarm(90);
        Alarm(120);
    }
    led=1;                      //自检后保证 LED 熄灭
    IT1=1;                      //将外部中断 1 设置为边沿触发方式
    EA=1;                       //开中断
    EX1=1;
    while(1)
    {
        if (flag)               //如果报警标志位为 1，则报警
        {
            Alarm(90);
            Alarm(120);
        }
    }
}
void int0() interrupt 2         //外部中断 1 中断服务程序
{
    flag=1;                     //将报警标志位置 1
}
```

本技能实训中的断线警戒线可以拓展成门磁、红外探测器、紧急按钮、烟感/火警探头、易燃气体探头等探测装置，构成各种报警器。

技能实训二　LED 旋转显示屏的制作

图 5-8 所示为 LED 旋转显示屏的显示效果。所谓 LED 旋转显示屏，是指在电路中只有一列 LED，通过电动机带动 LED 转动，当这列 LED 转到不同位置时，用单片机控制相应的 LED 点亮，由于人眼的视觉暂留现象，形成图形或文字，达到飘浮在空中似的神奇梦幻般效果。

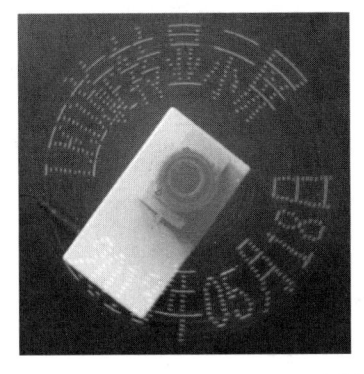

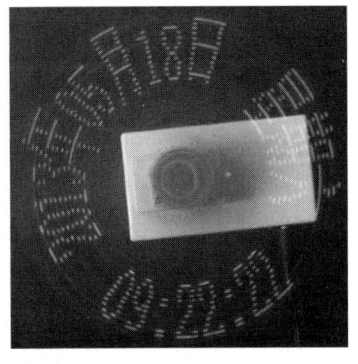

图 5-8　LED 旋转显示屏的显示效果

一、任务分析

LED 旋转显示屏是靠转动的 LED 的残留影像显示信息的，其特点是显示信息丰富，整个

电路只需少量的 LED（本电路共使用 16 个 LED），所以电路原理图非常简单，几乎和流水灯电路无异。但由于整个电路板处于高速旋转状态，所以我们首先要解决两个问题：一是如何给运动的系统供电，二是如何保证显示信息稳定显示。

1. 如何给运动的系统供电

给运动的系统供电，常用的供电方式有 3 种：电池供电、电刷供电、无线感应供电。电池供电方式简单方便，电池易于携带，但会使系统重量增加，影响转速，尤其是成本高，寿命短，只适用于摇动显示装置（俗称摇摇棒）等短时间使用的装置。对长时间运行的装置就不适用，如能显示时间的 LED 旋转显示屏，每次电池用完，需要重新更换电池。电刷供电方式简单有效，能传送较大电流强度的电能，但在业余制作时，很难找到合适的高质量的电刷，而且电刷高速旋转时会产生较大的噪声。无线感应供电方式即采用无接触方式供电，装置寿命长，无新增噪声，虽然传送电流强度有限，效率稍低，但完全可以满足单片机系统的需要，所以本电路采用无线感应供电方式。无线感应供电方式技术要求稍高，但能增加制作的挑战性和趣味性。

无线供电技术，目前还处在研究试验阶段，但其应用场合非常广泛，前景非常好。例如，已经有一些小功率无线充电器，只要手机或电子产品具备无线接收装置，靠近无线充电器就可以充电了，还有无线射频 IC 卡、通行证、缴费卡等。

无线感应供电的基本原理与变压器的原理相同，它利用电磁感应现象，通过交变磁场把电源输出的能量传送到负载，即在相距很近的两个线圈中，一个线圈作为电能的发送端，另一个线圈作为电能的接收端，通过振荡电路给发送端线圈提供交变电流，在相距很近的接收端线圈中就可以感应出交变电动势，再对这个交变电动势整流、滤波即可对负载供电。

图 5-9 所示是一个简易的近距离无线供电系统原理图。其中，发送端线圈 L1 及其控制电路构成了发送端，接收端线圈 L2 及整流、滤波电路构成了接收端，R5 为负载电阻。

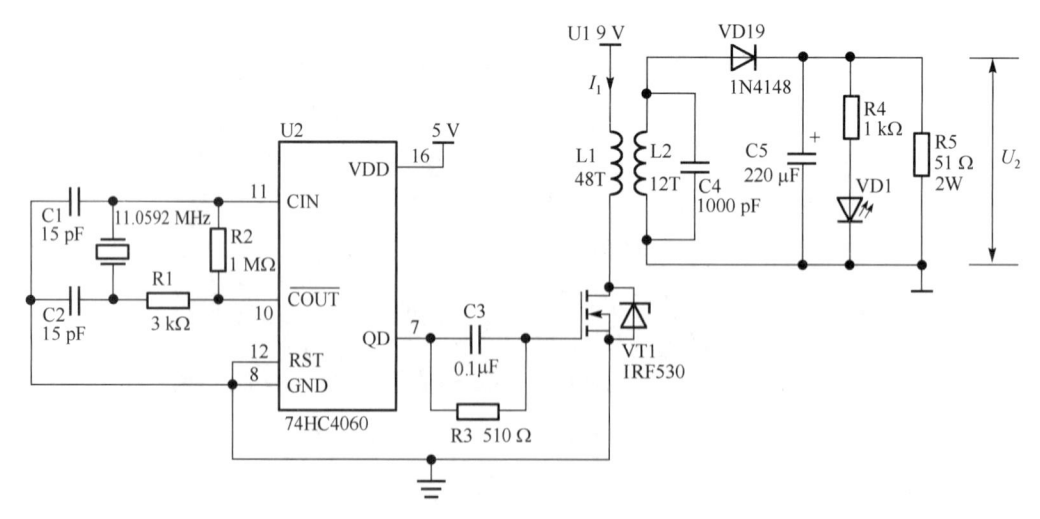

图 5-9　简易的近距离无线供电系统原理图

图 5-9 所示的电路使用 74HC4060 产生多谐振荡波，此多谐振荡波通过大功率场效应管 IRF530 给发送端线圈 L1 提供交变电流。本电路使用 74HC4060 组成多谐振荡电路，主要是为了测试方便，由 74HC4060 构成的振荡电路不但频率稳定，而且有 10 种输出频率可供选择，可以逐一测试每种频率所对应的输出功率和电能传输效率。当选用 11.0592MHz 的晶振时，QD 端输出为经过 16 分频的频率 691.2kHz。

接收端电路中的谐振电容 C4 很重要，加上谐振电容后传输距离可大大增加，输出功率和电能传输效率也明显提高。

在无线供电电路的制作中，振荡电路可以采用任何一种形式的多谐振荡器，如三极管振荡电路、集成运放电路或由门电路构成的振荡电路，也可以采用 74HC4060 这种带振荡器的二进制异步计数器来实现，振荡频率为 500kHz 左右为宜。另外，比较重要的就是线圈的制作了，发送端线圈用 ϕ0.5mm 左右的电磁线（漆包线）在外径为 1cm 的骨架上绕 48T（匝），然后固定好；接收端线圈用 ϕ0.2mm 左右的电磁线绕成内径为 4mm 左右的 12T（匝）空心线圈即可，关键是安装时不要使两个线圈相碰。

2. 如何保证显示信息稳定显示

要保证 LED 旋转显示屏显示正常和稳定，就要求单片机控制显示屏总是从电路板转到某一位置时开始播放所要显示的内容。通常的做法就是通过传感器来检测电路板的位置，并通过中断的方式通知单片机进行显示。传感器可以使用霍尔元件或光电传感器。

二、硬件电路设计、制作与调试

1. 电路原理图

LED 旋转显示屏电路原理图如图 5-10 所示。本电路采用无线感应供电方式给旋转部分供电，所以电路包括无线供电部分电路和旋转部分电路两个部分。其中，无线供电部分电路使用 74HC4060 产生多谐振荡波，再由大功率场效应管 IRF530 给发送端线圈 L1 提供交变电流。由 74HC4060 构成的振荡电路不但频率稳定，而且有 10 种输出频率可供选择，当选用 11.0592MHz 的晶振时，QD 端输出为经过 16 分频的频率 691.2kHz。经实验证明，工作频率在 500kHz～1MHz 的范围内时，可以获得较高的转换效率和较大的输出功率。本无线供电部分电路的功率管在不加装任何散热片时长时间工作丝毫不会发热，使用效果非常好。旋转部分由电动机带动做高速旋转运动，其电路非常简单，首先由接收端线圈产生感应电动势，经二极管 VD19 整流、电容 C4 滤波、稳压二极管 VD20 稳压后得到 5V 电源给整个电路供电，单片机的 16 位 I/O 口线分别控制 16 个 LED。为了方便修改程序，在电路中安装了 ISP 下载线接口。

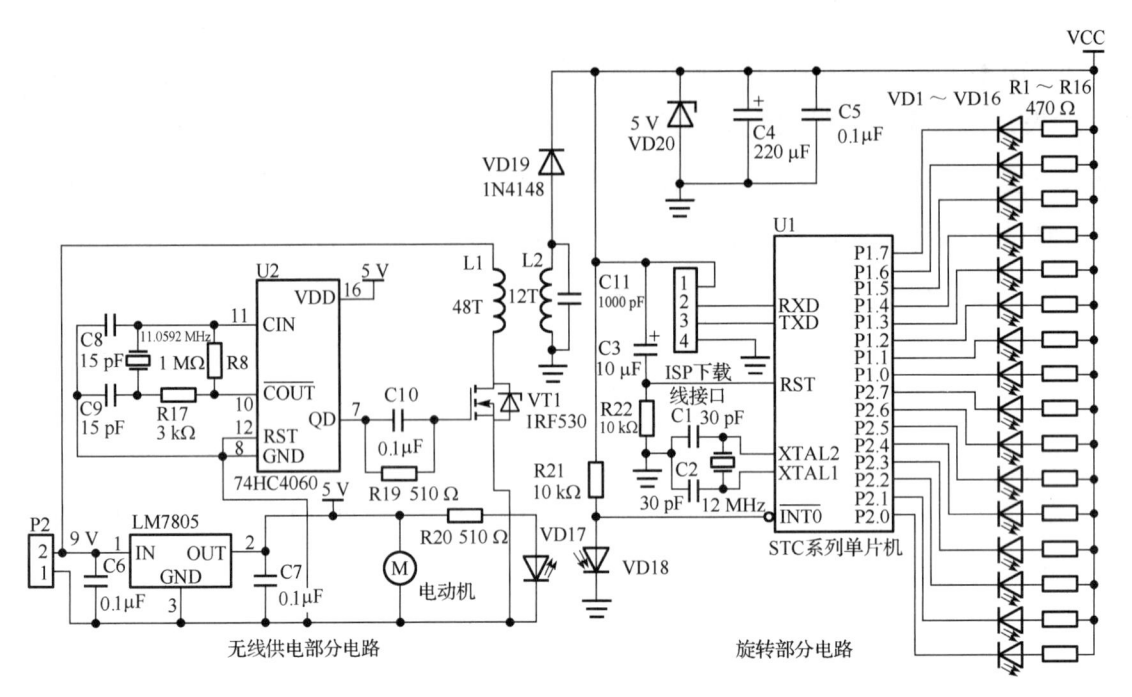

图 5-10 LED 旋转显示屏电路原理图

需要说明的是，在电路原理图中并没有具体标明单片机的型号，可以选用你熟悉的单片机，只要 I/O 口够用就可以了。当然在 I/O 口够用的情况下应尽量选用体积小、质量轻的单片机。

另外，在无线供电部分电路板和旋转部分电路板之间安装一对红外光电传感器，将电路板的位置送到单片机的外部中断请求输入端，用以对显示内容进行定位。

2. 电路制作与调试

本电路不太复杂，两部分电路都可以在万能实验板上插装焊接而成。制作时，首先按照电路原理图绘制电路元器件排列布局图，然后按布局图在万能实验板上依次进行元器件的排列、插装，最后按焊接工艺要求对元器件进行焊接，把需要连接的引脚用电磁线和镀锡裸铜线连接起来。

大家注意不要出现短路，线路连接关系不要搞错。图 5-11 所示是装配好的无线供电部分电路板及底座实物图。图 5-12 所示是装配好的旋转部分电路板实物图。LED 和限流电阻均使用贴片元器件，这样像素更紧凑，显示更清晰。单片机使用 STC12C5616AD，28 脚窄体 DIP 封装。因为在万能实验板上无法使用贴片集成电路，LED 与单片机引脚的连接均用电磁线，这样走线整齐、美观，还能减小整个电路板的体积。其他引脚的连接使用镀锡裸铜线。全部安装好以后，需要将电路板插到电动机轴上测试一下电路板是否平衡，如果不平衡，则可以通过在适当位置加焊锡进行配重，以达到相对平衡。

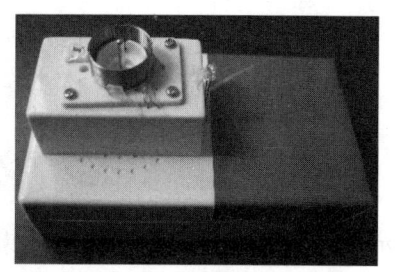

图 5-11 装配好的无线供电部分电路板及底座实物图

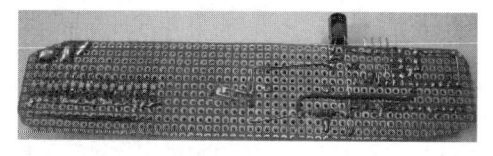

图 5-12 装配好的旋转部分电路板实物图

电路制作好以后，需要对硬件电路进行调试，方法是通过 ISP 下载线接口对主板供电，依次测试每个 LED 是否正常发光，或者通过下载线向单片机写入流水灯程序等简单程序，观察电路整体运行情况。

三、程序设计

LED 旋转显示屏程序流程图如图 5-13 所示。

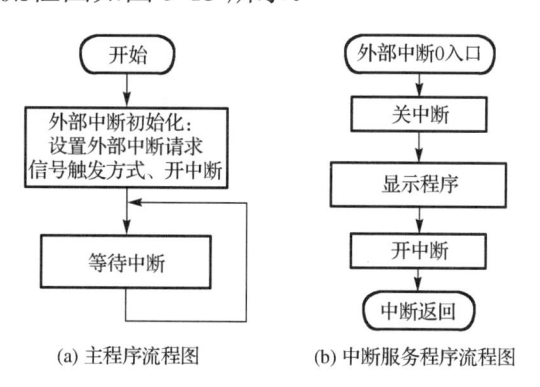

图 5-13 LED 旋转显示屏程序流程图

(a) 主程序流程图　　(b) 中断服务程序流程图

由程序流程图可知，主程序主要进行中断初始化设置。外部中断请求信号来自红外光电传感器的红外接收二极管，每当电路板的红外接收二极管转到与之对应的红外发射二极管的位置时，就会向 CPU 发出中断请求信号，CPU 响应中断，调用中断服务程序，这样中断服务程序总是在电路板转到同一个位置时被调用，从而保证显示的内容正常和稳定。

显示程序在中断服务程序中被调用。编写程序时需要注意的是，在对字符取模时要采用逐列方式，正序和倒序都是可以的，在程序中都可以调整。显示程序其实就是依次取出字模表中的数据，按时间先后顺序输出到同一列 LED 上。例如，要显示 5 个汉字，每个汉字 16 列，共扫描 80 列，可使用如下程序。

```
unsigned int i;
```

```
      for (i=0;i<80;i++)
      {
          P1=tab[2*i];              //汉字的字模存放在 tab 数组中
          P2=tab[2*i+1];
          delay(70);                //延时时间的长短决定了字的宽度
      }
      P1=0xff;                      //扫描完所有列后要熄灭所有 LED
      P2=0xff;
```

如果想让显示的字符有图 5-8 所示的效果，上半部是正立的，下半部也是正立的，我们可以编写一个字节倒序的子函数，对取出的字模数据首先做倒序处理，然后显示程序中的 i 值是从 80 减小到 0 的。参考程序如下。

```
      unsigned int i;
      for (i=80;i>0;i--)
      {
          P2=chg(tab[2*i]);         //chg 是对字模数据做倒序处理的子函数
          P1=chg(tab[2*i+1]);
          delay(70);                //延时时间的长短决定了字的宽度
      }
      P1=0xff;                      //扫描完所有列后要熄灭所有 LED
      P2=0xff;
```

下面就可以慢慢欣赏自己的作品了。当然，如果想让你的 LED 旋转屏具有更多的功能，需要添加相应的模块。例如，想要带有万年历和温度显示功能，可以在此基础上增加时钟芯片和温度传感器；想要调整显示的信息、时间等，最佳方案当属红外遥控了。

项 目 小 结

1．单片机的中断是单片机系统中非常重要的资源，它提高了单片机工作的效率。学习时要重点理解中断的有关概念。

2．中断是暂停一项工作（一段程序）而去执行另一项更重要的工作（另一段程序），因此一定要保护原来的现场，待重要工作完成后，再恢复中断现场，继续原来的那项工作。

3．MCS-51 单片机的中断系统有 5 个中断源，分别是：外部中断 0（$\overline{INT0}$）、定时/计数器 0（T0）中断、外部中断 1（$\overline{INT1}$）、定时/计数器 1（T1）中断、串行口中断。

4．中断资源的应用实际上就是通过对相关的特殊功能寄存器赋值来实现的。熟练掌握定时/计数器控制寄存器 TCON、串行口控制寄存器 SCON、中断允许寄存器 IE、中断优先级寄存器 IP 的各位功能。

5．外部中断初始化主要包括：

（1）外部中断请求信号触发方式的设置（对 TCON 寄存器的 IT0、IT1 位赋值）；

（2）中断的允许和禁止设置（对 IE 寄存器的 EA、EX0、EX1 位赋值）；

（3）中断源优先级别的设置（对 IP 寄存器的 PX0、PX1 位赋值）。

项目思考题

1．什么是中断？中断响应过程是什么？什么是中断嵌套？

2．MCS-51 单片机的中断系统有几个中断源？各中断标志是如何产生的？又是如何清零的？

3．外部中断 0 和外部中断 1 发生的条件是什么？它们的入口地址是什么？

4．在外部中断中，有几种中断触发方式？如何选择中断源的触发方式？

5．与中断相关的特殊功能寄存器有哪些？这些寄存器的各位功能是什么？

6．MCS-51 单片机有两个外部中断源，在实际应用中，外部中断源往往比较多，当系统中的外部中断源多于两个时怎么办？

7．改装抢答器，增加倒计时功能（可用延时程序实现），试设计电路，编写相应程序，并调试、写入程序。

项目六

定时/计数器系统的应用

项目基本知识

认识 MCS-51 单片机的定时/计数器系统

在工业控制与民用电子领域中,经常需要用到定时或延时控制或对某些外部事件进行计数,如全自动洗衣机中的各种定时控制、工业生产中对流水线上的产品计数打包等。如果这些控制都采用软件方式,势必影响单片机的实时控制。因此,为了适应控制领域的这一要求,单片机内部集成了定时/计数器。

一、定时/计数器的结构及工作原理

1. 定时/计数器的结构

MCS-51 单片机内部设有两个 16 位的可编程定时/计数器 T0、T1。可编程的意思是其功能(如工作方式、定时时间、量程、启动方式等)均可用指令由 CPU 通过内部总线来确定和改变。除了两个 16 位的定时/计数器,还有两个特殊功能寄存器(控制寄存器 TCON 和工作方式寄存器 TMOD)。其内部结构及与 CPU 的连接如图 6-1 所示。

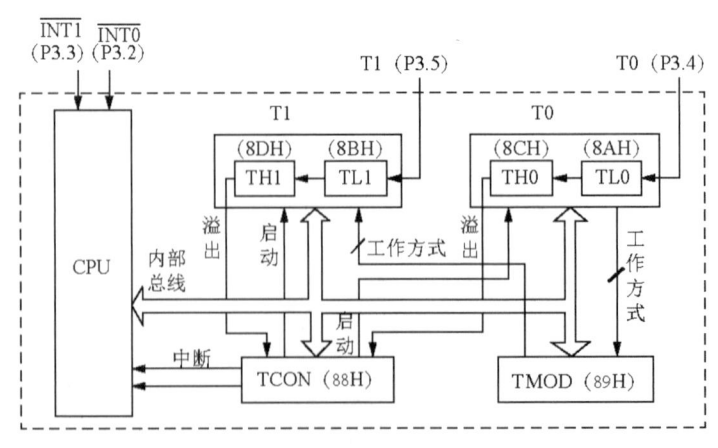

图 6-1 MCS-51 定时/计数器的内部结构及与 CPU 的连接图

从图 6-1 中可以看出，16 位的定时/计数器由两个 8 位专用寄存器组成，即 T0 由 TH0 和 TL0 构成；T1 由 TH1 和 TL1 构成。每个寄存器均可单独访问。这些寄存器用于存放定时或计数初始值。

此外，其内部还有一个 8 位的控制寄存器 TCON 和一个 8 位的工作方式寄存器 TMOD。这些寄存器之间是通过内部总线和控制逻辑电路连接起来的。TMOD 主要用于选择定时/计数器的工作方式；TCON 主要用于控制定时/计数器的启动、停止。此外，TCON 还可以保存 T0、T1 的溢出中断标志和 T0（P3.4）和 T1（P3.5）中断标志。当定时/计数器工作在计数方式时，外部事件通过引脚 $\overline{INT0}$（P3.2）和 $\overline{INT1}$（P3.3）输入。

2. 定时/计数器的工作原理

定时/计数器，从名称可以看出，它们既具有计数功能又具有定时功能，通过设置与它们相关的特殊功能寄存器可以选择工作在定时功能或计数功能。定时/计数器的实质是计数器，它的功能是对输入脉冲按照一定规律进行计数。如果输入脉冲的周期是固定的，即计数脉冲的时间间隔相等，那么计数值就代表了时间，从而实现定时。

1）定时/计数器的溢出概念

如同往一个水瓶里滴水一样，水瓶的容量是有限的，不能无限制地往水瓶里滴水，水瓶满了以后，再往水瓶里滴水就会溢出。单片机中的计数器也是如此，T0 和 T1 都是 16 位的计数器，其容量也是有限的，其计数的最大值为 65536，此时，再输入一个计数脉冲则计满溢出，将对应的溢出中断标志位置 1，就会向 CPU 发出中断请求。

由图 6-1 可知，定时/计数器的核心是一个加 1 计数器，它的输入脉冲有两个来源：一个是外部脉冲信号，通过 T0（P3.4）端或 T1（P3.5）端输入；另一个是系统时钟脉冲（振荡器经 12 分频以后的脉冲信号即机器周期信号），通过内部总线传输。计数器对两个脉冲源之一进行计数，每输入一个脉冲，计数值加 1，TH0 和 TL0、TH1 和 TL1 都是用来存放所计脉冲个数的寄存器。当计数器计满回 0 后，就从最高位溢出一个脉冲，使特殊功能寄存器 TCON 的 TF0 或 TF1 置 1，作为定时/计数器的溢出中断标志。若定时/计数器工作在定时功能，则表示定时的时间到；若工作在计数功能，则表示计数器计满后回 0。

2）作为定时器时的工作原理

当定时/计数器工作在定时功能时，加 1 计数器在每个机器周期加 1，其控制电路受软件控制、切换。因一个机器周期等于 12 个振荡周期，所以计数频率 $f=\frac{1}{12}f_{osc}$。如果晶振频率为 12MHz，则计数周期为

$$T=\frac{1}{f}=\frac{1}{\frac{1}{12}f_{osc}}=\frac{1}{\frac{1}{12}\times12\times10^6})=1(\mu s)$$

因此，也可以认为它在累计机器周期。由于每个机器周期恒定不变，计数值也就代表了时间，这样就把定时问题转化成计数问题。

例如，12MHz 晶振的机器周期是 1μs，计 5000 个脉冲就是 5000μs，16 位定时/计数器的最大定时时间就是 65536μs，如果定时少于 65536μs，怎么办呢？这就好比一个空的水瓶，要滴 1 万滴水才会滴满溢出，在开始滴水之前先放入一些水，就不需要 1 万滴了，如先放入 2000 滴，则再滴 8000 滴就可以把瓶子滴满。在单片机中，也采用类似的方法，称为预置计数初始值法。如果要定时 5000μs，可以让计数器从 65536−5000=60536 开始计数，当定时/计数器溢出时正好就是 5000μs，所以计数初始值就是 60536。

3）作为计数器时的工作原理

当定时/计数器工作在计数功能时，外部脉冲信号加在 T0（P3.4）端或 T1（P3.5）端，外部信号的下降沿将触发计数，若一个周期的采样值为 1，下一个周期的采样值为 0，则计数器加 1，故识别一个脉冲需要两个机器周期，所以对外部输入信号的最高计数速率是机器周期所对应频率的 1/2（晶振频率的 1/24）。

图 6-2（a）中有两个模拟开关，模拟开关 1 决定了定时/计数器的功能：当开关拨向上方时为定时功能，当开关拨向下方时为计数功能。定时/计数器功能的选择由特殊功能寄存器 TMOD 的 $C/\overline{T}$ 位来决定。模拟开关 2 受控制信号的控制，它决定了脉冲是否加到计数器输入端，即决定了加 1 计数器的启动计数与停止计数。

对于定时/计数器的功能，可以形象地表示为图 6-2（b），即对内部时钟脉冲计数就是定时功能，对外部 $\overline{INT0}$（P3.2）和 $\overline{INT1}$（P3.3）输入脉冲计数就是计数功能。

（a）MCS-51 单片机中控制定时/计数器的开关结构框图（x=0 或 x=1）

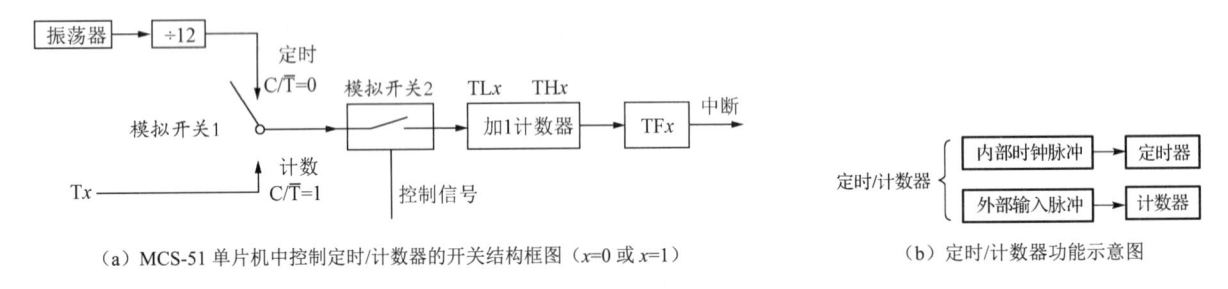

（b）定时/计数器功能示意图

图 6-2　MCS-51 单片机中控制定时/计数器的开关结构及其功能示意图

二、定时/计数器的工作方式寄存器和控制寄存器

MCS-51 单片机有两个用于定时/计数器工作方式选择和控制的寄存器，分别是 TMOD 和 TCON：TMOD 用于计数脉冲源的选择（决定其工作于计数功能或定时功能）、设置工作方式；TCON 用于控制定时/计数器的启动和停止，并表示了定时/计数器的状态。

1. 定时/计数器的工作方式寄存器 TMOD

TMOD 用于选择定时/计数器的工作方式，它的低 4 位控制定时/计数器 0（T0），高 4 位控制定时/计数器 1（T1）。单片机复位时，TMOD 的全部位均被清零。TMOD 的位名称和功能见表 6-1。

表 6-1 TMOD 的位名称和功能

位号	D7	D6	D5	D4	D3	D2	D1	D0
位名称	GATE	C/$\overline{\text{T}}$	M1	M0	GATE	C/$\overline{\text{T}}$	M1	M0
功能	门控位	功能选择位	工作方式选择位		门控位	功能选择位	工作方式选择位	
	高 4 位控制定时/计数器 1				低 4 位控制定时/计数器 0			

由于控制 T0 和 T1 的位名称相同，为了不至于混淆，在使用中 TMOD 只能按字节操作，不能进行位操作。进行字节操作时，其字节地址为 89H。

TMOD 的各位功能介绍如下。

M1 和 M0：工作方式选择位。其具体功能介绍见表 6-2。

表 6-2 定时/计数器工作方式选择

M1	M0	工作方式	功能介绍
0	0	工作方式 0	13 位定时/计数器
0	1	工作方式 1	16 位定时/计数器
1	0	工作方式 2	可自动重装载的 8 位定时/计数器
1	1	工作方式 3	T0 分为两个独立的 8 位定时/计数器，T1 无此方式

C/$\overline{\text{T}}$：功能选择位。C/$\overline{\text{T}}$=0 时，设置为定时器，对内部时钟脉冲计数；C/$\overline{\text{T}}$=1 时，设置为计数器，对外部[$\overline{\text{INT0}}$（P3.2）或 $\overline{\text{INT1}}$（P3.3）]输入脉冲计数。

GATE：门控位。当 GATE=0 时，定时/计数器的启动和停止仅受 TCON 寄存器的 TR0 或 TR1 控制；当 GATE=1 时，定时/计数器的启动和停止由 TCON 寄存器的 TR0 或 TR1 和外部中断引脚[$\overline{\text{INT0}}$（P3.2）或 $\overline{\text{INT1}}$（P3.3）]上的电平状态共同控制。

2. 定时/计数器控制寄存器 TCON

TCON 在项目五中已经介绍过。TCON 的位名称参见表 5-1。

其中和定时/计数器相关的位有 TR0、TF0、TR1、TF1，具体功能见项目五。

三、定时/计数器的工作方式

MCS-51 单片机中的定时/计数器有 4 种工作方式，分别由 TMOD 的 M1、M0 构成的两位二进制编码决定。

1. 工作方式 0（M1M0=00）

T0 和 T1 的工作方式 0 是完全相同的，都是作为 13 位定时/计数器来使用的，由 THx（x=0,1）的 8 位和 TLx 的低 5 位构成，TLx 的高 3 位未用。TLx 的低 5 位产生进位时，直接进到 THx 上。THx 产生进位时，即计满溢出，置溢出中断标志位 TFx 为 1，向 CPU 申请中断，若 CPU 响应中断，则由系统硬件自动将 TFx 清零。在工作方式 0 下，两个定时/计数器的最大计数值

为 $2^{13}=8192$，最长定时时间为 8192 个机器周期。定时/计数器 0（T0）的工作方式 0 的逻辑电路结构图如图 6-3 所示。

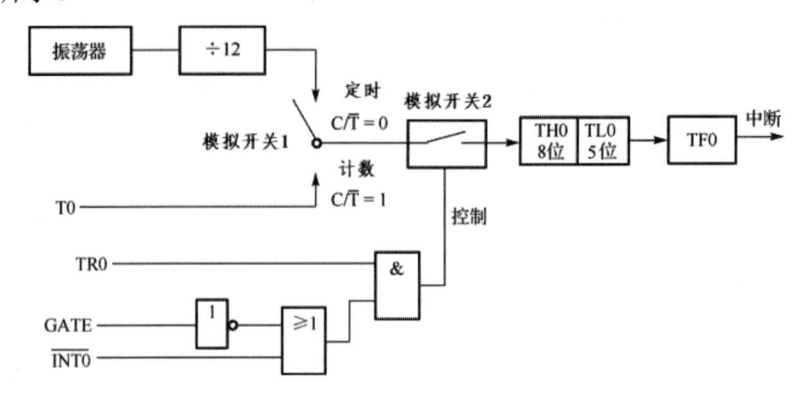

图 6-3　定时/计数器 0（T0）的工作方式 0 的逻辑电路结构图

根据图 6-3，说明以下几个问题。

（1）M1M0：定时/计数器有"0、0""0、1""1、0""1、1"共计 4 种工作方式，是用 M1M0 来控制的。

（2）C/$\overline{\text{T}}$：定时/计数器既可用作定时器也可用作计数器，如果 C/$\overline{\text{T}}$ 为 0 就用作定时器，如果 C/$\overline{\text{T}}$ 为 1 就用作计数器。

（3）GATE：在图 6-3 中，当选择了定时或计数功能后，计数脉冲却不一定能到达计数器端，中间还有一个开关，显然这个开关不合上，计数脉冲就没法通过。

① GATE=0，分析一下逻辑，GATE 经非门输出 1，进入或门，或门总是输出 1，和或门的另一个输入端 $\overline{\text{INT0}}$ 无关。在这种情况下，开关的断开、合上只取决于 TR0，只要 TR0 是 1，开关就合上，计数脉冲得以畅通无阻，而如果 TR0 等于 0，则开关打开，计数脉冲无法通过，因此定时/计数器是否工作，只取决于 TR0。

② GATE=1，在这种情况下，计数脉冲通路上的开关不仅由 TR0 来控制，还受到 $\overline{\text{INT0}}$ 端的控制，只有 TR0 为 1，且 $\overline{\text{INT0}}$ 端也是高电平，开关才合上，计数脉冲才得以通过。

2. 工作方式 1（M1M0=01）

T0 和 T1 的工作方式 1 也是完全相同的，都是作为 16 位定时/计数器来使用的。定时/计数器的低 8 位产生进位时进到高 8 位上。高 8 位产生进位时，即计满溢出，置溢出中断标志位 TFx（x=0,1）为 1，向 CPU 申请中断，若 CPU 响应中断，则由系统硬件自动将 TFx 清零。在工作方式 1 下，两个定时/计数器的最大计数值为 2^{16}=65536，最长定时时间为 65536 个机器周期。定时/计数器 0（T0）的工作方式 1 的逻辑电路结构图如图 6-4 所示。

小贴士：工作方式 1 完全包含了工作方式 0 的功能，工作方式 0 只是为了保留早期单片机产品的一种工作方式，其实际上并没有存在的必要，一般只使用工作方式 1 而不使用工作方式 0。

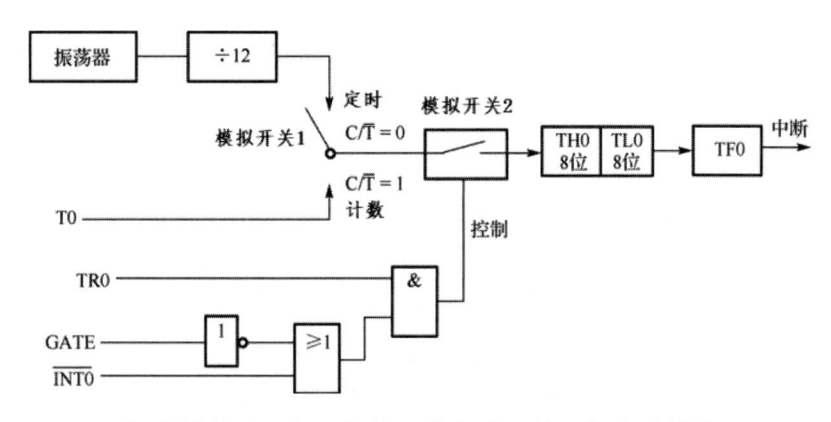

图 6-4　定时/计数器 0（T0）的工作方式 1 的逻辑电路结构图

3. 工作方式 2（M1M0=10）

T0 和 T1 在工作方式 2 下都是作为 8 位定时/计数器来使用的。定时/计数器的低 8 位负责计数，高 8 位不参与计数，只作为计数初始值寄存器，存放低 8 位的初始值。每当低 8 位计满溢出时，直接置溢出中断标志位 TFx（x=0,1）为 1，与此同时，硬件自动将高 8 位中存放的计数初始值加载至低 8 位中，所以工作方式 2 又称自动重装载方式。定时/计数器 0（T0）的工作方式 2 的逻辑电路结构图如图 6-5 所示。

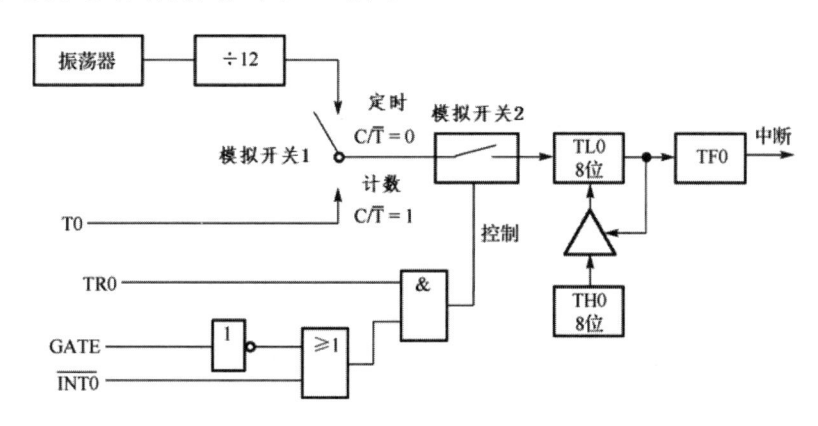

图 6-5　定时/计数器 0（T0）的工作方式 2 的逻辑电路结构图

在工作方式 2 下，由于只有低 8 位参与计数，故最大计数值为 2^8=256，最长定时时间为 256 个机器周期。虽然定时时间缩短了，但由于能够自动重装载初始值，故定时时间更为精确。

需要强调的是，在工作方式 0 和工作方式 1 下，定时/计数器的计数初始值是不能自动重装载的，需要在程序中用相应的赋值语句重装载；如果在程序中缺少了相应的重装载计数初始值语句，则定时/计数器溢出后将从 0 开始计数。

4. 工作方式 3（M1M0=11）

只有 T0 有工作方式 3，T1 在工作方式 3 下停止工作，此时 T0 分为两个独立的 8 位定时/计数器来使用。

在工作方式 3 下，TL0 作为不能自动重装载计数初始值的 8 位定时/计数器来使用，其计数初始值仍需在程序中用相应的赋值语句重装载；此时，TL0 既可以用于定时，也可以用于计数，由原来控制 T0 的 C/$\overline{\text{T}}$ 位来选择；TL0 的启动部分仍然由原来控制 T0 的 GATE、TR0、$\overline{\text{INT0}}$ 的逻辑组合来控制，该工作方式的启动与停止过程与前面 3 种工作方式相同；当 TL0 计满溢出时，直接将 TF0 置位，从而向 CPU 申请中断，CPU 响应中断后，由系统硬件自动将 TF0 复位，此时，TL0 的中断服务程序入口地址即原来 T0 的中断服务程序入口地址，中断序号也同样使用 T0 的中断序号（1）。

在工作方式 3 下，TH0 也作为不能自动重装载计数初始值的 8 位定时/计数器来使用，但它只能用于定时，不能用于计数，因此不受 C/$\overline{\text{T}}$ 位控制；TH0 的启动也仅受原来 T1 的启动/停止控制位 TR1 来控制；当 TH0 计满溢出时，直接将 TF1 置位，从而向 CPU 申请中断，此时，TH0 的中断服务程序入口地址占用原来 T1 的中断服务程序入口地址，中断序号也同样使用 T1 的中断序号（3）。

当 T0 工作在工作方式 3 时，T1 可以工作在工作方式 0、1、2 三种工作方式下，但由于 TH0 占用了原来 T1 的启动/停止控制位 TR1 和溢出中断标志位 TF1，所以 T1 的工作过程与前述有所变化。在这种情况下，T1 仍然既可以用于定时，又可以用于计数，但计满溢出时不能置位 TF1，不能申请中断，其计满溢出信号可以送给串行口，此时 T1 作为波特率发生器。T1 的启动与停止由其原来的方式字控制，当写入工作方式 0/1/2 时，T1 即启动，当写入工作方式 3 时，T1 即停止工作。

四、定时/计数器应用举例

与定时/计数器相关的寄存器是 TMOD、TCON、IE 和 IP，另外还有计数寄存器 THx（x=0,1）和 TLx（x=0,1）。应用定时/计数器主要包括定时/计数器初始化和编写中断服务程序。

1. 定时/计数器初始化

定时/计数器初始化主要包括：

（1）确定功能和工作方式（对 TMOD 寄存器赋值）；

（2）预置计数初始值（简称初值）（将初值写入 TH0、TL0 或 TH1、TL1）；

（3）根据需要开启定时/计数器中断（对 IE 寄存器赋值）；

（4）启动定时/计数器（将 TR0 或 TR1 置 1）；

（5）根据需要设置中断优先级（对 IP 寄存器赋值）。

2. 编写中断服务程序

中断服务程序需要根据中断源的具体要求进行编写。

下面重点讲解如何计算定时/计数器的计数初值。定时/计数器的计数初值因工作方式的不同而不同。设最大计数值为 M，则各种工作方式下的 M 值如下。

工作方式 0：$M = 2^{13} = 8192$。

工作方式 1：$M = 2^{16} = 65536$。

工作方式 2：$M = 2^8 = 256$。

工作方式 3：T0 分为两个 8 位定时/计数器，所以两个定时/计数器的 M 值均为 256。

因定时/计数器工作的实质是进行加 1 计数，所以当最大计数值 M 已知时，计数初值 X 可计算如下：

$$X = M - \text{计数值}$$

例如，利用定时器 0 定时，采用工作方式 1，要求每 50ms 溢出一次，系统采用 12MHz 晶振。采用工作方式 1，M=65536。系统采用 12MHz 晶振，则机器周期 T=1μs，计数值=$\frac{50 \times 1000}{T}$=$\frac{50 \times 1000}{1}$=50000，所以计数初值为

$$X = M - \text{计数值} = 65536 - 50000 = 15536 = 0x3cb0$$

把 0x3c 赋给 TH0，把 0xb0 赋给 TL0，或者把 15536 除以 256 所得商（15536/256）赋给 TH0，把 15536 除以 256 所得余数（15536%256）赋给 TL0。

总结以上定时器计数初值（简称定时器初值）的计算方法，得出如下结论：

（1）设机器周期为 T，定时器产生一次中断的时间为 t，那么需要计数值 $N=t/T$，装入 THx 和 TLx 的初值分别为

$$\text{TH}x=(M-t/T)/256$$

$$\text{TL}x=(M-t/T)\%256$$

（2）计算定时器初值时，用本书配套资料中的定时器初值计算工具计算会很方便。定时器初值计算工具如图 6-6 所示。

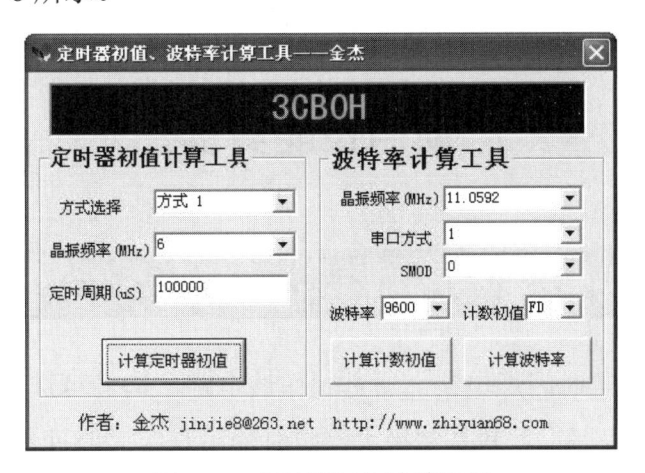

图 6-6　定时器初值计算工具

例　利用定时器 0 的工作方式 1，在 P1.0 输出周期为 2ms 的方波。设晶振频率为 6MHz。

分析：要在 P1.0 得到周期为 2ms 的方波，需要使 P1.0 每隔 1ms 取反一次。我们可以通过定时器进行 1ms 定时，定时时间到，则向 CPU 申请中断，在中断服务程序中对 P1.0 取反。

（1）确定功能和工作方式。利用定时器 0 的工作方式 1 时：M1M0=01，$C/\overline{T}$=0，GATE=0，

高 4 位未使用，全部赋 0，则 TMOD=0x01。

（2）计算 1ms 定时的定时器 0 的计数初值。晶振频率为 6MHz，则机器周期为 2μs，设定时器 0 的计数初值为 X，则 $X=2^{16}-1000\div2=65036=1111111000001100B=0xfe0c$。因此，TH0 的初值为 0xfe，TL0 的初值为 0x0c。

（3）根据需要开启定时器 0 中断。EA=1，ET0=1。

（4）启动定时器 0，TR0=1。

参考程序如下。

```c
#include <reg51.h>
sbit out=P1^0;
int main(void)
{
    TMOD=0x01;
    TH0=0xfe;
    TL0=0x0c;
    EA=1;
    ET0=1;
    TR0=1;
    while(1);
}
void time_0() interrupt 1
{
    TH0=0xfe;
    TL0=0x0c;
    out=!out;
}
```

程序中对定时器 0 赋初值也可以写作：
```
TH0=(65536-500)/256
TL0=(65536-500)%256
```

项目技能实训

技能实训一　秒闪电路的制作

下面要制作一个 1s 定时闪烁电路，通过制作该电路，读者可进一步掌握定时器初始化、定时器中断服务程序的编写，尤其是掌握大于定时器最长定时时间的定时方法。

一、任务分析

所谓秒闪电路，即 1s 定时闪烁电路，就是让一个 LED 每 1s 固定闪烁一次，实际上就是让 LED 亮 500ms，灭 500ms，然后循环。由前面的知识我们知道，定时器 0 在工作方式 1 下最大定时时间只有 65.536ms，该怎么实现 500ms 的定时呢？

实现 500ms 定时的思路如下：进行 50 ms 定时，即每 50 ms 中断一次，然后通过一个变量记录中断次数，每中断一次，让这个变量加 1，当这个变量等于 10 时，说明已经中断了 10 次，正好就是 500 ms。

二、硬件电路设计

秒闪电路原理图如图 6-7 所示。

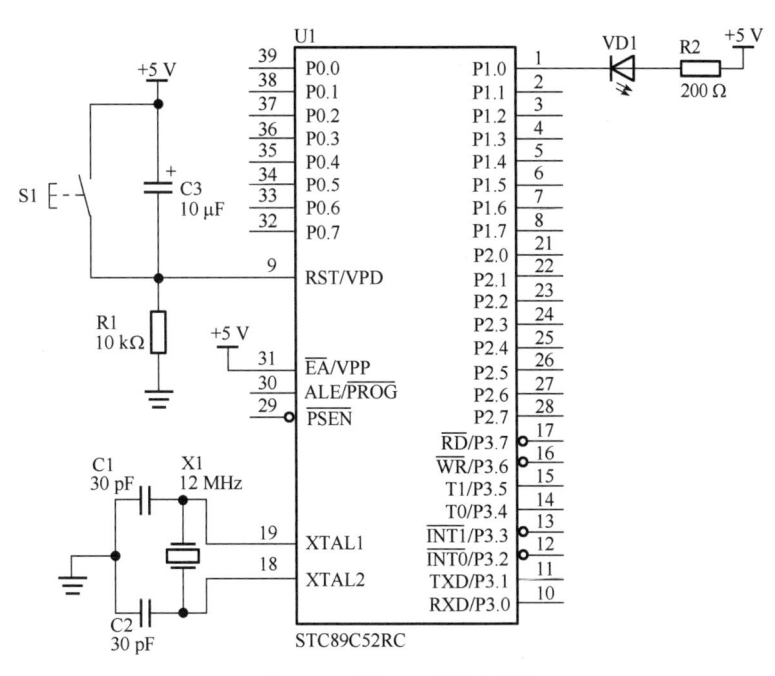

图 6-7　秒闪电路原理图

三、程序设计

本技能实训中使用定时器 0，利用工作方式 1，定时时间取 50ms，通过定时中断 10 次来达到定时 500ms 的目的。采用 12MHz 晶振，1 个机器周期为 1μs，定时 50ms 的计数初值为 15536。秒闪电路程序流程图如图 6-8 所示。

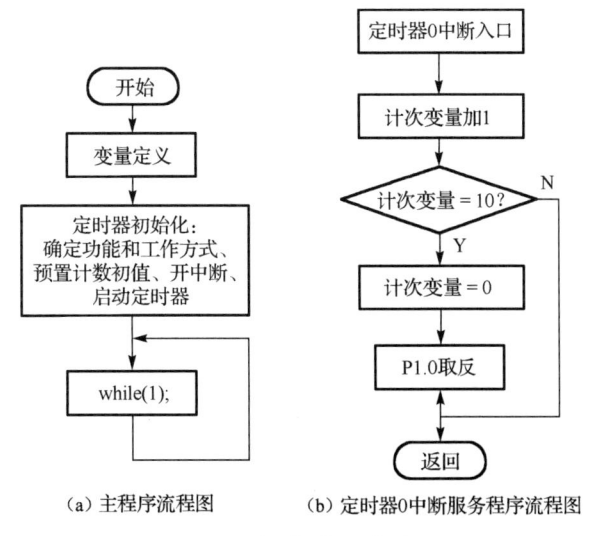

（a）主程序流程图　　（b）定时器0中断服务程序流程图

图 6-8　秒闪电路程序流程图

根据程序流程图编写的程序如下。

```c
#include <reg51.h>              //MCS-51单片机头文件
sbit led=P1^0;                  //定义led代表P1.0，用于控制LED的亮灭
unsigned char n=0;              //变量n用于记录中断次数
void init()                     //定时器初始化函数
{
    TMOD=0x01;                  //使用定时器0，利用工作方式1，启动只受TR0控制
    TH0=15536/256;              //给定时器0的高8位赋初值
    TL0=15536%256;              //给定时器0的低8位赋初值
    EA=1;                       //开总中断
    ET0=1;                      //开定时器0中断
    TR0=1;                      //启动定时器0
}
int main()                      //主程序main函数
{
    init();                     //定时器初始化
    while(1);                   //进入死循环
}
void timer_0() interrupt 1      //定时器0中断服务程序，中断序号为1
{
    TH0=15536/256;              //重装载计数初值
    TL0=15536%256;
    n++;                        /*变量n用于记录中断次数，每中断一次，n值便加1*/
    if (n==10)                  //如果n值为10，说明500ms定时时间到
    {
        n=0;                    //变量n值重新被初始化
        led=!led;               //LED由亮变灭或由灭变亮
    }
}
```

编译上述程序并将其下载到万能实验板中，我们可以看到万能实验板上与P1.0相连的LED以1s的时间间隔闪烁。

下面分析一下这个程序。进入主程序后，要对与定时器和中断有关的特殊功能寄存器初始化。首先对TMOD寄存器赋值，以确定使用定时器0的工作方式1，并设定其启动仅受TR0控制；然后预置定时50ms的计数初值，我们在前面已分析过，计数初值应为65536–50000=15536，将15536除以256所得商赋给定时器0的高8位TH0，将15536除以256所得余数赋给定时器0的低8位TL0；最后打开中断（包括开总中断和定时器0中断），启动定时器0开始计数定时。初始化一旦完成，定时器便开始独立计数，不再占用CPU的时间，CPU的工作和定时器的计数是同时进行的，互不影响。直到定时器计满溢出，表明定时时间50ms到，才向CPU发出中断申请，CPU响应中断，暂停主程序的执行，转去执行中断服务程序timer_0，重装载计数初值，变量n值加1，并判断变量n值是否已达到10（500ms定时时间是否已到），若n=10，则说明500ms定时时间已到，将n值重新初始化为0，并将LED的亮灭状态取反，从而实现LED每1s闪烁一次。处理完毕后，返回主程序断点处继续执行主程序（死循环）。

可能有的读者会有疑问：定时器初始化完成以后，主程序便进入死循环，处于动态停机状态，主程序不停地执行空循环操作，LED怎么还会闪烁呢？中断服务程序又是何时被执行

的呢？

解释如下：一旦启动定时器，定时器便开始计数，而且不受 CPU 影响，不到计满溢出也不会影响 CPU 执行主程序，在定时器计数期间，CPU 在执行主程序中的反复循环（空操作），实际上也就是在等待定时器计满溢出。

由于本技能实训较为简单，所以在定时器计数时，CPU 并不需要执行什么操作，故主程序在初始化后即进入死循环，等待定时时间的到来。其实，在复杂的应用中，在定时器计数的同时，当然可以为 CPU 安排一些程序执行。在本技能实训中，一旦定时时间到，CPU 便暂停执行主程序中的死循环，转去执行中断服务程序，处理完毕后回到主程序断点处继续等待下一次中断的到来。

为了确保定时器的每次中断都在 50ms 后，需要在中断服务程序中每次都为 TH0 和 TL0 重装载计数初值，否则，定时器计满溢出后将自动回 0，下一次将从 0 开始计数定时，那么定时时间将不再是 50ms 了。由于每进入中断服务程序一次就需要 50ms 时间，在中断服务程序中要对变量 n 值更新，并判断更新后的 n 值是否已达到 10，也就是判断时间是否已到了 500ms，若时间到则重新初始化变量 n 值，并将 LED 的亮灭状态取反。

值得注意的是，一般情况下，我们在中断服务程序中不要写过多的处理语句，因为语句过多，执行的时间也就过长，如此就会出现中断丢失这样的状况。中断丢失是指本次中断服务程序中的代码还未执行完毕，而下一次中断又来临，这样尚未执行的中断服务程序代码将会得不到执行。

当单片机循环多次执行中断服务程序时，这种丢失便会累积，程序便完全乱套。为了避免出现这种情况，一般遵循的原则是：能在主程序中完成的功能就不要在中断服务程序中书写，如果非要在中断服务程序中实现某功能，那么语句一定要简洁、高效，特别是在定时时间较短的场合下。这样一来，本技能实训的程序中对变量 n 值的判断就可写在主程序中。具体修改方法为：可将主程序中的死循环 while(1);改为如下的代码段。

```
while(1)
{
    if (n==10)
    {
        n=0;
        led=~led;
    }
}
```

而中断服务程序中则应去掉相应的判断语句。

技能实训二　电子计时秒表的制作

电子计时秒表，俗称跑表，在运动会的赛场上和需要精确计时的场合都可以见到它的身影。现在，我们身边的很多产品，如电子表、手机等也具备了秒表的功能。常见的电子计时秒表如图6-9所示。

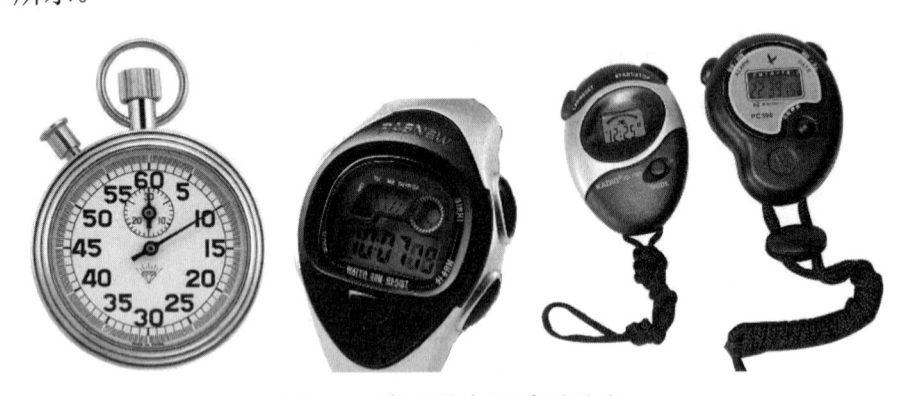

图6-9 常见的电子计时秒表

一、任务分析

电子计时秒表的最小计时单位当然不是1s，而是0.01s，能够实现从0.01s到59min59.99s的计时。

任务要求：秒小数值每经过0.01s加1，当计到99时，再经过0.01s，秒数值加1，同时秒小数值清零，当秒数值计满60时，分数值加1，同时秒数值清零，当分数值计满60时清零；需显示6个数字，为读取计时方便，在分、秒、秒小数之间显示分隔符"-"，共用8个数码管，显示格式如图6-10所示；使用两个独立按键，一个用于启动和暂停计时，另一个用于停止并清零。

图6-10 电子计时秒表数码管显示格式

本技能实训中，单片机的主要任务是对按键进行扫描并控制计时器的工作，通过显示电路显示计时器的数值，其中计时是软件编程的核心。

由于电子计时秒表的最小计时单位是0.01s，即10ms，所以可以直接利用定时器0的工作方式1实现。

二、硬件电路设计

1. 电路原理图

电子计时秒表主要由单片机最小系统、8位共阳极型数码管和3个独立按键构成，其电路原理图如图6-11所示。

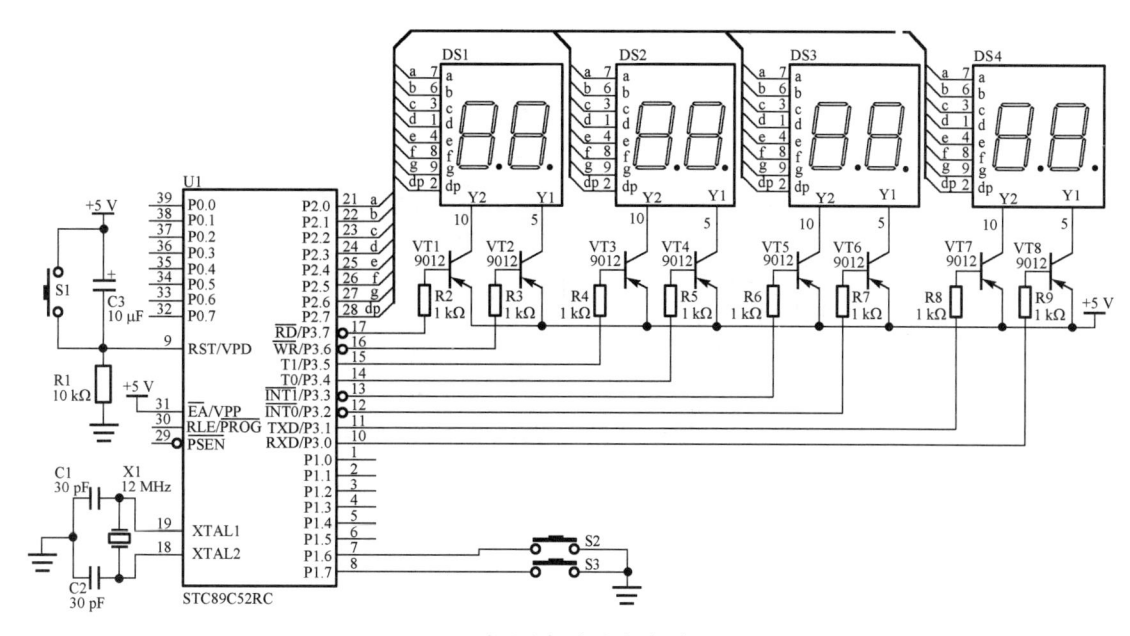

图 6-11　电子计时秒表电路原理图

该硬件电路和项目四中的按键控制球赛记分牌电路非常相似，不同的是少了 3 个独立按键，所以可以使用按键控制球赛记分牌电路。

2. 元器件清单

电子计时秒表电路元器件清单见表 6-3。

表 6-3　电子计时秒表电路元器件清单

代　号	名　称	规　格
R1	电阻	10kΩ
R2~R9	电阻	1 kΩ
C1、C2	瓷介电容	30pF
C3	电解电容	10μF
X1	晶振	12MHz
VT1~VT8	三极管	9012
DS1~DS4	数码管	2 位共阳极型
U1	单片机	STC89C52RC
S1~S3	轻触按键	
	IC 插座	40 脚

三、程序设计

电子计时秒表程序主要由按键处理程序、数码管显示程序和定时器 0 中断服务程序 3 个部分组成，程序初看起来似乎有点复杂，但仔细分析发现按键处理程序和数码管显示程序我们已经学过，而定时器 0 中断服务程序只需要在秒闪电路程序的基础上稍做改动即可。电子计时秒表程序流程图如图 6-12 所示。

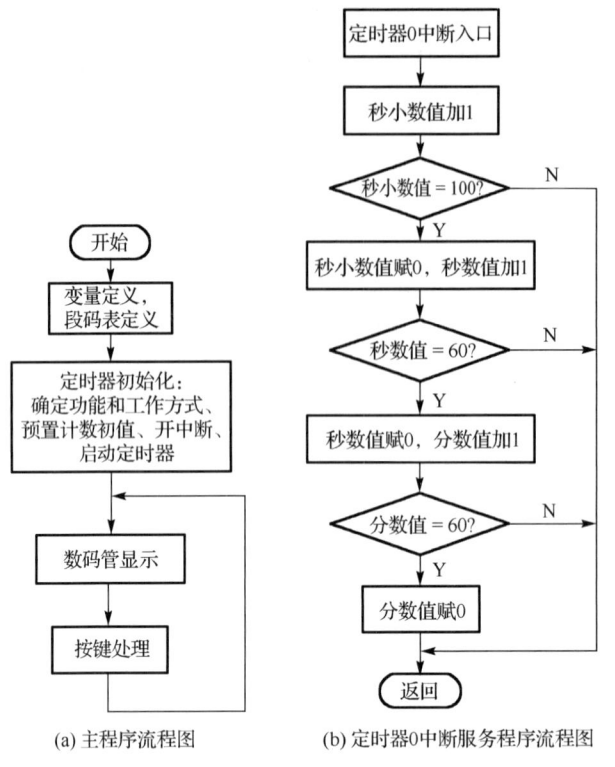

(a) 主程序流程图　　(b) 定时器0中断服务程序流程图

图 6-12　电子计时秒表程序流程图

根据程序流程图编写的程序如下。

```c
#include <reg51.h>
#include <intrins.h>
sbit key1=P1^6;
sbit key2=P1^7;
unsigned char sec1=0,sec2=0,min=0;        //定义秒小数、秒和分变量
unsigned char code tab[]={0xc0,0xf9,0xa4,0xb0,0x99,0x92,0x82,0xf8,0x80,0x90};
delay()
{
   unsigned char j;
   for (j=0;j<200;j++);
}
display()                                  //数码管显示子函数
{
   unsigned char i,wk=0xfe;                //变量wk作为位控,初始选通右边第1位
   unsigned char buf[8];                   //声明数码管显示缓冲数组
   buf[0]=tab[sec1%10];                    //秒小数的个位
   buf[1]=tab[sec1/10%10];                 //秒小数的十位
   buf[2]=0xbf;                            //显示"-"
   buf[3]=tab[sec2%10];                    //秒的个位
   buf[4]=tab[sec2/10%10];                 //秒的十位
   buf[5]=0xbf;                            //显示"-"
   buf[6]=tab[min%10];                     //分的个位
   buf[7]=tab[min/10%10];                  //分的十位
   for (i=0;i<=7;i++)
   {
      P2=buf[i];                           //依次输出段码
      P3=wk;                               //输出位控
      delay();                             //延时
      wk=_crol_(wk,1);                     //位控左移1位
      P3=0xff;                             //熄灭所有数码管(消隐)
```

```c
    }
}
button()                                //按键处理子函数
{
    if (key1==0)
    {
        delay();
        if (key1==0)
        {
            TR0=!TR0;                   //启动和暂停
            while (key1==0)
            {
                display();
            }
        }
    }
    if (key2==0)
    {
        delay();
        if (key2==0)
        {
            TR0=0;                      //停止并清零
            sec1=0;
            sec2=0;
            min=0;
            while (key2==0)
            {
                display();
            }
        }
    }
}
void init()                             //定时器初始化函数
{
    TMOD=0x01;                          //使用定时器0,利用工作方式1,启动只受TR0控制
    TH0=55536/256;                      //10ms定时的计数初值
    TL0=55536%256;
    EA=1;                               //开总中断
    ET0=1;                              //开定时器0中断
    TR0=1;                              //启动定时器0
}
int main()                              //主程序main函数
{
    init();                             //定时器初始化
    while(1)
    {
        display();
        button();
    }
}
void timer_0() interrupt 1              //定时器0中断服务程序,中断序号为1
{
    TH0=55536/256;                      //重装载计数初值
    TL0=55536%256;
    sec1++;
    if (sec1==100)                      //如果sec1值为100,则向秒进位
    {
        sec1=0;                         //变量sec1值重新被初始化
```

```
            sec2++;                              //秒数值加1
            if (sec2==60)
            {
              sec2=0;
              min++;
              if (min==60)
              {
                  min=0;
              }
            }
        }
    }
}
```

技能实训三　数字时钟的制作

我们见过各种各样的数字时钟，有的数字时钟除计时外还有很多功能，它可以完成很多与时间有关的控制，如定时开、关机，计算机控制打铃仪等。各种各样的数字时钟如图 6-13 所示。下面我们就来动手制作一个单片机数字时钟。

一、任务分析

前面我们已经学习了电子计时秒表的制作，数字时钟和电子计时秒表非常相似，不同的是最小计时单位不同，数字时钟的最小计时单位为 1s。另外，数字时钟还必须可以通过按键调整时间，为了方便调整，本技能实训使用行列式键盘，各按键设置如图 6-14 所示。

图 6-13　各种各样的数字时钟

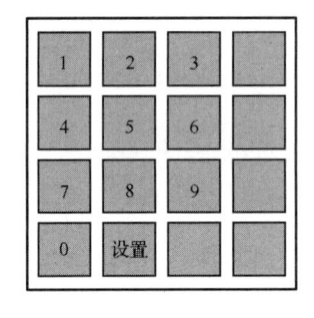

图 6-14　行列式键盘各按键设置

任务要求如下。

（1）硬件电路主要包括单片机最小系统、显示电路和键盘输入电路 3 个部分，其中晶振为 12MHz。显示电路采用 8 位数码管动态扫描显示，最高 2 位显示时，中间 2 位显示分，最低 2 位显示秒，时、分、秒之间用 "–" 隔开。调整时间时，按下 "设置" 键，小时数开始闪烁，表示调整小时数，第 1 次输入数字键调整十位，第 2 次输入数字键调整个位；再次按下 "设置" 键，分钟数开始闪烁，表示调整分钟数，第 1 次输入数字键调整十位，第 2 次输入数字键调整个位；再次按下 "设置" 键，退出调整，数码管不再闪烁。

（2）程序设计主要利用单片机内部的定时/计数器产生 1s 的定时，每经过 1s 使秒数加 1，加到 60 后向分钟数进位，分钟数达到 60 后向小时数进位，小时数达到 24 后全部变为 0。

二、硬件电路设计

1. 电路原理图

根据任务要求，数字时钟电路原理图如图 6-15 所示。该电路和电子计时秒表电路的区别在于使用了行列式键盘。

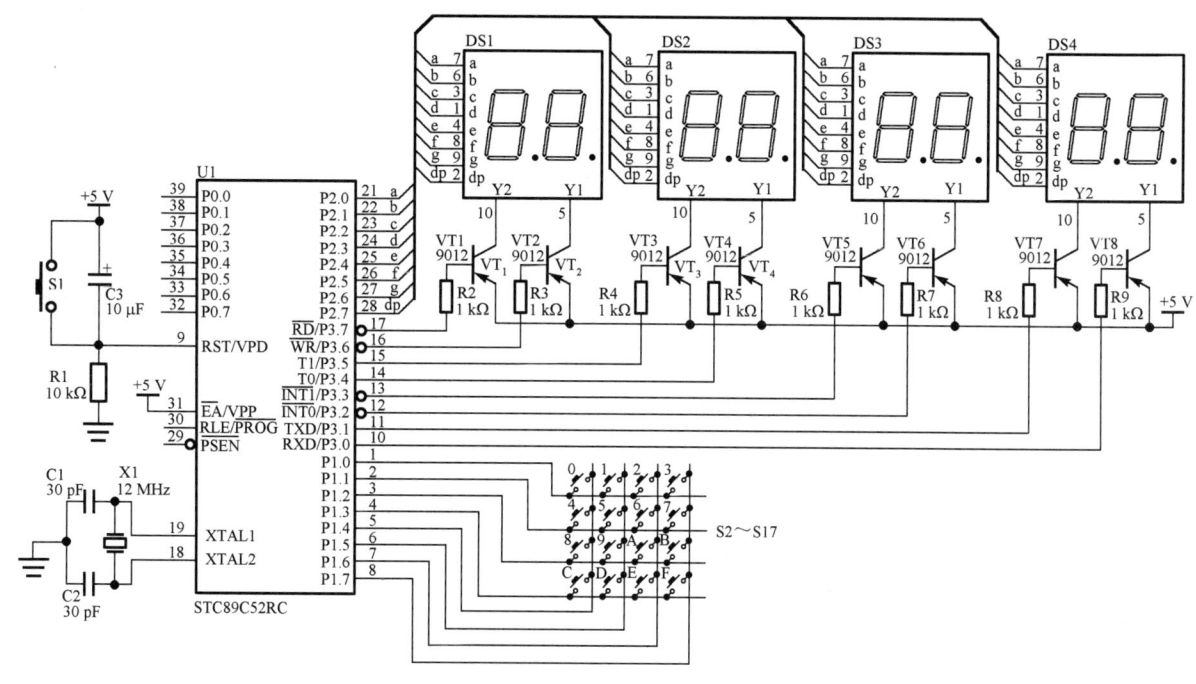

图 6-15 数字时钟电路原理图

如果想降低制作和编程的难度，也可以采用 4 个独立式按键分别进行小时和分钟数值的加 1 和减 1 操作。

2. 元器件清单

数字时钟电路元器件清单见表 6-4。

表 6-4 数字时钟电路元器件清单

代号	名称	规格
R1	电阻	10kΩ
R2～R9	电阻	1 kΩ
C1、C2	瓷介电容	30pF
C3	电解电容	10μF
X1	晶振	12MHz
VT1～VT8	三极管	9012
DS1～DS4	数码管	2 位共阳极型
U1	单片机	STC89C52RC
S1～S17	轻触按键	
	IC 插座	40 脚

三、程序设计

数字时钟程序主要由按键处理程序、数码管显示程序和定时器 0 中断服务程序 3 个部分组成。数码管显示程序与定时器 0 中断服务程序和电子计时秒表程序基本相同，不同的是行列式键盘按键处理程序，这也是本程序的难点。数字时钟主程序和定时器 0 中断服务程序流程图可参考图 6-12 所示的电子计时秒表程序流程图，按键处理程序流程图如图 6-16 所示。

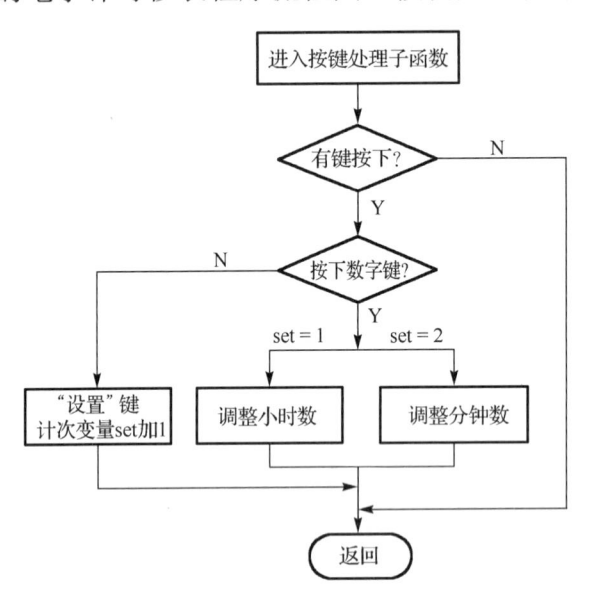

图 6-16 数字时钟按键处理程序流程图

根据程序流程图编写的程序如下。

```c
#include <reg51.h>
#include <intrins.h>
unsigned char count,count_f,sec,min,hour;  //count 和 count_f 对中断次数计数，count 控制秒，
                                           //count_f 控制数码管闪烁频率
unsigned char set;                         //set 对"设置"键计次，实现一个键多个功能
bit flash_m,flash_h,ge_shi;                //这 3 个位变量分别是分钟数闪烁、小时数闪烁和
                                           //个位/十位调整切换的标志位
unsigned char code tab[]={
0xc0,0xf9,0xa4,0xb0,0x99,0x92,0x82,0xf8,0x80,0x90
    };
delay(unsigned int j)
{
    while(j--);
}
display()                                  //数码管显示子函数
{
    unsigned char i,wk=0xfe;
    unsigned char buf[8];
    buf[0]=tab[sec%10];
    buf[1]=tab[sec/10];
    buf[2]=0xbf;
    if (flash_m)                           //分钟数闪烁标志
    {
    buf[3]=0xff;
    buf[4]=0xff;
    }
```

```c
        else
        {
            buf[3]=tab[min%10];
            buf[4]=tab[min/10];
        }
        buf[5]=0xbf;
        if (flash_h)                        //小时数闪烁标志
        {
            buf[6]=0xff;
            buf[7]=0xff;
        }
        else
        {
            buf[6]=tab[hour%10];
            buf[7]=tab[hour/10];
        }
        for (i=0;i<=7;i++)
        {
            P2=buf[i];
            P3=wk;
            delay(100);
            wk=_crol_(wk,1);
            P3=0xff;
        }
    }
    unsigned char keypress()                //按键识别子函数
    {
        unsigned char temp,num;
        num=15;
        temp=0xff;
        P1=0xf0;
        if (P1!=0xf0)                       //判断是否有按键按下
        {
            delay(1000);                    //延时去抖
            if (P1!=0xf0)                   //再次判断是否有按键按下
            {
                P1=0xf0;                    //行作为输出,列作为输入
                temp=P1;                    //读取列值
                P1=0x0f;                    //列作为输出,行作为输入
                temp=temp|P1;               //读取行值,并和列值合并
                switch (temp)
                {
                    case 0xee:num=1;    break;
                    case 0xde:num=2;    break;
                    case 0xbe:num=3;    break;
                    case 0xed:num=4;    break;
                    case 0xdd:num=5;    break;
                    case 0xbd:num=6;    break;
                    case 0xeb:num=7;    break;
                    case 0xdb:num=8;    break;
                    case 0xbb:num=9;    break;
                    case 0xe7:num=0;    break;
                    case 0xd7:num=10;   break;
                }
                P1=0xf0;
                while (P1!=0xf0) display();
            }
        }
```

```c
        return num;
}
button()                                //按键处理子函数
{
    unsigned char keyNum;
    keyNum=keypress();                  //返回按键号,带返回值的函数的应用
    if (keyNum<10)                      //按下的是数字键
    {
        if (set==1)                     //小时数调整
        {
            if (ge_shi)
            {
                hour=hour/10*10+keyNum;
                if (hour>23)
                {
                    hour=23;
                }
                ge_shi=!ge_shi;
            }
            else
            {
                if(keyNum<3)
                {
                    hour=keyNum*10+hour%10;
                    ge_shi=!ge_shi;
                }
            }
        }
        if (set==2)                     //分钟数调整
        {
            if (ge_shi)
            {
                min=min/10*10+keyNum;
                ge_shi=!ge_shi;
            }
            else
            {
                if (keyNum<6)
                {
                min=keyNum*10+min%10;
                ge_shi=!ge_shi;
                }
            }
        }

    }
    if (keyNum==10)                     //按下的是"设置"键
    {
        set=(set+1)%3;                  //每次加1,实现一个键具备多个功能
        flash_m=0;                      //保证分钟数不闪烁时是亮着的
        flash_h=0;                      //保证小时数不闪烁时是亮着的
        ge_shi=0;                       //保证每次都是先调整十位再调整个位
    }
}

void init()                             //定时器初始化函数
{
    TMOD=0x01;
```

```
    TH0=0x3c;
    TL0=0xb0;
    EA=1;
    ET0=1;
    TR0=1;
}
int main()                          //主程序main函数
{
    init();
    while(1)
    {
        display();
        button();
    }
}
void timer_0() interrupt 1          //定时器0中断服务程序
{
    TH0=0x3c;
    TL0=0xb0;
    count++;
    if (count==20)                  //1s定时时间到
    {
        count=0;
        sec++;
        if ( sec==60 )
        {
            sec=0;
            min++;
            if (min==60)
            {
                min=0;
                hour++;
                if (hour==24)
                {
                    hour=0;
                }
            }
        }
    }
    count_f++;
    if (count_f==4)                 //控制数码管闪烁频率
    {
        count_f=0;
        switch (set)
        {
            case 1:flash_h=!flash_h;      break;
            case 2:flash_m=!flash_m;      break;
        }
    }
}
```

本程序实现了数字时钟的基本功能，在此基础上可以为程序添加更多功能，如定闹功能、秒表功能等，感兴趣的读者可以进一步完善。

在这个程序中用到了两个技巧，一个是一键多能，另一个是标志位的使用，下面分别说明如下。

（1）一键多能：就是让一个按键具备多个功能，就像手机或其他电子设备中的菜单键，每按一次都有不同的定义。要实现这种功能，其实很简单，可以先定义一个变量，每按一次按键，就让这个变量加 1，然后根据这个变量的取值进行不同的操作。例如，在本程序中，使用变量 set，每按一次"设置"键，set 加 1。当 set=0 时，数字时钟正常走时，所有数字键无效；当 set=1 时，小时数开始闪烁，这时按数字键调整的是小时数值；当 set=2 时，分钟数开始闪烁，这时按数字键调整的是分钟数值。

（2）标志位的使用：本程序中使用了 flash_h、flash_m 和 ge_shi 共 3 个位变量作为标志位。其中，flash_h 作为小时数亮/灭的标志，flash_h=0，小时数亮，flash_h=1，小时数灭，只要对 flash_h 不停地取反，显示小时数的数码管就会不停地闪烁；同理，flash_m 作为分钟数亮/灭的标志；ge_shi 作为调整小时数或分钟数的个位/十位的标志，ge_shi=0，数字键调整的是十位，ge_shi=1，数字键调整的是个位。

技能实训四　电子琴的制作

电子琴又称电子键盘，属于电子乐器（区别于电声乐器），发音音量可以自由调节。电子琴音域较宽，和声丰富，甚至可以演奏出一个管弦乐队的效果，表现力极其丰富。它还可模仿多种音色，甚至可以奏出常规乐器所无法发出的声音（如合唱声、风雨声等）。图 6-17 所示为各种各样的电子琴。其实，单片机也可以演奏音乐，下面我们就学习用单片机制作一个简单的电子琴。

图 6-17　各种各样的电子琴

一、任务分析

声音是由物体的振动产生的，正在发声的物体称为声源。声音是以波的形式传播的，即声波。人耳只能对 20～20000Hz 的振动产生听觉，20Hz 以下的声波称为次声波，20000Hz 以上的声波称为超声波。

单片机要想发出声音，需要借助于扬声器这个声源。单片机的 I/O 口可以输出高电平和低电平。如果让单片机的某位 I/O 口线（引脚）按照一定的频率循环取反，则输出方波信号。把这个方波信号加在扬声器的线圈上，就能驱动扬声器发出声音。

为了使单片机产生的方波信号精确且易于控制，一般使用定时/计数器来产生所需要的方波信号。

二、相关知识

在音乐中有两个非常重要的参数：音调和节拍。

1. 音调

声音频率的高低称为音调。音符 1（DO）、2（RE）、3（MI）、4（FA）、5（SO）、6（LA）、7（SI）具有不同的音调。

要使用单片机发出不同的音符，只要让它输出不同频率的方波信号就可以了。一般采用单片机的定时器中断的方法来产生不同频率的方波信号。

例如，对于中音 1（DO），我们查得它的频率是 523Hz，下面我们以 12MHz 晶振为例，来说明怎样使用单片机发出中音 1（DO）。

中音 1（DO）的频率 f = 523Hz，其对应的周期 T = $1/f$ = 1/523Hz ≈ 1912μs。因此，需要单片机 I/O 口线输出周期为 1912μs 的方波信号。因为每个周期包括半个周期的高电平和半个周期的低电平，这时只要定时器每隔半个周期（1912μs÷2=956μs）中断一次，让对应的 I/O 口线置反，就可以在相应的 I/O 口线上产生 523Hz 的方波。如果在该口线上接一个扬声器，该扬声器就发出中音 1（DO）。

对于 12MHz 的晶振，机器周期是 1μs，采用工作方式 1 时进行 956μs 定时的定时器计数初值为

$$定时器计数初值 = 65536 - 956 = 64580$$

按照同样的方法可以求出其他音符在 12MHz 晶振下的定时器计数初值，见表 6-5。

表 6-5 音符对应的定时器计数初值表

低音	频率/Hz	计数初值	中音	频率/Hz	计数初值	高音	频率/Hz	计数初值
1	262	63628	1	523	64580	1	1046	65058
2	293	63830	2	578	64671	2	1175	65110
3	329	64016	3	659	64777	3	1318	65157
4	349	64103	4	698	64820	4	1397	65178
5	392	64260	5	784	64898	5	1568	65217
6	440	64400	6	880	64968	6	1760	65252
7	494	64524	7	988	65030	7	1976	65283

2. 节拍

节拍表示每个音符演奏的时间长短。在一首乐曲中，每个音符演奏的时间不尽相同，例如，5 为 1 拍，5 为半拍，5 为 1/4 拍，5-为 2 拍。在乐理中，1 拍的时间是个相对值，如果规定 1 拍的时间为 400ms，则 1/4 拍的时间为 100ms。

三、硬件电路设计

1. 电路原理图

可演奏的电子琴电路原理图如图 6-18 所示。4×4 行列式键盘对应从低音 4（FA）到高音 5（SO）共 16 个音符。

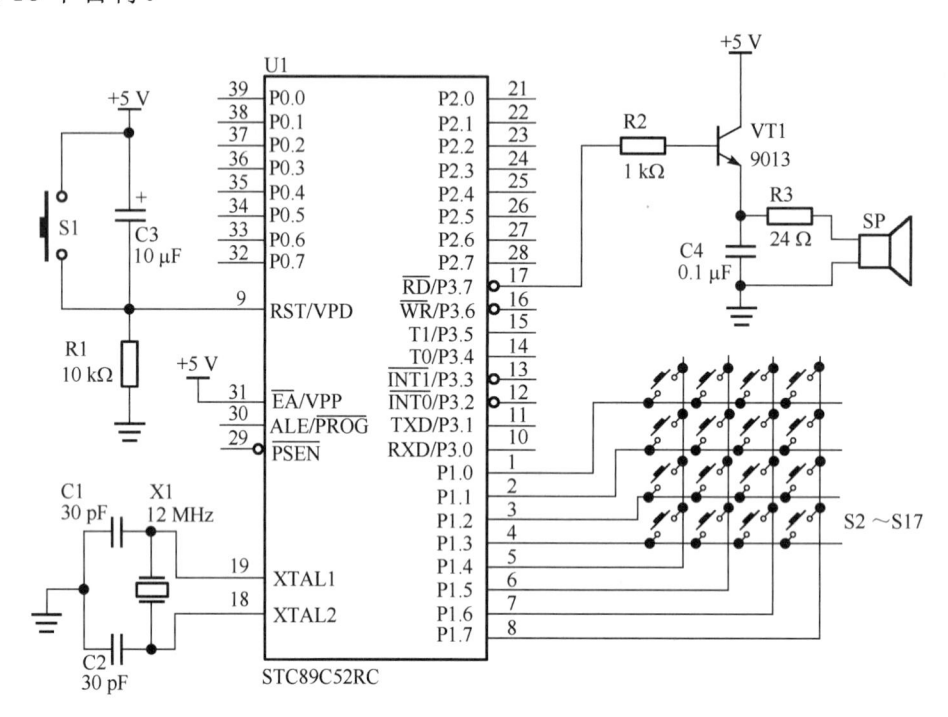

图 6-18 可演奏的电子琴电路原理图

2. 元器件清单

可演奏的电子琴电路元器件清单见表 6-6。

表 6-6 可演奏的电子琴电路元器件清单

代号	名称	规格
R1	电阻	10kΩ
R2	电阻	1kΩ
R3	电阻	24Ω
C1、C2	瓷介电容	30pF
C3	电解电容	10μF
C4	瓷介电容	0.1μF
VT1	三极管	9013
S1～S17	轻触按键	
X1	晶振	12MHz
U1	单片机	STC89C52RC
SP	扬声器	8Ω
	IC 插座	40 脚

四、程序设计

在本程序中,我们可以建立一个数组,用于存放从低音 4(FA)到高音 5(SO)共 16 个音符对应的定时器计数初值。在按键处理程序中,当识别出某按键按下时,将该按键代表的音符对应的定时器计数初值装入定时器,同时启动定时器,待按键释放后,停止定时器。可演奏的电子琴程序流程图如图 6-19 所示。

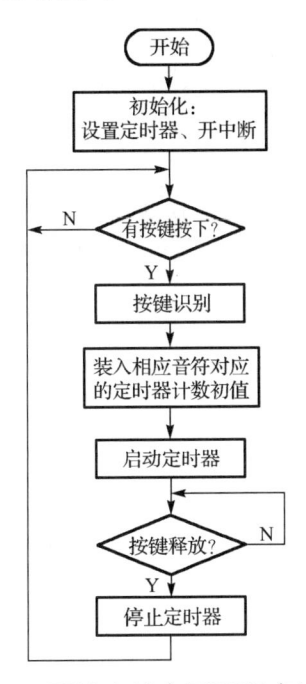

图 6-19 可演奏的电子琴程序流程图

根据程序流程图编写的程序如下。

```
#include <reg51.h>
sbit spk=P3^7;
unsigned int value;
unsigned int code Tone[]=
{64103,64260,64400,64524,64671,64777,64820,64898,64968,65030,65058,65110,65157,
65178,65217                    //音符表,从低音4到高音5
};
delay(unsigned int j)
{
    while(j--);
}
button()
{
    unsigned char temp;
    P1=0xf0;
    if (P1!=0xf0)
    {
        delay(300);
        if (P1!=0xf0)
        {
            P1=0xf0;
            temp=P1;
            P1=0x0f;
            temp=temp|P1;
```

```
            switch (temp)
            {
                case 0xee:value=Tone[0];break;     //低音4
                case 0xde:value=Tone[1];break;     //低音5
                case 0xbe:value=Tone[2];break;     //低音6
                case 0x7e:value=Tone[3];break;     //低音7
                case 0xed:value=Tone[4];break;     //中音1
                case 0xdd:value=Tone[5];break;     //中音2
                case 0xbd:value=Tone[6];break;     //中音3
                case 0x7d:value=Tone[7];break;     //中音4
                case 0xeb:value=Tone[8];break;     //中音5
                case 0xdb:value=Tone[9];break;     //中音6
                case 0xbb:value=Tone[10];break;    //中音7
                case 0x7b:value=Tone[11];break;    //高音1
                case 0xe7:value=Tone[12];break;    //高音2
                case 0xd7:value=Tone[13];break;    //高音3
                case 0xb7:value=Tone[14];break;    //高音4
                case 0x77:value=Tone[15];break;    //高音5
            }
            TR0=1;
            P1=0xf0;
            while (P1!=0xf0);
            TR0=0;
        }
    }
}
int main()
{
    TMOD=0x01;
    EA=1;
    ET0=1;
    while(1)
    {
        button();
    }
}
void time_0() interrupt 1
{
    TH0=value/256;
    TL0=value%256;
    spk=!spk;
}
```

技能实训五 电子音乐盒的制作

我们应该都见过音乐贺卡和精美的音乐盒。图6-20所示是各种各样的音乐盒。音乐贺卡一般是由电子音乐集成电路构成的。而音乐盒内部一般是由一组尺寸不同的机械簧片构成的，在旋转的时候拨动这些簧片，发出不同的声音。我们已经学习了电子琴的制作，下面再来学习制作一个可以选播的电子音乐盒。

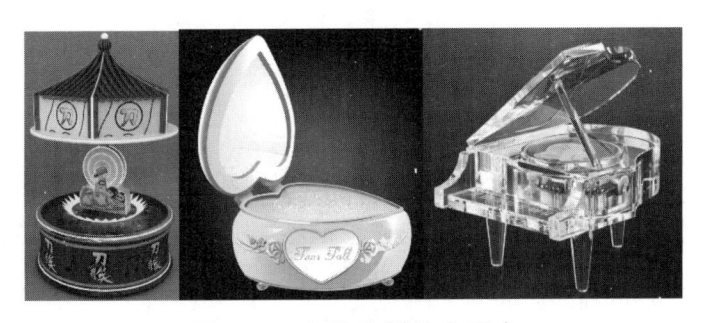

图 6-20 各种各样的音乐盒

一、任务分析

在电子琴的制作中，我们知道怎样使用单片机发出单音调的声音，本技能实训的关键是要让单片机按照乐谱上的音符和节拍把音乐自动演奏出来。

在本技能实训的程序中，仍然用一个数组存放所有音符对应的定时器计数初值，而每个音符对应的节拍时间采用带参数的延时子函数实现，延时子函数的参数对应不同的节拍时间。为了使程序具有通用性并便于修改，将每首乐曲的音符和节拍按照约定的规则进行编码，存放在一个数组中。这样单片机就可以在程序的控制下，依次从数组中取出编码值，将音符逐个演奏出来。

二、硬件电路设计

1. 电路原理图

电子音乐盒电路原理图如图 6-21 所示。按键用于切换乐曲，数码管用于显示当前播放的乐曲编号。

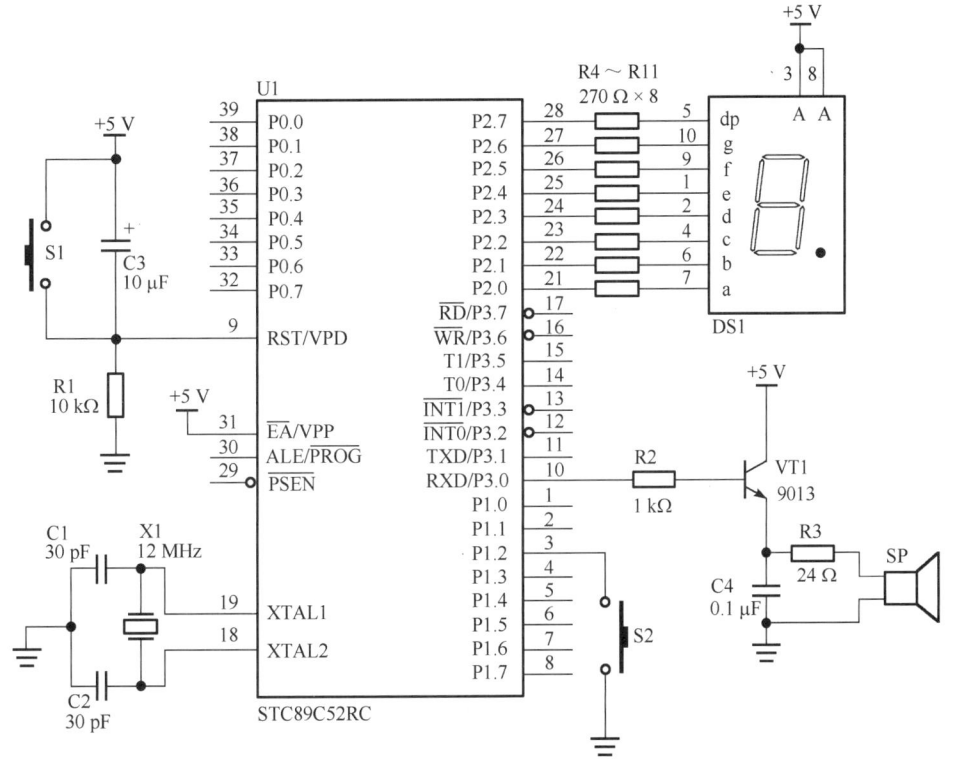

图 6-21 电子音乐盒电路原理图

2. 元器件清单

电子音乐盒电路元器件清单见表 6-7。

表 6-7 电子音乐盒电路元器件清单

代号	名称	规格
R1	电阻	10kΩ
R2	电阻	1kΩ
R3	电阻	24Ω
R4～R11	电阻	270Ω
C1、C2	瓷介电容	30pF
C3	电解电容	10μF
C4	瓷介电容	0.1μF
VT1	三极管	9013
S1、S2	轻触按键	
DS1	数码管	共阳极型
X1	晶振	12MHz
U1	单片机	STC89C52RC
SP	扬声器	8Ω
	IC 插座	40 脚

三、程序设计

本程序内置了 3 首乐曲，按下按键 S2 时，在 3 首乐曲之间切换，数码管用于显示当前乐曲编号。

程序设计时首先要解决的是乐曲以什么样的格式存入程序存储器。为了简便和易于修改，仍采用定时器来产生不同的音调。建立一个数组，用于存放从低音 4（FA）到高音 5（SO）共 16 个音符对应的定时器计数初值，节拍时间采用带参数的延时子函数来实现。再针对每首乐曲建立一个数组，数组中的每两个数为一组代表一个音符，第 1 个数表示音调，相当于音符表的下标；第 2 个数表示节拍时间，相当于延时子函数的参数。例如，对于如下乐曲：

$$\underline{5} \quad \underline{5} \quad 6 \quad 5 \quad \underline{1} \quad 7 -$$
祝　你　生　日　快　乐

可以表示如下。

1,2,　1,2,　2,4,　1,4,　4,4,　3,8

其中，1,2 中的 1 表示音符表中下标为 1 的数组元素 64260，即低音 5（SO）的定时器计数初值，2 表示两个 1/4 拍。

这时，我们只需从乐曲数组中依次取数演奏就可以了。每首乐曲都以 0xff 为结束标志。

电子音乐盒程序流程图如图 6-22 所示。

项目六 定时/计数器系统的应用

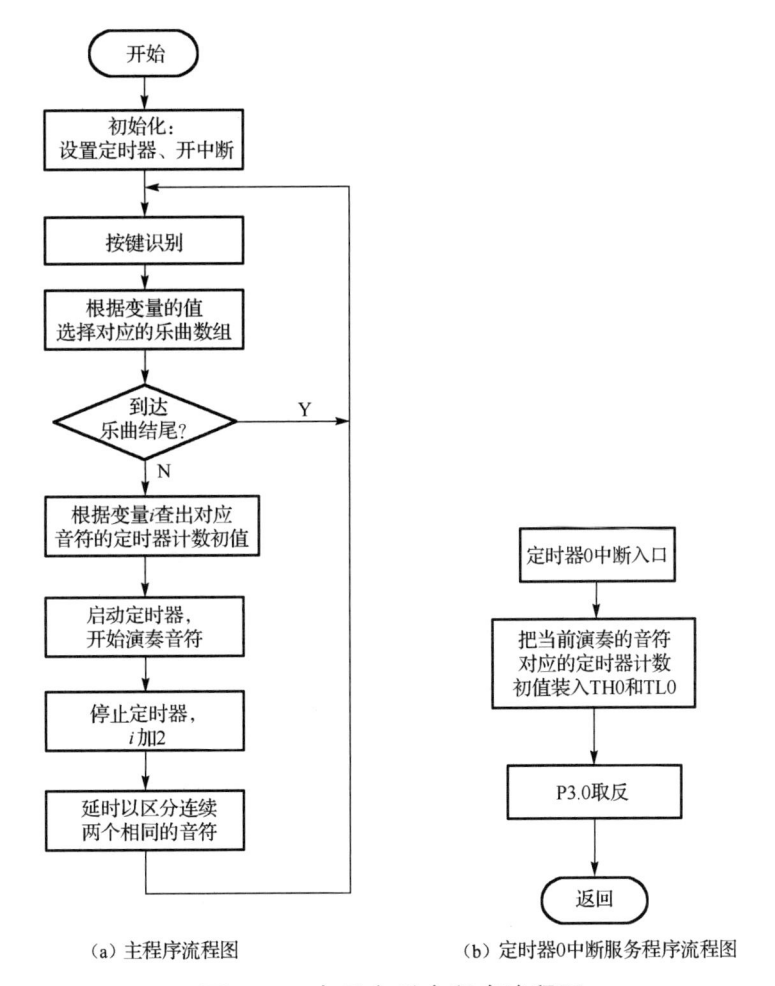

图 6-22 电子音乐盒程序流程图

(a) 主程序流程图

(b) 定时器0中断服务程序流程图

根据程序流程图编写的程序如下。

```c
#include<reg51.h>
sbit spk=P3^0;                              //接扬声器
sbit key=P1^2;                              //接按键
unsigned char i,index;
unsigned char m_tone,m_time;
unsigned char code seg[]=                   //共阳极型数码管段码表
{
    0xc0,0xf9,0xa4,0xb0,0x99,0x92,0x82,0xf8,0x80,0x90
};
unsigned int code Tone[]=                   //音符表，从低音4到高音5
{
    64103,64260,64400,64524,64580,64671,64777,64820,64898,64968,
    65030,65058,65110,65157,65178,65217
};
unsigned char code music1[]=                //铃儿响叮当
{
                                            // 3 3 3 | 3 3 3 |
    6,2,6,2,6,4,6,2,6,2,6,4,                // 3 5 1.2 | 3 - |
    6,2,8,2,4,3,5,1,6,8,
    7,2,7,2,7,3,7,1,7,2,6,2,6,2,6,1,6,1,
    6,2,5,2,5,2,4,2,5,4,8,4,
    6,2,6,2,6,4,6,2,6,2,6,4,
    6,2,8,2,4,3,5,1,6,8,
    7,2,7,2,7,3,7,1,7,2,6,2,6,2,6,1,6,1,
    8,2,8,2,7,2,5,2,4,6,
```

```c
    0xff
};
unsigned char code music2[]=          //祝你生日快乐
{
    1,2,1,2,2,4,1,4,4,4,3,8,
    1,2,1,2,2,4,1,4,5,4,4,8,
    1,2,1,2,8,4,6,4,4,4,3,4,2,4,
    7,2,7,2,6,4,4,4,5,4,4,8,
    0xff
};
unsigned char code music3[]=          //两只老虎
{
    4,4,5,4,6,4,4,4,
    4,4,5,4,6,4,4,4,
    6,4,7,4,8,8,
    6,4,7,4,8,8,
    8,3,9,1,8,3,7,1,6,4,4,4,
    8,3,9,1,8,3,7,1,6,4,4,4,
    4,4,1,4,4,8,
    4,4,1,4,4,8,
    0xff

};
void delayMS(unsigned int ms)
{
    unsigned char t;
    while(ms--)
    {
        for(t=0;t<120;t++);
    }
}
void key_press()                      //按键识别子函数
{
    if (key==0)
    {
        delayMS(100);
        if (key==0)
        {
            i=0;
            index=(index+1)%3;
            P2=seg[index+1];          //数码管显示乐曲编号
            while(!key);
        }
    }
}
int main()                            //主程序main函数
{
    TMOD=0x01;
    EA=1;
    ET0=1;
    P2=seg[index+1];                  //初始显示数字"1"
    while(1)
    {
        key_press();
        switch (index)
        {
            case 0:m_tone=music1[i];m_time=music1[i+1];    break;
            case 1:m_tone=music2[i];m_time=music2[i+1];    break;
```

```
                case 2:m_tone=music3[i];m_time=music3[i+1];    break;
        }
        if (m_tone==0xff)                //到达乐曲结尾
        {
            i=0;
            delayMS(2000);               //停止一段时间再继续播放
            continue;
        }
        TR0=1;
        delayMS(m_time*105);             //节拍时间
        TR0=0;
        i+=2;                            //因为每次取两个数,所以加2
        delayMS(5);                      //延时是为了区分连续两个相同的音符
    }
}
void time_0() interrupt 1
{
    TH0=Tone[m_tone]/256;
    TL0=Tone[m_tone]%256;                //音符对应的定时器计数初值
    spk=!spk;
}
```

技能实训六　数字频率计的制作

频率计又称频率计数器,是一种专门对被测信号频率进行测量的电子测量仪器。常见的频率计如图 6-23 所示。

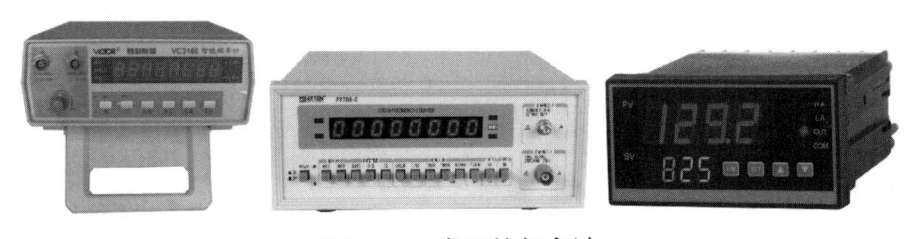

图 6-23　常见的频率计

一、任务分析

频率是指被测信号在 1s 内完成周期性变化的次数,常用 f 表示,单位是 Hz。根据概念,要测量频率,就需要利用单片机的定时/计数器产生 1s 定时,在 1s 定时开始时对输入脉冲进行计数,1s 时间到时停止计数,这时所计脉冲的个数就是被测信号的频率。

由以上分析可知,使用单片机进行频率测量时,既要用到定时/计数器的定时功能,也要用到定时/计数器的计数功能。实际制作时,可以使用定时/计数器 0(T0)作为定时器,产生 1s 定时,使用定时/计数器 1(T1)作为计数器,在 T0 的控制下对输入脉冲进行计数。

另外,单片机的定时/计数器外部脉冲输入引脚 T1(P3.5)只能识别矩形波信号并进行计数,而不能对一般的模拟信号(如正弦波)进行识别和计数。为了使频率计能够测量各种波形信号（如正弦波、方波、三角波等），还需要对被测信号进行放大和整形处理。

二、硬件电路设计

1. 电路原理图

根据任务分析，数字频率计电路原理图如图 6-24 所示。显示电路采用 6 位数码管。采用由 CD40106 施密特触发器构成的波形整形电路，整形电路同时具有电平提升功能，输入信号只要有 1V 就可以很好地进行整形，并且不管输入信号多大，经整形后都可以得到电压峰峰值大小为 5V 的标准矩形波信号，非常适用于计数电路进行计数。

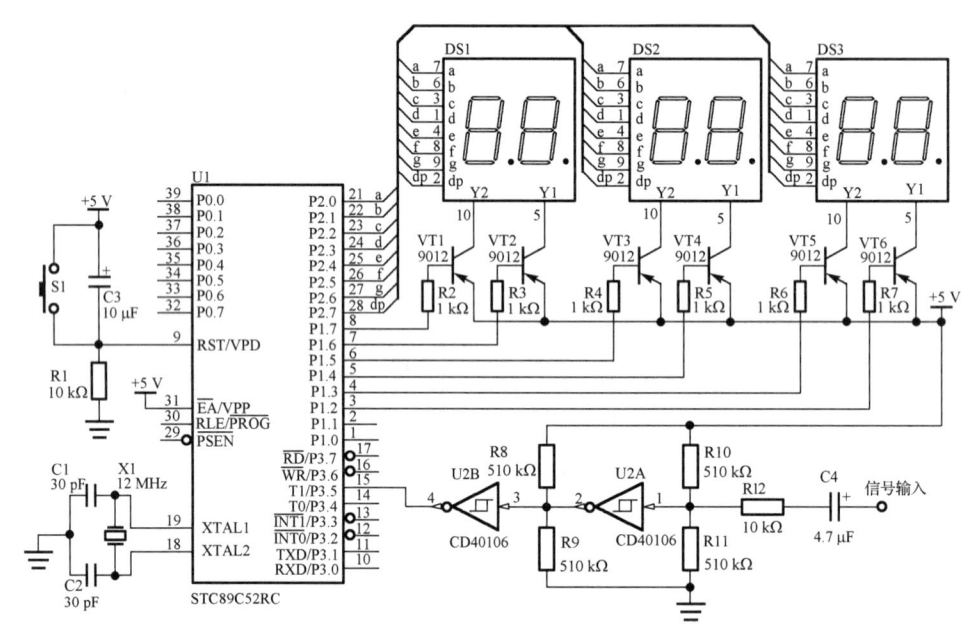

图 6-24 数字频率计电路原理图

2. 元器件清单

数字频率计电路元器件清单见表 6-8。

表 6-8 数字频率计电路元器件清单

代号	名称	规格
R1、R12	电阻	10kΩ
R2～R7	电阻	1kΩ
R8～R11	电阻	510kΩ
VT1～VT6	三极管	9012
C1、C2	瓷介电容	30pF
C3	电解电容	10μF
C4	电解电容	4.7μF
S1	轻触按键	
DS1～DS3	数码管	2 位共阳极型
X1	晶振	12MHz

续表

代号	名称	规格
U1	单片机	STC89C52RC
U2A、U2B	施密特触发器	CD40106
	IC 插座	40 脚

三、程序设计

编写数字频率计程序的关键是对单片机内部的两个定时/计数器的灵活应用，使它们能够很好地配合起来。基本思路是：首先将 T0 作为定时器，装入定时器计数初值（实现 1s 定时），将 T1 作为计数器，对 TH1 和 TL1 清零；然后同时启动两个定时/计数器，T0 开始定时，T1 开始计数；当 T0 达到 1s 时，同时停止两个定时/计数器，这时 T1 所计的脉冲个数就是所测信号的频率（1s 所计脉冲的个数）；最后将 T1 所计的脉冲个数以十进制的形式在数码管上显示出来。数字频率计程序流程图如图 6-25 所示。

(a) 主程序流程图　　(b) T0中断服务程序流程图

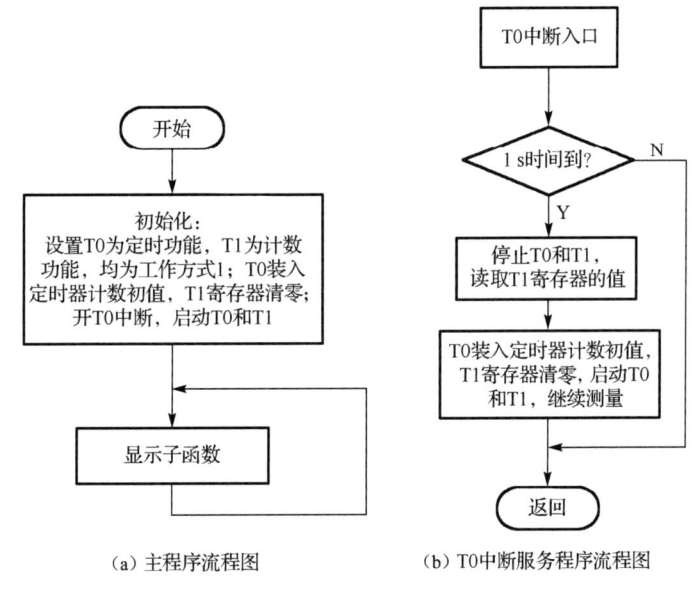

图 6-25　数字频率计程序流程图

根据程序流程图编写的程序如下。

```
#include <reg51.h>
#include <intrins.h>
unsigned char count;
unsigned int value;
unsigned char code tab[]={0xc0,0xf9,0xa4,0xb0,0x99,0x92,0x82,0xf8,0x80,0x90};
delay(unsigned int j)
{
    while(j--);
}
display()
{
    unsigned char i,wk=0xfb;
    unsigned char buf[6];
    buf[0]=tab[value%10];
    buf[1]=tab[value/10%10];
```

```c
        buf[2]=tab[value/100%10];
        buf[3]=tab[value/1000%10];
        buf[4]=tab[value/10000%10];
        buf[5]=0xff;
        for (i=0;i<=5;i++)
        {
            P2=buf[i];
            P1=wk;
            delay(100);
            wk=_crol_(wk,1);
            P1=0xff;
        }
}
void init()
{
    TMOD=0x51;
    TH0=0x3c;
    TL0=0xb0;
    TH1=0x00;
    TL1=0x00;
    EA=1;ET0=1;
    TR0=1;
    TR1=1;
}
int main()
{
    init();
    while(1)
    {
        display();
    }
}
void timer_0() interrupt 1           //T0中断服务程序
{
    TH0=0x3c;
    TL0=0xb0;
    count++;
    if (count==20)
    {
        count=0;
        TR0=0;TR1=0;
        value=TH1*256+TL1;
        TH0=0x3c;
        TL0=0xb0;
        TH1=0x00;
        TL1=0x00;
        TR0=1;TR1=1;
    }
}
```

对本程序说明以下两点。

（1）本程序虽然不长，但编写起来并不很容易，需要对单片机中定时/计数器的应用非常灵活、熟练，思路非常清晰。完成本程序的设计，就意味着已经掌握了定时/计数器的应用。

（2）本技能实训所制作的频率计所测量的最高频率有限。根据定时/计数器的内部结构，我们知道，它测量的最高频率是时钟频率的1/24，也就是说，如果时钟频率是12MHz，那么所测的最高频率为 500kHz。要想测量更高的频率，只能对被测信号进行分频后再将其输入单片机。

项 目 小 结

1．STC89C52RC 单片机有两个 16 位的定时/计数器，既可以作为定时器使用，也可以作为计数器使用。

2．定时/计数器有 4 种工作方式，工作方式由定时/计数器工作方式寄存器 TMOD 决定，每种工作方式计数的最大值不同。

3．定时/计数器初始化的步骤一般如下。

（1）确定功能和工作方式（对 TMOD 寄存器赋值）。

（2）预置计数初值（将初值写入 TH0、TL0 或 TH1、TL1）。

（3）根据需要开启定时/计数器中断（对 IE 寄存器赋值）。

（4）启动定时/计数器（若用软件激活，则可将 TR0 或 TR1 置 1）。

（5）根据需要设置中断优先级（对 IP 寄存器赋值）。

4．当定时时间较长或用一个定时器完成多个定时任务时，常用软件计数的方法。

项 目 思 考 题

1．如果系统的晶振频率为 12MHz，则定时/计数器在工作方式 1 和工作方式 2 下的最长定时时间是多少？

2．已知系统的晶振频率为 12MHz，利用定时器 0 的工作方式 1，在 P2.0 产生频率为 10Hz 的方波，试编写程序。

3．已知晶振频率为 6MHz，若定时器 0 工作于工作方式 1，要求定时 20ms，则 TH0 和 TL0 的初值是多少？当 T0 作为计数器使用且要求计数 2000 次时，TH0 和 TL0 的初值是多少？

4．说明定时/计数器工作方式寄存器 TMOD 和定时/计数器控制寄存器 TCON 的各位功能。

5．为本项目中的数字时钟增加定闹功能。要求：可以设定闹铃时间，并能开启和关闭定闹功能，当开启后，设定时间到时，播放一段音乐。试设计硬件并编写程序。

项目七

串行通信技术

随着单片机系统的广泛应用和计算机网络技术的普及，单片机的通信功能显得越来越重要。单片机通信是指单片机与单片机或单片机与计算机之间的信息交换。

通信有并行和串行两种方式。在单片机系统及现代单片机测控系统中，信息的交换多采用串行通信方式。

项目基本知识

认识 MCS-51 单片机的串行通信系统

一、串行通信的基本知识

1. 并行通信与串行通信

在实际应用中，不但单片机与外设之间常常要进行信息交换，而且单片机与单片机之间、单片机与计算机之间也需要交换信息，所有这些信息的交换都称为通信。

通信的基本方式分为并行通信和串行通信两种。

（1）并行通信。并行通信是指构成一组数据的各位同时进行传送，如 8 位数据或 16 位数据并行传送，其示意图如图 7-1（a）所示。并行通信的特点是传输速度快，但当距离较远、位数又多时，通信线路复杂且成本很高。

（2）串行通信。串行通信是指数据（二进制数码）一位接一位地顺序传送，其示意图如图 7-1（b）所示。串行通信的特点是通信线路简单，只要一对传输线就可以实现通信（如电话线），从而大大降低了成本，特别适用于远距离通信，缺点是传输速度慢。

(a) 并行通信　　　　　　　　(b) 串行通信

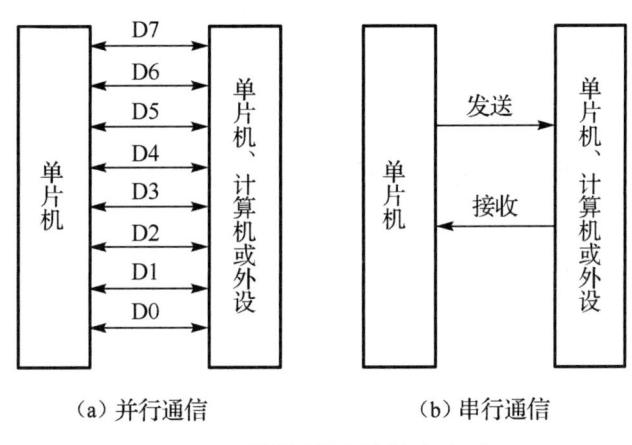

图 7-1　通信的两种基本方式

2. 数据格式和波特率

在串行异步传送中，CPU 与外设之间事先必须约定数据格式和波特率。

（1）数据格式。双方要事先约定传送数据的编码形式、奇偶校验形式及起始位和停止位。例如，常用的串行通信，有效数据为 8 位，加 1 位起始位和 1 位停止位，共 10 位。

（2）波特率。波特率就是数据传送的速率，即每秒传送的二进制数的位数，单位是位/秒或 bit/s、bps。例如，每秒传送 120 个字符，每个字符 10 位，则传送的波特率为 1200bit/s。

要实现单片机和单片机之间及单片机和计算机之间的通信，就必须使双方的波特率一致。单片机和计算机的串行通信中常用的波特率有 1200bit/s、2400bit/s、4800bit/s、9600bit/s、19200bit/s。

3. 串行通信的数据传送方式

串行通信的数据传送方式有以下 3 种。

（1）单工方式。如图 7-2（a）所示，设备 A 有一个发送器，设备 B 有一个接收器，数据只能从 A 发送至 B。

（2）半双工方式。如图 7-2（b）所示，设备 A 有一个发送器和一个接收器，设备 B 也有一个发送器和一个接收器，但由于只有一条线路，同一时间只能进行一个方向的传送。

（3）全双工方式。如图 7-2（c）所示，设备 A 和 B 都既可同时发送，也可同时接收。

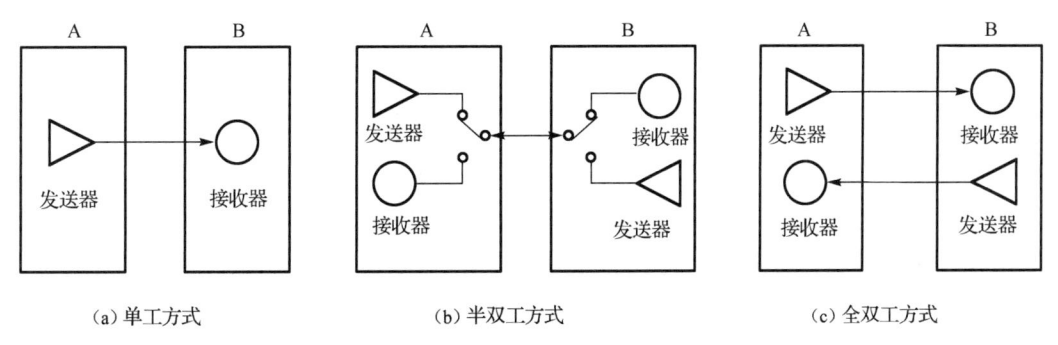

(a) 单工方式　　　　(b) 半双工方式　　　　(c) 全双工方式

图 7-2　串行通信的 3 种数据传送方式

二、MCS-51 单片机的串行口

1. MCS-51 单片机串行口的结构

MCS-51 单片机有一个功能强大的、可编程的全双工串行通信接口（简称串行口），可同时发送和接收数据。它有 4 种工作方式，可供不同场合使用。波特率由软件设置，通过内部的定时器 1 产生（具体内容参阅串行通信的波特率部分）。接收、发送数据时，串行口均可工作在查询方式或中断方式。

MCS-51 单片机串行口的结构如图 7-3 所示。它有两个独立的发送、接收缓冲器 SBUF，一个用于发送，只能写入不能读出；另一个用于接收，只能读出不能写入。串行口对外通过发送信号线 TXD（P3.1）和接收信号线 RXD（P3.0）实现全双工通信。

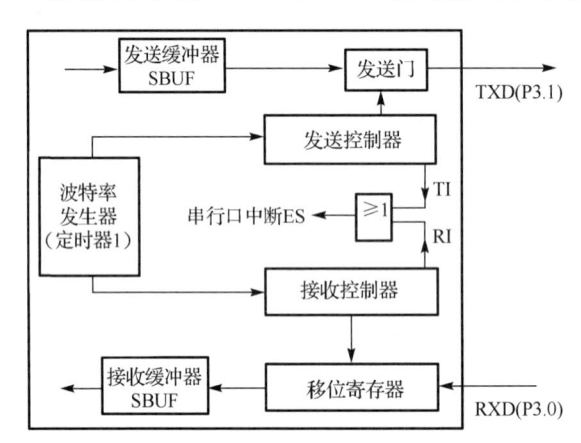

图 7-3 MCS-51 单片机串行口的结构

2. 与串行通信相关的特殊功能寄存器

对串行通信的编程，关键是对相关寄存器进行合理的设置。在串行口的应用中经常用到的寄存器有以下几个。

1）串行数据缓冲寄存器 SBUF

在 MCS-51 单片机串行口中，串行接收缓冲器和串行发送缓冲器在物理上是两个独立的、不同的寄存器，但寄存器名都是 SBUF。由于发送缓冲器只能写入不能读出，因此只要将数据写入 SBUF，操作对象就是发送缓冲器，即可从 TXD 端一位一位地向外发送。而接收缓冲器只能读出不能写入，当 RXD 端一位一位地接收完一帧完整的数据后，就会放入接收缓冲器，然后通过接收中断标志位 RI 通知 CPU，这时通过指令读取 SBUF 中的数据，操作对象就是接收缓冲器。

当需要发送一帧数据时，只要将数据写入 SBUF 即可，当发送完一帧完整的数据后，就会自动将发送中断标志位 TI 置 1，发送程序如下。

```
SBUF=0x30;          //将数据送入 SBUF 即可自动开始发送
while(!TI);         //等待发送完成
TI=0;               //发送完成后 TI 自动置 1，需软件清零
```

收到一帧完整的数据后，就会自动将接收中断标志位 RI 置 1。可以通过查询方式从 SBUF

中读出数据，也可以通过中断方式从 SBUF 中读出数据。通过查询方式接收数据的程序如下。

```
    if (RI)                          //RI=1表示接收到一帧完整的数据
    {
        RI=0;                        //RI需软件清零
        a=SBUF;                      //读出数据并赋给变量a
    }
```

通过中断方式接收数据的程序如下。

```
    void serial() interrupt 4        //串行口中断服务函数
    {
        if (RI)                      //判断是发送引起的中断还是接收引起的中断
        {
            RI=0;                    //RI需软件清零
            a=SBUF;                  //读出数据并赋给变量a
        }
    }
```

2）串行口控制寄存器 SCON

SCON 用于控制串行口的工作方式和状态，它可以进行位操作，也可以进行字节操作。在复位时，SCON 所有的位都被清零。SCON 的位名称和功能见表 7-1。

表 7-1 串行口控制寄存器 SCON 的位名称和功能

位号	D7	D6	D5	D4	D3	D2	D1	D0
位名称	SM0	SM1	SM2	REN	TB8	RB8	TI	RI
功能	串行口工作方式选择位		多机通信控制位	允许串行口接收控制位	待发送的第9位数据	接收的第9位数据	发送中断标志位	接收中断标志位

SCON 的各位功能介绍如下。

SM0 和 SM1：串行口工作方式选择位。串行口有 4 种工作方式，它是由 SM0、SM1 来定义的，见表 7-2。

表 7-2 串行口工作方式选择

SM0 SM1	工作方式	功能介绍	波特率
0 0	方式 0	8 位同步移位寄存器	$f_{osc}/12$
0 1	方式 1	波特率可变的 10 位异步串行通信方式	可变
1 0	方式 2	波特率固定的 11 位异步串行通信方式	$f_{osc}/64$ 或 $f_{osc}/32$
1 1	方式 3	波特率可变的 11 位异步串行通信方式	可变

注：表中 f_{osc} 为晶振的频率。

SM2：多机通信控制位。它主要用于方式 2 和方式 3。在方式 2 和方式 3 下，若 SM2=1，则接收到的第 9 位数据 RB8 为 0 时不置位接收中断标志位 RI（RI=0），并将接收到的数据丢弃；RB8 为 1 时，才将接收到的数据送入 SBUF，并置位 RI 产生中断请求。在方式 2 和方式 3 下，当 SM2=0 时，不论 RB8 为 0 或 1，都将接收到的数据送入 SBUF，并置位 RI 产生中断请求。在方式 0 和方式 1 下，SM2 必须为 0。

REN：允许串行口接收控制位。若 REN=0，则禁止接收；若 REN=1，则允许接收。因此，可通过软件使 REN 置 1 或清零，从而允许或禁止串行口接收数据。

TB8：待发送的第 9 位数据。在方式 2、方式 3 下，TB8 为所要发送的第 9 位数据。在多机通信中，以 TB8 的状态表示主机发送的是地址还是数据，TB8=0 表示主机发送的是数据，TB8=1 表示主机发送的是地址。TB8 也可用作奇偶校验位。

RB8：接收到的第 9 位数据。在方式 2、方式 3 下，TB8 为接收到的第 9 位数据，可作为数据/地址的标志，也可作为奇偶校验位；在方式 1 下作为停止位；在方式 0 下不使用 RB8。

TI：发送中断标志位。当串行口发送完一帧完整的数据后，TI 自动置 1，向 CPU 请求中断。CPU 响应中断后，必须用软件将 TI 清零。

RI：接收中断标志位。当接收到一帧完整的数据后，RI 自动置 1，向 CPU 请求中断，CPU 可以读取存放在 SBUF 中的数据。CPU 响应中断后，必须用软件将 RI 清零。RI 也可供查询使用。

小贴士：SCON 的各位功能理解起来比较抽象，但实际上方式 0 主要用于同步通信，方式 2、方式 3 用于主从多机通信，这 3 种方式在实际应用中很少用到，一般让单片机串行口工作在方式 1 下。如果禁止单片机接收串行口数据，则设置 SCON=0x40；如果允许单片机接收串行口数据，则设置 SCON=0x50。

3）电源控制寄存器 PCON

PCON 主要是为单片机的电源控制而设置的特殊功能寄存器，它只能进行字节操作，而不能进行位操作。PCON 的位名称见表 7-3。

表 7-3 电源控制寄存器 PCON 的位名称

位号	D7	D6	D5	D4	D3	D2	D1	D0
位名称	SMOD	—	—	—	GF1	GF0	PD	IDL

PCON 中与串行通信有关的只有最高位 SMOD，SMOD 为串行口波特率选择位。当 SMOD=0 时，波特率不变；当 SMOD=1 时，方式 1～3 的波特率加倍。

3. 串行通信的波特率

由表 7-2 可知，串行通信的 4 种工作方式对应着 3 种波特率。

（1）对于方式 0，波特率是固定的，为单片机时钟频率的 1/12，即 $f_{osc}/12$。

（2）对于方式 2，波特率有两种选择：当 SMOD=0 时，波特率=$f_{osc}/64$；当 SMOD=1 时，波特率加倍，即波特率=$f_{osc}/32$。

（3）对于方式 1 和方式 3，波特率由定时器 1（T1）的溢出率和 SMOD 决定，对应以下公式。

$$波特率 = (2^{SMOD}/32) \times (定时器 1 的溢出率)$$

而定时器 1 的溢出率则和所采用的定时器的工作方式及计数初值有关，公式为

$$定时器 1 的溢出率 = f_{osc}/12 \times (2^n - X)$$

其中，X 为定时器 1 的计数初值；n 为定时器 1 的位数。

为了避免重装载计数初值造成的定时误差，定时器 1 最好工作在可自动重装载计数初值的方式 2（位数 $n=8$）下，并禁止定时器 1 中断。TH1 中存放的是它自动重装载的计数初值，所以设定 TH1 的值就能改变波特率。

单片机串行通信中，如果使用 12MHz 或 6MHz 的晶振，计算得出的定时器 1 的计数初值不是一个整数，这样产生的波特率便会有误差，影响串行通信的性能。通常采用 11.0592MHz 的晶振，用它计算出的定时器 1 的计数初值总是整数，可以产生非常准确的波特率。表 7-4 列出了采用 11.0592MHz 的晶振、串行口的方式 1、定时器 1 的方式 2 时，常用波特率对应的 TH1 中所装入的计数初值。

表 7-4　常用波特率对应的 TH1 中的计数初值

TH1	PCON	波特率（bit/s）
0xE8	0x00	1200
	0x80	2400
0xF4	0x00	2400
	0x80	4800
0xFA	0x00	4800
	0x80	9600
0xFD	0x00	9600
	0x80	19200

本书配套资料中有一个定时器初值（计数初值）、波特率计算工具，利用它可以在任意晶振频率时方便地由波特率计算定时器初值或由定时器初值计算波特率，其界面如图 7-4 所示。

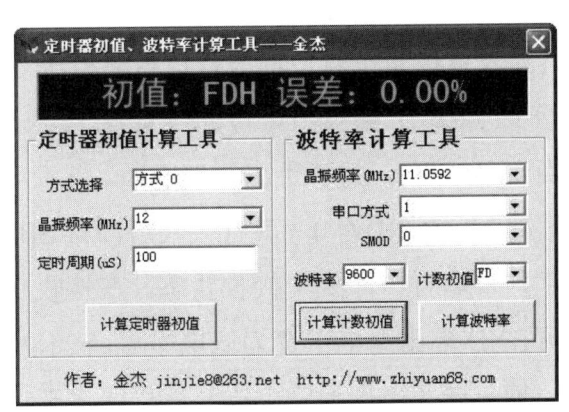

图 7-4　定时器初值、波特率计算工具界面

小贴士：只有定时器 1（T1）才可以作为波特率发生器，定时器 0（T0）不能作为波特率发生器。对于增强型的 52 子系列单片机，如 AT89S52，其中增加了一个定时器 2（T2），它也可以作为波特率发生器。

4. 串行口的工作方式

MCS-51 单片机的串行口共有 4 种工作方式。通常，单片机与单片机串行通信、单片机与计算机串行通信、计算机与计算机串行通信时，基本使用方式 1，因此对方式 1，大家要重点掌握。

1）方式 0

串行口工作于方式 0 时，串行口本身相当于"并入串出"（发送状态）或"串入并出"（接收状态）的移位寄存器。8 位串行数据 D0～D7（低位在前）依次从 RDX（P3.0）端输出或输入，同步移位脉冲信号由 TXD（P3.1）端输出，波特率为系统时钟频率 f_{osc} 的 12 分频，不可改变。

2）方式 1

串行口工作于方式 1 时为波特率可变的 10 位异步串行口。数据由 RXD（P3.0）端接收，由 TXD（P3.1）端发送。发送或接收一帧数据包括 1 位起始位（固定为 0）、8 位串行数据（低位在前，高位在后）和 1 位停止位（固定为 1）共 10 位。一帧数据格式如图 7-5 所示。波特率与定时器 1（或定时器 2）的溢出率、SMOD 有关（可变）。

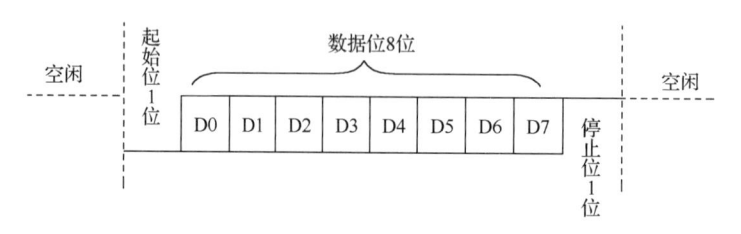

图 7-5 串行口在方式 1 下传送一帧数据格式

（1）方式 1 的发送过程如下。在 TI 为 0（表示串行口发送控制电路处于空闲状态）的情况下，任何写串行发送缓冲器 SBUF 的指令（如指令 SBUF=0x30;）均会触发串行发送过程。当 8 位数据发送结束后（开始发送停止位时），串行口自动将 TI 置 1，表示发送缓冲器中的内容已发送完毕。这样执行了写 SBUF 操作后，可通过查询 TI 来确定发送过程是否已完成。在中断处于开放状态下，当 TI 有效时，将产生串行口中断。

（2）方式 1 的接收过程如下。在 RI 为 0（串行接收缓冲器 SBUF 处于空闲状态）的情况下，当 SCON 的 REN 为 1 时，串行口即处于接收状态。在接收状态下，串行口便不断检测 RXD 端的电平状态，当发现 RXD 端由高电平变为低电平后，表示发送端开始发送起始位（0），启动接收过程。当接收完一帧数据（接收到停止位）后，便将接收移位寄存器中的内容装入串行接收缓冲器 SBUF，停止位装入 SCON 的 RB8，并将 RI 置 1，向 CPU 请求中断，CPU 响应中断，执行中断服务程序，将接收到的数据从串行接收缓冲器 SBUF 中取走（如指令 a=SBUF;）。

小贴士：在 CPU 响应串行口中断后，需要通过判断是 TI=1 还是 RI=1 来确定是发送数据引起的中断还是接收数据引起的中断。不过值得注意的是，CPU 响应串行口中断后，不会自动对 TI 或 RI 清零，均需通过软件将 TI 或 RI 清零。

3）方式 2 和方式 3

串行口工作于方式 2 和方式 3 时都是 11 位异步串行口。TXD（P3.1）为数据发送引脚，RXD（P3.0）为数据接收引脚。在这两种方式下，起始位 1 位，数据位 9 位（其中含 1 位附加的第 9 位，发送时为 SCON 的 TB8，接收时为 RB8），停止位 1 位，一帧数据共 11 位。

方式 2 和方式 3 的唯一区别是方式 2 的波特率固定为时钟频率的 32 分频或 64 分频，不可调。而方式 3 的波特率与定时器 1（或定时器 2）的溢出率、SMOD 有关，可调。选择不同的初值或晶振频率，即可获得常用的波特率，因此方式 3 较常用。

项目技能实训

技能实训一　单片机双机通信系统的制作

当两个单片机系统交换数据时，或者当一个系统中一个单片机不够用而再增加一个或多个单片机时，就需要在两个单片机之间进行双机通信。

一、任务分析

任务要求：甲机中，通过按下接在 P2.0 口线上的按键，依次向乙机发送 0～9 十个数字；乙机中，以中断方式接收甲机发来的数据，并输出到接在 P2 口的数码管进行显示。

单片机的双机通信有短距离和长距离之分，一般来讲，1m 之内的通信称为短距离通信，1000m 左右的通信称为长距离通信。

单片机通信中常见的实现方式有 3 种：TTL 电平通信（单片机双机串行口直接相连）、RS-232C 通信、RS-485 通信。

TTL 电平通信时，直接将单片机甲的 TXD 端接单片机乙的 RXD 端，单片机甲的 RXD 端接单片机乙的 TXD 端，同时两个单片机系统的地线连接在一起（共地）。TTL 电平通信接口电路如图 7-6 所示。TTL 电平通信的距离一般不超过 2m，通常用在当一个系统中一个单片机不够用而再增加一个或多个单片机时，两两单片机之间构成双机通信，当然也可以采用一机对多机通信。

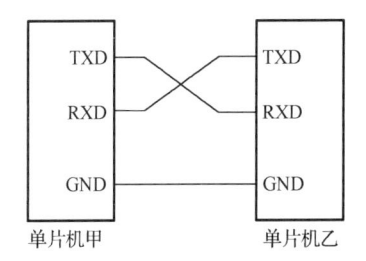

图 7-6　TTL 电平通信接口电路

如果要实现远距离通信，则需要对 TTL 电平进行转换。其中，RS-232C 通信的距离在 15m 以内，而 RS-485 通信的距离可达 1200m。

本技能实训采用 TTL 电平通信。

二、硬件电路设计与制作

1. 电路原理图

单片机与单片机通信时，只要将通信双方的 TXD 端和 RXD 端交叉相连，同时将双方的地线连上，在程序的控制下，即可实现相互通信。单片机双机通信系统电路原理图如图 7-7 所示。

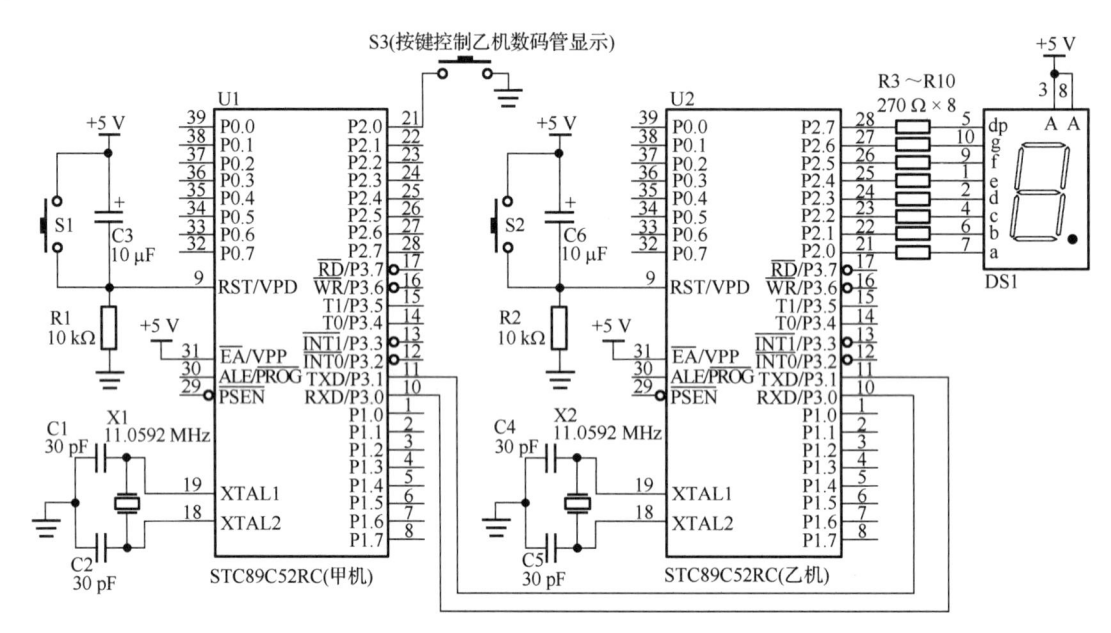

图 7-7 单片机双机通信系统电路原理图

2. 元器件清单

单片机双机通信系统电路元器件清单见表 7-5。

表 7-5 单片机双机通信系统电路元器件清单

代号	名称	规格
R3～R10	电阻	270Ω
R1、R2	电阻	10kΩ
DS1	数码管	共阳极型
C1、C2、C4、C5	瓷介电容	30pF
C3、C6	电解电容	10μF
S1～S3	轻触按键	
X1、X2	晶振	11.0592MHz
U1、U2	单片机	STC89C52RC
	IC 插座	40 脚

3. 电路制作

单片机双机通信系统电路装接图如图 7-8 所示。

三、程序设计

在具体操作串行口之前，需要对单片机的一些与串行口有关的特殊功能寄存器进行设置，主要是设置产生波特率的定时器 1、串行口工作方式和中断。具体步骤如下。

图 7-8 单片机双机通信系统电路装接图

（1）确定定时器 1 的工作方式（编程 TMOD 寄存器）。

（2）计算定时器 1 的计数初值，装载 TH1、TL1。

（3）确定串行口工作方式（编程 SCON 寄存器）。

（4）串行口工作在中断方式时，要进行中断设置（编程 IE 寄存器、IP 寄存器）。

（5）启动定时器 1（编程 TCON 寄存器的 TR1）。

在本程序中，串行口工作方式为方式 1，甲机只发送，禁止接收，设置 REN 为 0，故 SCON 取值为 0x40；乙机允许接收，设置 REN 为 1，故 SCON 取值为 0x50。定时器 1 作为波特率发生器，采用方式 2，可以避免计数溢出后用软件重装载计数初值，故甲机和乙机的 TMOD 取值均为 0x20。计数初值可通过公式计算、查表或利用定时器初值计算工具得到，取值为 0xfd。

甲机程序流程图如图 7-9 所示。

根据程序流程图编写的甲机程序如下。

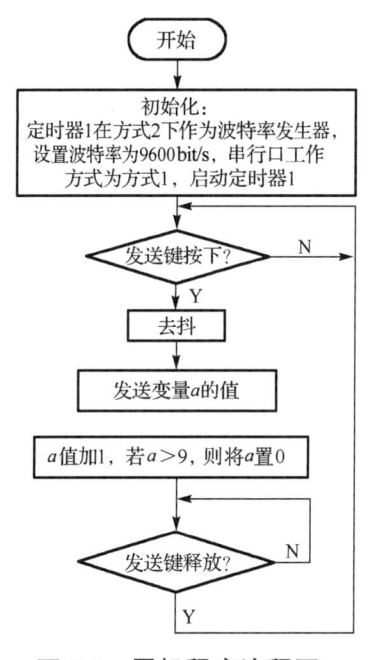

图 7-9 甲机程序流程图

```c
#include <reg51.h>
sbit key=P2^0;
unsigned char a;
delay()
{
    unsigned int i;
    for (i=0;i<200;i++);
}
sendB(unsigned char da)              //单字节数据发送子函数
{
    SBUF=da;                         //待发送的数据送到 SBUF，触发发送
    while(!TI);                      //等待发送结束
    TI=0;                            //必须通过软件将 TI 清零
}
int main()
{
```

```
    TMOD=0x20;                      //定时器1在方式2下作为波特率发生器
    TH1=0xfd;                       //11.0592MHz晶振,波特率为9600bit/s
    TL1=0xfd;
    SCON=0x40;                      //串行口工作方式为方式1,禁止接收
    TR1=1;
    while(1)
    {
        if (key==0)
        {
            delay();
            if (key==0)
            {
                sendB(a);           //发送数据
                a=(a+1)%10;
                while(key==0)delay();
            }
        }
    }
}
```

乙机程序流程图如图 7-10 所示。

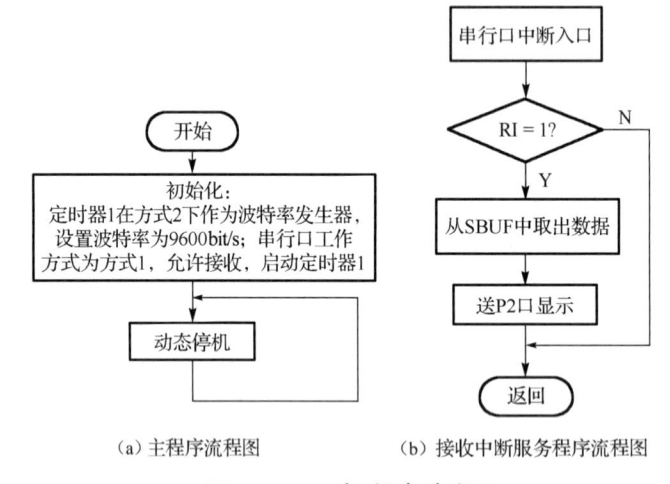

图 7-10 乙机程序流程图

根据程序流程图编写的乙机程序如下。

```c
#include<reg51.h>
unsigned char a;
unsigned char code seg[]={0xc0,0xf9,0xa4,0xb0,0x99,0x92,0x82,0xf8,0x80,0x90};
int main()
{
    TMOD=0x20;                      //定时器1在方式2下作为波特率发生器
    TH1=0xfd;                       //波特率为9600bit/s,和甲机一致
    TL1=0xfd;
    SCON=0x50;                      //串行口工作方式为方式1,允许接收
    EA=1;                           //开中断
    ES=1;
    TR1=1;
    while (1)
    {
                                    //等待中断
    }
}
void serial() interrupt 4
```

```
    {
        if (RI)
        {
            RI=0;              //必须通过软件将RI清零
            a=SBUF;            //接收并显示
            P2=seg[a];
        }
    }
```

技能实训二　单片机与 PC 通信系统的制作

在单片机系统中，经常需要将单片机的数据交给 PC 来处理，或者将 PC 的一些数据交给单片机来执行，这就需要单片机和 PC 之间进行通信。下面我们就来制作简单的单片机与 PC 通信系统。

一、任务分析

任务要求：每按一次接于单片机 P1.7 的按键 S2，将变量 a 的值以 ASCII 码的形式发送给 PC，并使变量 a 加 1；以中断方式接收 PC 发送来的数据并在数码管上显示，同时给 PC 发送一个回复字符串。

要实现单片机与 PC 的通信，关键问题有两个：一是电平匹配，二是数据编码。因为单片机使用的是 TTL 电平，PC 使用的是 RS-232 电平，两者定义不同，需要进行电平转换才能通信。另外，PC 对数据的接收、发送和存储均采用 ASCII 码的形式，编写单片机程序时，当发送数据时，需要将数据转换成 ASCII 码的形式再发送；当接收数据时，需要把接收到的 ASCII 码形式的数据转换成十六进制（二进制）数。

二、相关知识

1. TTL 电平与 RS-232 电平的特性

前面所用到的单片机输入和输出的电平，高电平为+5V，低电平为 0V，我们定义为 TTL 电平。而 PC 与通信工业中广泛应用 RS-232 串行口，它是一种负逻辑电平，用正、负电压来表示逻辑状态，定义高电平为–12V，低电平为+12V。这就意味着单片机和 PC 的电平不匹配，需要进行电平转换才能进行通信。

2. RS-232 串行口标准

目前，RS-232 串行口能够在低速率串行通信中增加通信距离。

RS-232 采取不平衡传输方式，即所谓的单端通信。接收端、发送端的数据信号是相对于信号地的。9 针串行口引脚定义如图 7-11 所示。

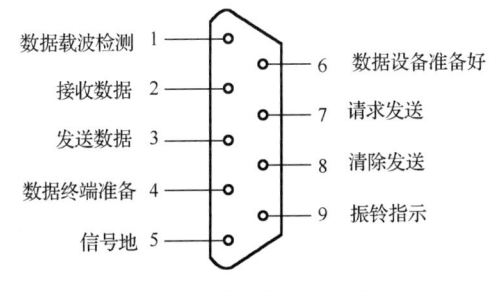

图 7-11　9 针串行口引脚定义

3. TTL 电平与 RS-232 电平的转换

实现 TTL 电平与 RS-232 电平转换的电路可使用分立元器件，也可使用集成电路。目前较为广泛地使用集成电路转换器件，例如，MC1488、SN75150 芯片可完成 TTL 电平到 RS-232 电平的转换，而 MC1489、SN75154 芯片可实现 RS-232 电平到 TTL 电平的转换，MAX232 芯片可完成 TTL 电平与 RS-232 电平的相互转换。

MAX232 芯片是美信公司专门为 PC 的 RS-232 标准串行口设计的接口电路，使用+5V 单电源供电。MAX232 芯片的引脚排列及内部结构如图 7-12 所示。其内部结构基本可分为 3 个部分。

第 1 部分是电荷泵电路，由 1 脚、2 脚、3 脚、4 脚、5 脚、6 脚和 4 个电容构成。其功能是产生+12V 和−12V 两个电源，满足 RS-232 串行口电平的需要。

第 2 部分是数据转换通道，由 7 脚、8 脚、9 脚、10 脚、11 脚、12 脚、13 脚、14 脚构成两个数据通道。其中，13 脚（R1IN）、12 脚（R1OUT）、11 脚（T1IN）、14 脚（T1OUT）为第一数据通道；8 脚（R2IN）、9 脚（R2OUT）、10 脚（T2IN）、7 脚（T2OUT）为第二数据通道。TTL/CMOS 数据从 T1IN、T2IN 输入，并转换成 RS-232 数据，然后从 T1OUT、T2OUT 输出到 PC 的 DB9 接头；DB9 接头的 RS-232 数据从 R1IN、R2IN 输入，并转换成 TTL/CMOS 数据，然后从 R1OUT、R2OUT 输出。

第 3 部分是供电部分，包括 15 脚（GND）和 16 脚（VCC）（+5V）。

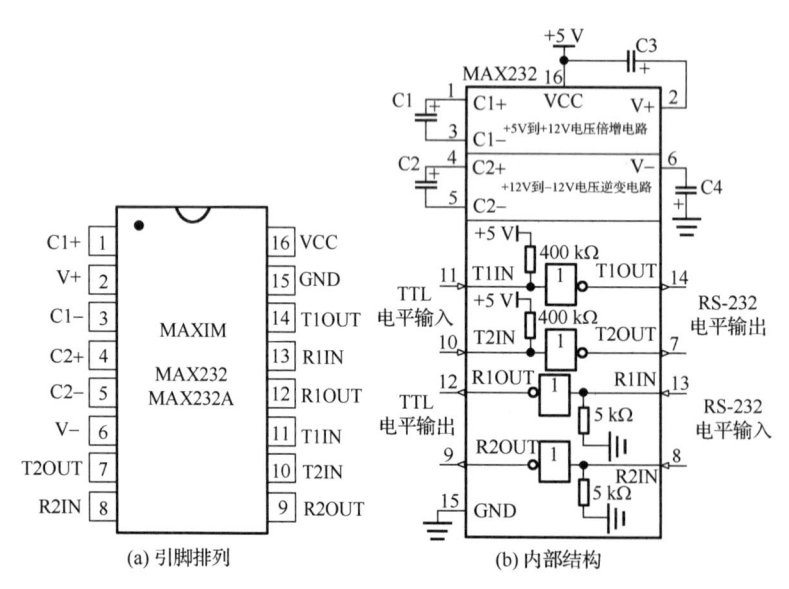

(a) 引脚排列　　(b) 内部结构

图 7-12　MAX232 芯片的引脚排列及内部结构

4. 单片机与 PC 串行接口电路

单片机与 PC 串行接口电路如图 7-13 所示。单片机的发送端（TXD）经电平转换后接 PC 的接收端（RXD），PC 的发送端（TXD）经电平转换后接单片机的接收端（RXD），另外还要将地端相连。

三、硬件电路设计与制作

1. 电路原理图

根据任务要求，单片机与 PC 通信系统电路原理图如图 7-14 所示。

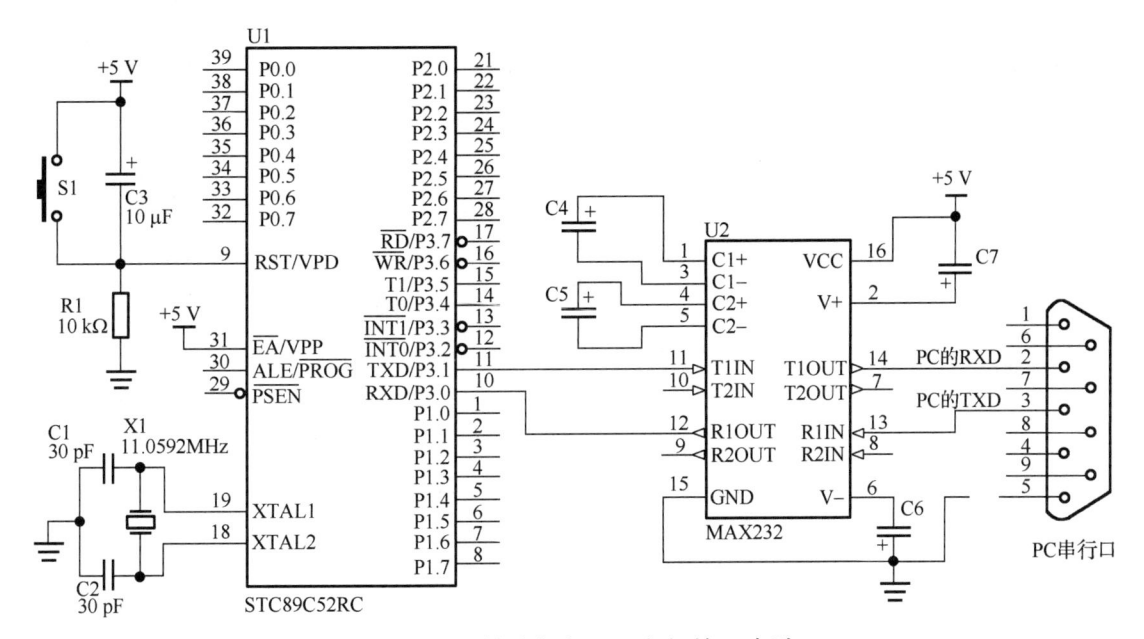

图 7-13　单片机与 PC 串行接口电路

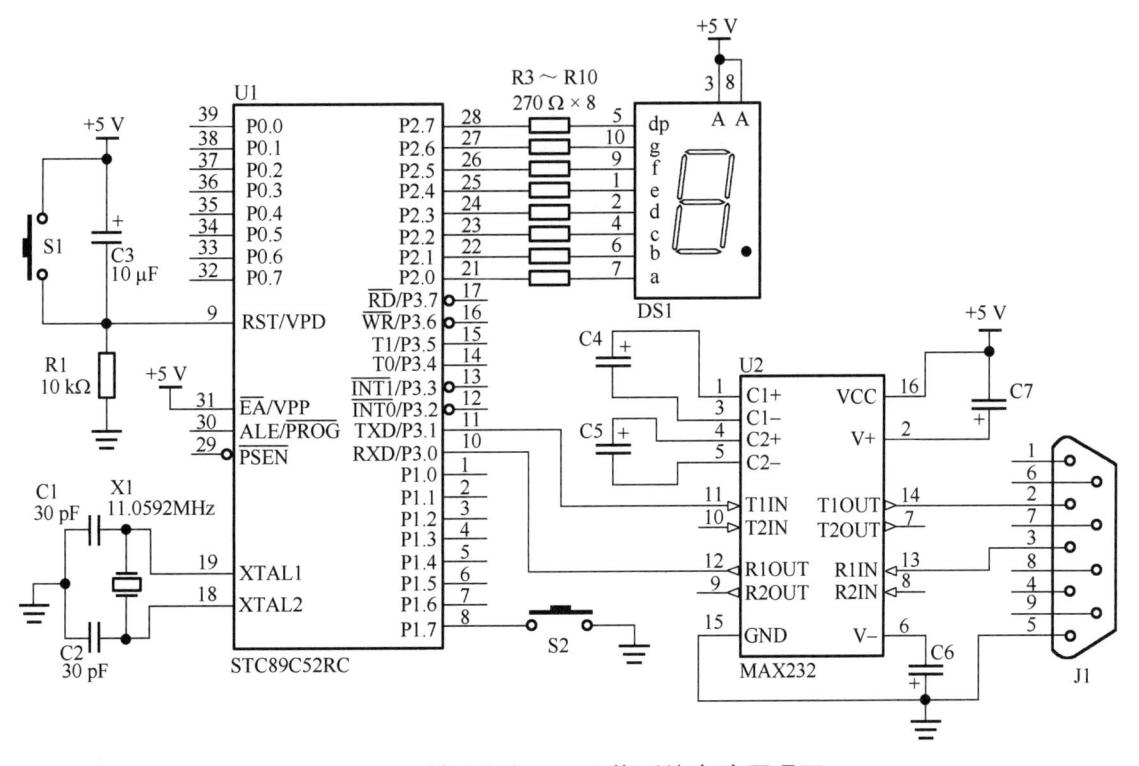

图 7-14　单片机与 PC 通信系统电路原理图

2. 元器件清单

单片机与 PC 通信系统电路元器件清单见表 7-6。

表 7-6　单片机与 PC 通信系统电路元器件清单

代号	名称	规格
R1	电阻	10kΩ
R3～R10	电阻	270Ω
DS1	数码管	共阳极型
C1、C2	瓷介电容	30pF
C3	电解电容	10μF
C4～C7	电解电容	1μF
S1、S2	轻触按键	
X1	晶振	11.0592MHz
U1	单片机	STC89C52RC
U2	集成电路	MAX232
J1	串行口接头	DB9（母头）
	IC 插座	40 脚

3. 电路制作

单片机与 PC 通信系统电路装接图如图 7-15 所示。

图 7-15　单片机与 PC 通信系统电路装接图

图 7-15 中的 DB9 串行口接头采用母头，如图 7-16（a）所示。单片机系统和 PC 通过串口线连接，串口线如图 7-16（b）所示。

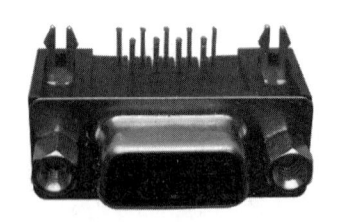

（a）DB9 串行口接头　　　　　　　　　　（b）串口线

图 7-16　DB9 串行口接头与串口线

小贴士：目前，市场上出售的串口线有平行线和交叉线两种。平行线是指串口线两端的 2 脚和 2 脚相连、3 脚和 3 脚相连。交叉线是指串口线一端的 2 脚连接另一端的 3 脚、3 脚连接另一端的 2 脚。那么实际使用中是选择平行线呢，还是选择交叉线呢？这要看单片机系统板上 DB9 串行口接头和 MAX232 芯片的接法。例如，图 7-14 中 MAX232 芯片的 14 脚（T1OUT 发送端）最终要连接 PC 的串行口接头的 2 脚（接收端），而系统板上连的是 J1 的 2 脚，则和 PC 相连时就采用平行串口线。

四、程序设计

PC 的上位机软件使用串口调试精灵（见本书配套资料）来接收、显示单片机发送来的数据，并实现向单片机发送数据。

软件部分可以分为以下几个模块。

初始化程序：主要完成通信方式设置、波特率设置、中断设置等。

主程序：主要完成检测按键是否按下、等待中断请求等。

中断服务程序：从 SBUF 中读取数据并进行显示和回送。

在本程序中，串行口工作方式为方式 1，并设置 REN 为 1，允许接收，故 SCON 取值为 0x50。定时器 1 作为波特率发生器，采用方式 2，可以避免计数溢出后用软件重装载计数初值，故 TMOD 取值为 0x20。计数初值可通过公式计算、查表或利用定时器初值计算工具得到，取值为 0xfd。

本技能实训中串口调试精灵实际收发效果如图 7-17 所示。

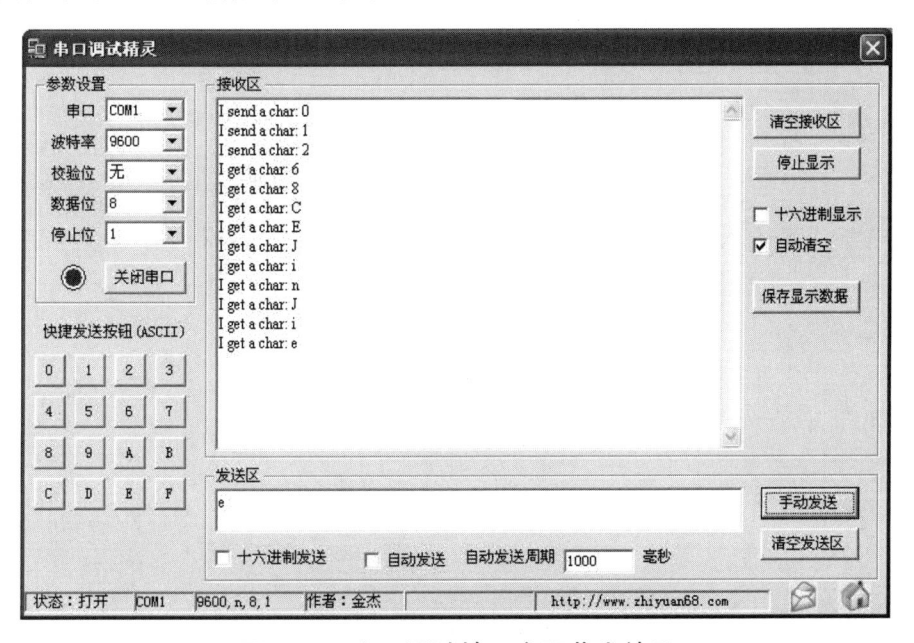

图 7-17 串口调试精灵实际收发效果

由于 MCS-51 单片机串行口中断请求 TI 和 RI 合为一个中断源，CPU 响应中断以后，通过检测是否是 RI 置位引起的中断来决定是否接收数据，发送数据则通过调用发送子函数来完成。

单片机程序流程图如图 7-18 所示。

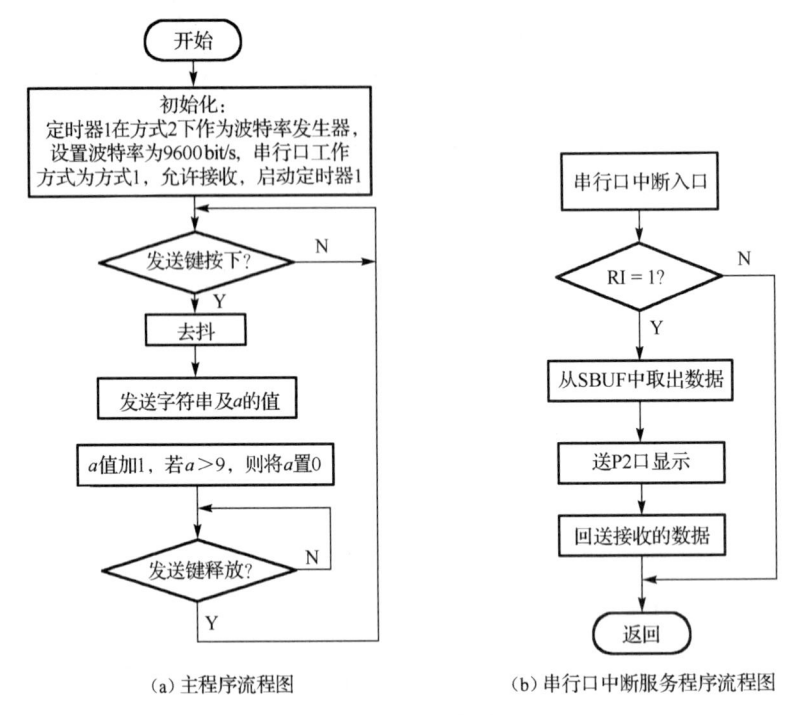

图 7-18 单片机程序流程图

(a) 主程序流程图　　(b) 串行口中断服务程序流程图

根据程序流程图编写的程序如下。

```c
#include <reg51.h>
sbit key=P1^7;
unsigned char a;
unsigned char code seg[]={0xc0,0xf9,0xa4,0xb0,0x99,0x92,0x82,0xf8,0x80,0x90};
delay()
{
    unsigned int i;
    for (i=0;i<200;i++);
}
sendB(unsigned char da)                    //字节数据发送子函数
{
    SBUF=da;
    while(!TI);                            //等待发送结束
    TI=0;                                  //必须通过软件将 TI 清零
}
sendS(unsigned char *p)                    //字符串发送子函数
{
    while(*p!='\0')                        //字符串结束标志\0
    {
        sendB(*p);                         //发送指针指向的字符
        p++;                               //指向下一个字符
    }
}
int main()
{
    TMOD=0x20;                             //定时器1在方式2下作为波特率发生器
    TH1=0xfd;                              //波特率为9600bit/s
    TL1=0xfd;
```

```
        SCON=0x50;                              //串行口工作方式为方式1,允许接收
        EA=1;
        ES=1;
        TR1=1;
        while(1)
        {
            if (key==0)
            {
                delay();
                if (key==0)
                {
                    sendS("I send a char: ");
                    sendB(a+0x30);              //以ASCII码的形式发送
                    sendS("\r\n");              //发送换行字符
                    a=(a+1)%10;
                    while(key==0)delay();       //等待按键释放
                }
            }
        }
}
void serial() interrupt 4
{
    if (RI)
    {
        RI=0;
        a=SBUF;
        P2=seg[a-0x30];                         //将ASCII码转换成数值
        sendS("I get a char: ");
        sendB(a);
        sendS("\r\n");
    }
}
```

说明：

（1）PC 对数据的接收、发送和存储均采用 ASCII 码的形式。例如，要向 PC 发送字符 2，则必须向 PC 发送 2 的 ASCII 码，即 0x32。在单片机系统中，发送 ASCII 码有两种方法：第一，对于数字 0~9，只要加上 0x30（十进制数 48）得到的值即其对应的 ASCII 码，对于其他字符，需要查阅 ASCII 码表；第二，对于所有字符，只要加上引号，如'2'，就会自动编译为 ASCII 码。

（2）本技能实训只是作为一个例子来说明单片机与 PC 的串行通信过程，在本书项目八中的电子温度计的制作中，将详细介绍单片机如何采集温度并上传给 PC 进行显示和处理，还简单介绍了如何利用 VB 制作 PC 上位机软件——温度显示系统。

项 目 小 结

1. MCS-51 单片机有一个可编程的全双工串行口，通过发送信号线 TXD（P3.1）和接收

信号线 RXD（P3.0）完成单片机与外部设备的串行通信。在串行口的应用中，经常用到 SBUF、SCON 等寄存器。串行接收缓冲器和串行发送缓冲器是名称同为 SBUF 的两个独立的寄存器。当需要发送数据时，只要将数据写入 SBUF 即可；当需要接收数据时，直接从 SBUF 中读出即可。

2. 单片机双机通信可以采用 3 种方式：TTL 电平通信、RS-232C 通信、RS-485 通信。TTL 电平通信时，直接将单片机甲的 TXD 端接单片机乙的 RXD 端，单片机甲的 RXD 端接单片机乙的 TXD 端，同时两个单片机系统的地线连接在一起（共地）。如果要实现远距离通信，则需要对 TTL 电平进行转换。其中，RS-232C 通信的距离在 15m 以内，而 RS-485 通信的距离可达 1200m。

3. 当单片机与 PC 通信时，常常采用 PC 的 RS-232 串行口进行。RS-232 标准规定，发送数据线 TXD 和接收数据线 RXD 均采用 RS-232 电平，即传送数字 1 时，传输线上的电平为 –15～–3V；传送数字 0 时，传输线上的电平为 +3～+15V。因此，单片机不能直接与 PC 串行口相连，必须经过电平转换电路进行逻辑转换。使用中常用可完成 TTL 电平与 RS-232 电平相互转换的芯片 MAX232。

项目思考题

1. 数据通信有哪两种基本方式？各有何优缺点？
2. MCS-51 单片机串行口有哪几种工作方式？
3. 串行口工作在方式 0 时，哪个引脚用于发送数据？哪个引脚用于接收数据？串行口工作在方式 1～3 时，哪个引脚用于发送数据？哪个引脚用于接收数据？
4. 简述 TTL 电平、RS-232 电平和 RS-485 电平各自的特点。
5. 在图 7-7 所示的双机通信系统电路原理图中，在乙机的 P1.0 处增加一个独立按键 S4，编写程序实现：当按下按键 S4 时，向甲机发送一个数据，甲机收到该数据后马上再发送给乙机，表示收到；乙机收到回送的数据后在数码管上显示。

项目八　测控技术

项目技能实训

技能实训一　数字电压表的制作

数字电压表是当前电工、电子、仪器仪表和测量领域大量使用的一种基本测量工具，下面将带领大家一起制作一款简单的数字电压表。由于单片机只能接收数字信号，要想测量模拟电压，则需要先对模拟电压进行模/数（A/D）转换。

一、A/D 转换电路及其与单片机的接口电路

在自动控制领域中，常常需要进行实时控制和数据处理，由于很多被测对象或被控对象往往是模拟量，如电压、温度、速度等，而单片机只能处理数字量，因此需要进行模拟量和数字量之间的转换。A/D 转换电路是单片机应用系统中的重要部件，它负责接收现场的模拟信号，并将其转换为单片机能够处理的数字信号。

1. 典型 A/D 转换集成电路 ADC0809 简介

ADC0809 是美国国家半导体公司按照 CMOS 工艺生产的 8 通道、8 位逐次逼近式 A/D 转换集成电路，也是目前国内应用广泛的 8 位通用 A/D 芯片之一。

1）ADC0809 的内部逻辑结构

ADC0809 的内部逻辑结构框图如图 8-1 所示。它由 8 路模拟开关及地址锁存与译码器、8 位 A/D 转换器和三态输出锁存器三大部分组成。

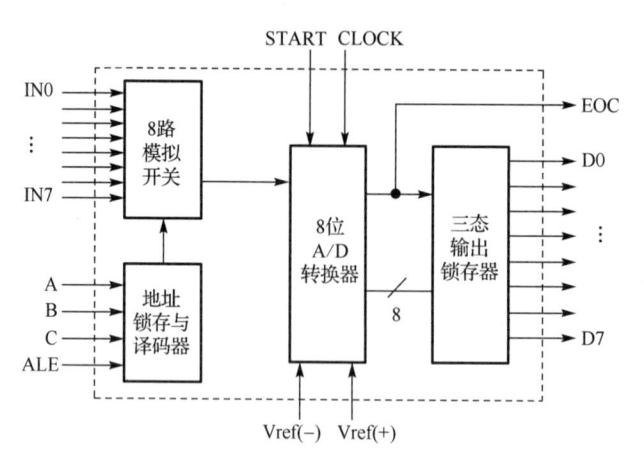

图 8-1　ADC0809 的内部逻辑结构框图

（1）8 路模拟开关用于锁存 8 路的输入模拟电压信号，且在地址锁存与译码器作用下切换 8 路输入信号，选择其中一路与 A/D 转换器接通。地址锁存与译码器在 ALE 信号的作用下锁存 A、B、C 上的 3 位地址信息，经过译码切换 8 路模拟开关选择通道。ADC0809 通道选择编码见表 8-1。

表 8-1　ADC0809 通道选择编码

C	B	A	选择的通道
0	0	0	IN0
0	0	1	IN1
0	1	0	IN2
0	1	1	IN3
1	0	0	IN4
1	0	1	IN5
1	1	0	IN6
1	1	1	IN7

（2）8 位 A/D 转换器用于将输入的模拟量转换为 8 位的数字量，A/D 转换由 START 信号启动控制，转换结束后控制电路将转换结果送入三态输出锁存器锁存，并产生 EOC 信号。

（3）三态输出锁存器用于锁存 A/D 转换的数字量结果。当 ADC0809 的引脚 OE 为低电平时，数据被锁存，输出为高阻态；当 OE 为高电平时，可以从三态输出锁存器读出转换的数字量。

2）ADC0809 的引脚及功能

ADC0809 采用双列直插式封装，共有 28 个引脚，引脚排列如图 8-2 所示。各引脚的功能如下。

IN0～IN7：模拟量输入通道。ADC0809 对输入模拟量的要求主要有：信号为单极性，电压范围为 0～5V；如果输入信号过小，则必须放大；同时，输入的模拟量在 A/D 转换过程中

图 8-2　ADC0809 的引脚排列

其值应保持不变，而对变化速度较快的模拟量，在输入前应当外加采样保持电路。

D0~D7：转换结果输出端。该输出端为三态缓冲输出形式，可以和单片机的数据线直接相连。

A、B、C：模拟通道地址线。A 为低位，C 为高位，用于选择模拟通道。其地址状态与通道的对应关系见表 8-1。

ALE：地址锁存控制信号。当 ALE 为高电平时，将 A、B、C 的地址状态送入地址锁存器，从而选定模拟量输入通道。

START：启动转换信号。在 START 上升沿时，所有内部寄存器清零；在 START 下降沿时，启动 A/D 转换；在 A/D 转换期间，START 应保持低电平。

CLOCK：时钟信号。ADC0809 内部没有时钟电路，所需要的时钟信号由外部提供，通常使用频率为 500kHz 的时钟信号，时钟信号的最高频率为 1280kHz。

EOC：A/D 转换结束状态信号。EOC=0，表示正在进行转换；EOC=1，表示转换结束。该状态信号既可供查询使用，又可作为中断请求信号使用。

OE：输出允许信号。OE=1 时，控制三态输出锁存器将转换结果输出到数据总线上。

Vref(+)、Vref(-)：正、负基准电压。通常，Vref(+)接 VCC，Vref(-)接 GND。当精度要求较高时需要另接高精度电源。

3）ADC0809 的工作过程

综上所述，ADC0809 的工作过程如下。

（1）确定 A、B、C 3 位地址，从而选择模拟信号由哪一路输入。

（2）ALE 端接收正脉冲信号，使该路模拟信号经锁存后进入比较器的输入端。

（3）START 端接收正脉冲信号，START 的上升沿将逐次逼近寄存器复位，下降沿启动 A/D 转换。

（4）EOC 输出信号变为低电平，指示转换正在进行。

（5）A/D 转换结束，EOC 变为高电平，标志着 A/D 转换结束。此时，数据已保存到 8 位三态输出锁存器中。CPU 可以通过使 OE 变为高电平，打开 ADC0809 进行三态输出，将转换后的数字量读入单片机。

2. 系统扩展

MCS-51 单片机片内的硬件电路已构成具有基本形式的微机系统，对于简单的应用场合，其最小应用系统就能满足用户要求；但对于较复杂的实际应用场合，由于单片机内部程序存储器、数据存储器的容量及 I/O 接口的数量等资源有限，不能满足用户的要求，必须在片外做相应的扩展。系统扩展的任务实际上是用 3 组总线（数据总线 DB、地址总线 AB、控制总线 CB）将外部的芯片或电路与单片机连接起来构成一个整体。

1）系统总线及总线的结构

对于 MCS-51 单片机，有如下 3 组总线。

（1）数据总线（8 位）：P0 口（D0～D7）提供 8 位数据。数据总线的连接方法如图 8-3 所示。

（2）地址总线（16 位）：P0 口（A0～A7）提供低 8 位地址，P2 口（A8～A15）提供高 8 位地址。由于 P0 口既可作为数据线使用，又可作为地址线使用，数据、地址分时复用，所以需要外加地址锁存器锁存低 8 位地址。地址总线的连接方法如图 8-4 所示。

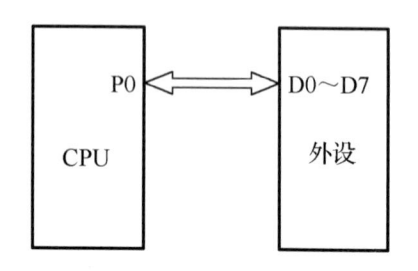

图 8-3　数据总线的连接方法

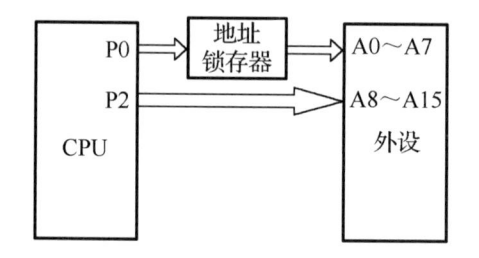

图 8-4　地址总线的连接方法

（3）控制总线：扩展系统时常用的控制线有 4 条。ALE 线为地址锁存信号线，连接锁存器的控制脚；$\overline{\text{PSEN}}$ 线为片外程序存储器读控制信号线，连接片外程序存储器的 $\overline{\text{OE}}$ 脚；$\overline{\text{RD}}$ 线为读控制信号线，连接外设的 $\overline{\text{OE}}$ 或 $\overline{\text{RD}}$ 脚；$\overline{\text{WR}}$ 线为写控制信号线，连接外设的 $\overline{\text{WE}}$ 或 $\overline{\text{WR}}$ 脚。

综上所述，单片机三总线结构扩展示意图如图 8-5 所示。

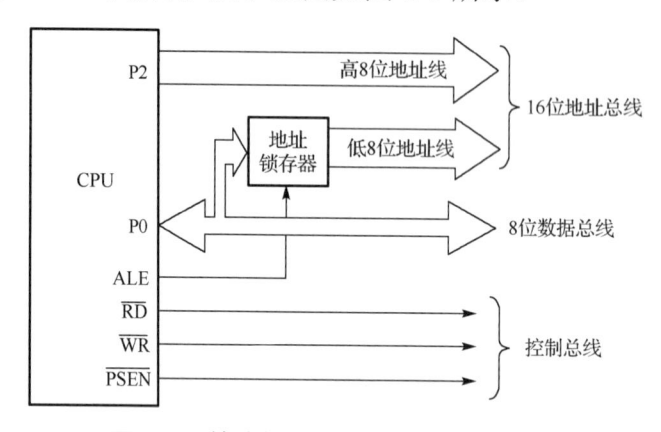

图 8-5　单片机三总线结构扩展示意图

2）外设的编址

为了区分不同的外设，在系统扩展时需要对每一个外设进行统一编址。

芯片扩展之后，可以用地址表来分析外设的地址。地址表见表 8-2，地址表的第 1 行是 CPU 的所有地址线，高 8 位地址由 P2 口提供，低 8 位地址由 P0 口提供；第 2 行是外设所对应的地址线（外设的地址线不一定有 16 根）；第 3 行是地址线的具体取值，根据电路的连接情况取 0 或取 1，对于没有连接的地址线可以取 0，也可以取 1，这时记为"×"。为了便于计算，常常将"×"全部取 1。在表 8-2 中，所形成的地址是 0xfcda。

表 8-2 地址表

P2.7	P2.6	P2.5	P2.4	P2.3	P2.2	P2.1	P2.0	P0.7	P0.6	P0.5	P0.4	P0.3	P0.2	P0.1	P0.0
A15	A14	A13	A12	A11	A10	A9	A8	A7	A6	A5	A4	A3	A2	A1	A0
×	×	×	×	×	×	0	0	1	1	0	1	1	0	1	0

3. ADC0809 与 MCS-51 单片机的接口电路

ADC0809 与 MCS-51 单片机的典型接口电路如图 8-6 所示。

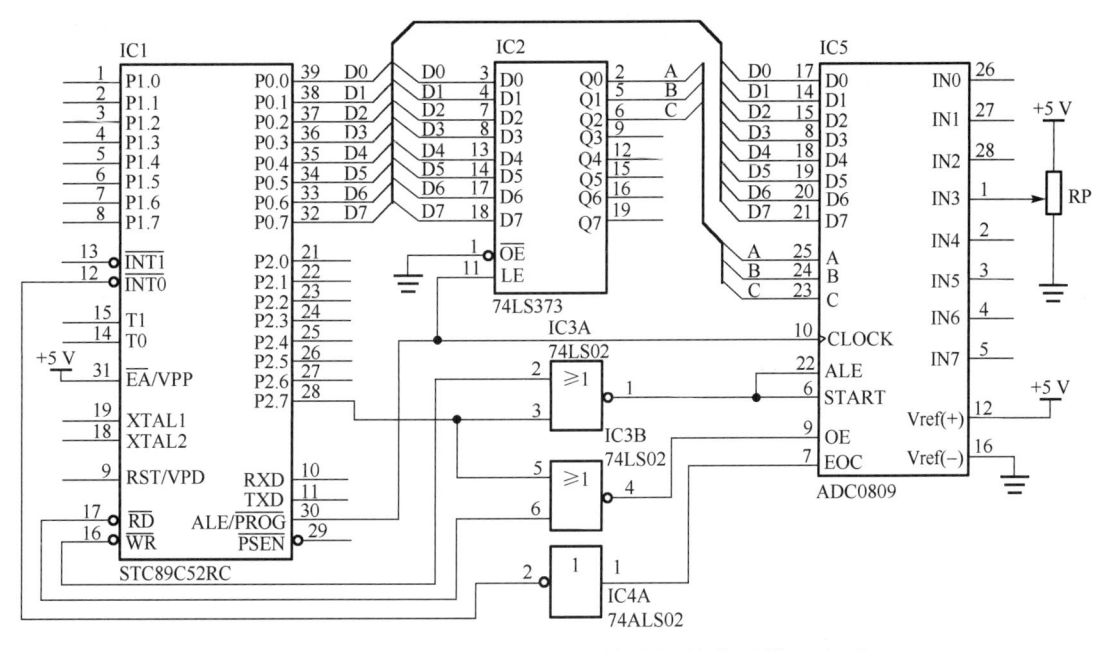

图 8-6 ADC0809 与 MCS-51 单片机的典型接口电路

ADC0809 与单片机连接时需要解决好两个方面的问题：一是 8 路模拟信号的通道选择及启动转换，二是 A/D 转换结束后转换数据的传送。

1) 8 路模拟信号的通道选择及启动转换

ADC0809 的模拟通道地址线 A、B、C 分别接系统地址锁存器的低 3 位地址输出端，只要将 3 位地址写入 ADC0809，就可以实现模拟通道的选择。口地址由 P2.7 确定，以 $\overline{WR}$ 作为写选通信号，$\overline{RD}$ 作为读选通信号。

如图 8-6 所示，当单片机对地址锁存器执行一次写操作时，使得 P2.7 和 $\overline{WR}$ 有效，经或非门产生一个上升沿信号，将 A、B、C 上的地址信息送入地址锁存器后并译码，写操作完成后 $\overline{WR}$ 变为 1 无效，此时经或非门产生一个下降沿信号，启动 A/D 转换。

IN0 通道的地址可按表 8-3 所示确定，"×"表示没有连接的无关项（取值时可以取 0，也可以取 1），常常将"×"全部取 1，因此其地址为 0x7ff8。

表 8-3 ADC0809 的 IN0 通道地址

P2.7	P2.6	P2.5	P2.4	P2.3	P2.2	P2.1	P2.0	P0.7	P0.6	P0.5	P0.4	P0.3	P0.2	P0.1	P0.0
A15	A14	A13	A12	A11	A10	A9	A8	A7	A6	A5	A4	A3	A2	A1	A0
0	×	×	×	×	×	×	×	×	×	×	×	×	0	0	0

例如，要选择通道 IN0 同时启动 A/D 转换，只需要向地址 0x7ff8 写入一个任意数即可。在汇编语言中，MOVX 可以实现对外设的写入和读出操作。在 C51 语言中，可以使用头文件 ABSACC.H 中定义的 XBYTE 函数实现对外设的写入和读出操作，具体方法如下。

```
#include <ABSACC.H>              //包含定义 XBYTE 函数的头文件 ABSACC.H
#define AD_port  XBYTE[0x7ff8]   //定义 ADC0809 的外部地址
AD_port=0x00;                    //向 AD_port（外部地址为 0x7ff8）写入 0x00
```

注意：此处指令 AD_port=0x00; 产生 3 个功能，第一是将 3 位通道地址写入 ADC0809，选中 IN0 通道，第二是使决定口地址的 P2.7 产生一个负脉冲，第三是执行该指令会使写控制脚 $\overline{WR}$ 自动产生一个负脉冲。而 P2.7 和 $\overline{WR}$ 的负脉冲通过或非门形成的正脉冲用于启动 A/D 转换。写入 AD_port 的值可为任意数。

2）转换数据的传送

A/D 转换从启动到结束需要一定的时间，在此期间，单片机必须等待转换结束后才能进行数据传送。因此，数据传送的关键问题是如何确认 A/D 转换结束，通常可采用延时、查询和中断 3 种方式之一，转换结束的标志为 EOC=1。

不管使用哪种方式，一旦确认转换结束，便可以通过指令进行数据传送。读取转换结果的指令为

```
a=AD_port;              //执行此指令时，会自动在 OE 端加一个高电平
```

由于 ADC0809 的地址线只有 A、B、C 3 根，而 P2 口所提供的地址是不需要锁存的，所以在与 CPU 连接时也可以不使用锁存器，而将 ADC0809 的地址线连接在 P2 口上。ADC0809 与 MCS-51 单片机的简化接口电路如图 8-7 所示。其地址请读者自行确定。

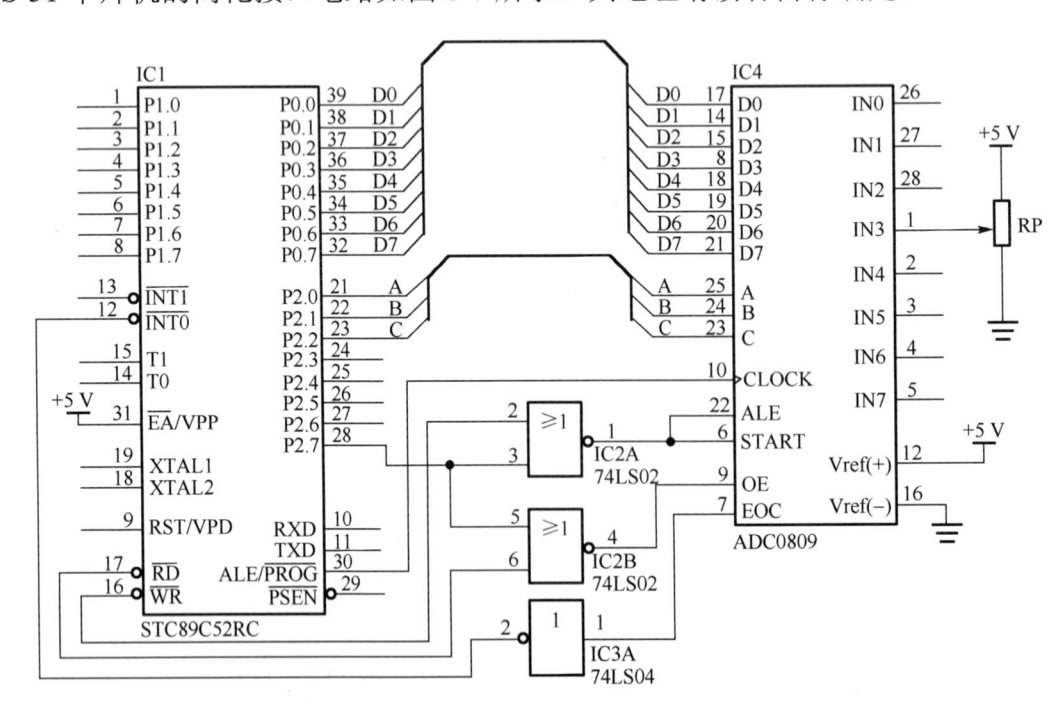

图 8-7　ADC0809 与 MCS-51 单片机的简化接口电路

二、硬件电路设计

数字电压表组成框图如图 8-8 所示。

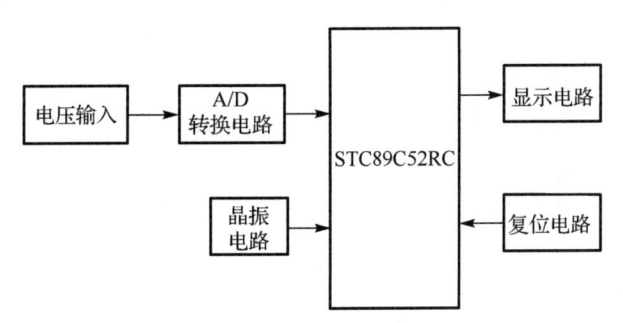

图 8-8　数字电压表组成框图

1. 复位、晶振及显示电路

数码显示电路：使用 3 位数码管，采用动态扫描显示方式，P1 口提供段码，P3 口的 P3.0、P3.1、P3.2 作为位控。数字电压表的复位、晶振及显示电路如图 8-9 所示。

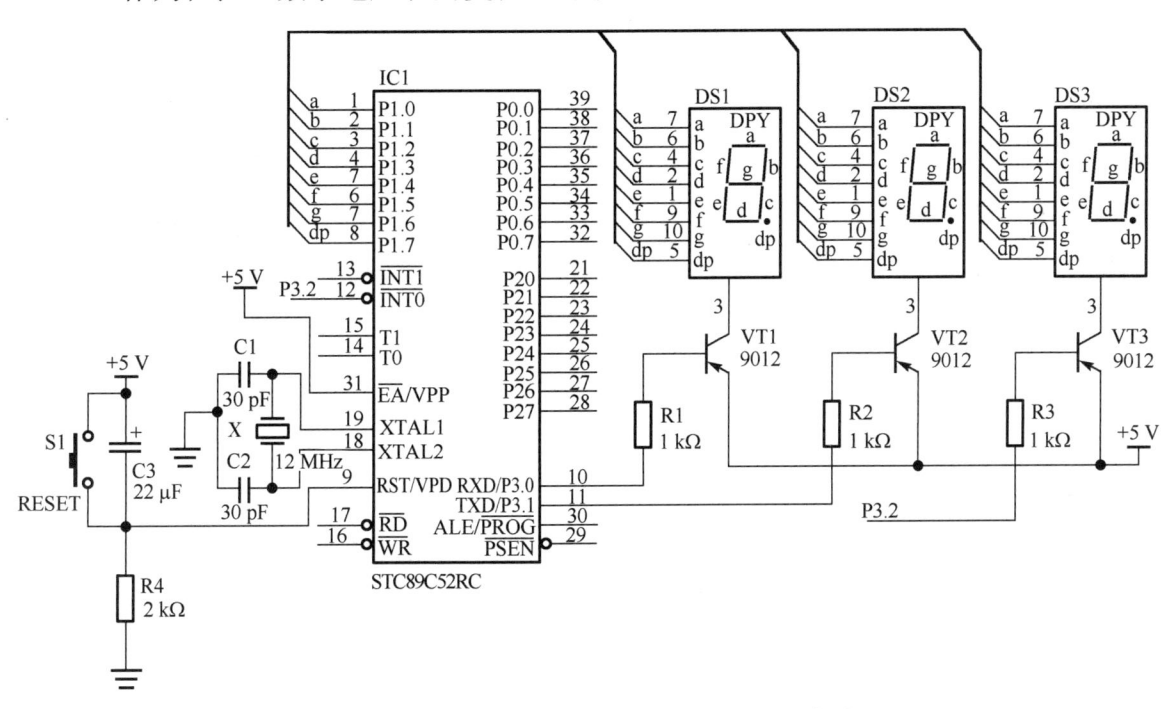

图 8-9　数字电压表的复位、晶振及显示电路

2. A/D 转换电路

A/D 转换电路如图 8-10 所示。将二输入或非门的两个输入端相连即可构成非门，这样一共用到 3 个或非门，可以采用一片四或非门 74LS02 实现。由于我们只有一路模拟信号输入，所以直接将地址线 A、B、C 接地，就可以选中 ADC0809 的 IN0 通道，电位器的滑动端滑至最上端，对输入的模拟信号无衰减。

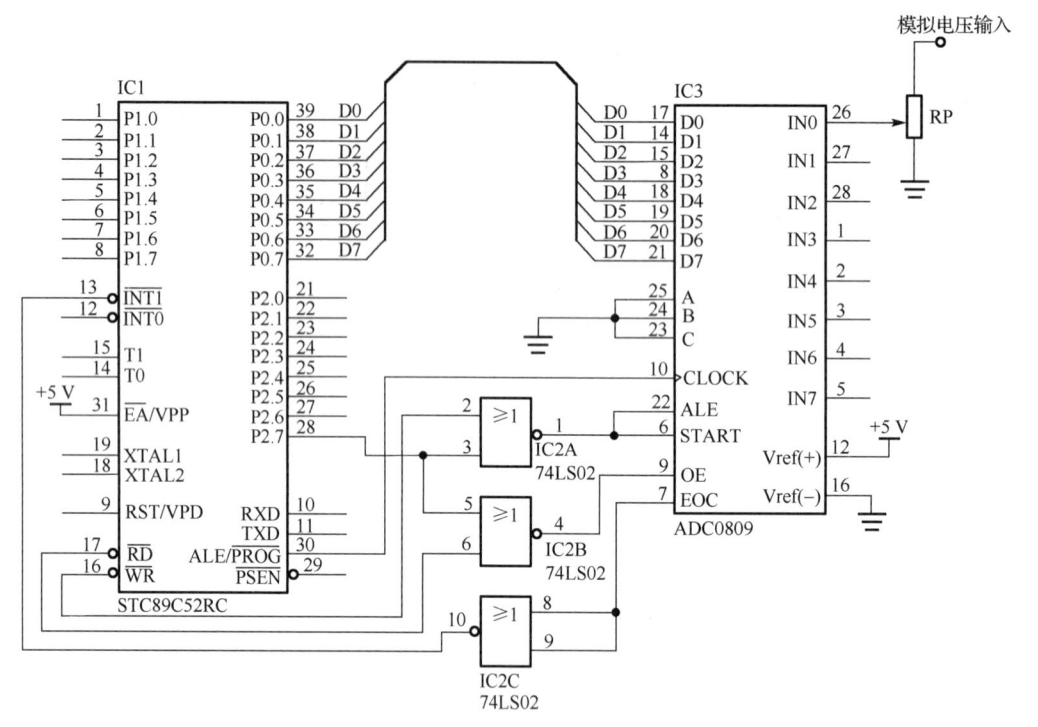

图 8-10 A/D 转换电路

三、程序设计

根据系统需要实现的功能，软件要完成的工作是：读取 A/D 转换结果，经过换算后以十进制形式显示电压值。电压显示效果图如图 8-11 所示。

图 8-11 电压显示效果图

软件部分可以分为以下几个模块。

（1）主程序：主要完成中断初始化（设置触发方式、开中断、启动 A/D 转换）和数码显示。主程序流程图如图 8-12 所示。

（2）外部中断 1 服务程序：根据图 8-10 所示的硬件电路，当 A/D 转换结束后引起外部中断 1 中断，所以其任务是读取 A/D 转换结果，进行电压数据处理之后将结果送至显示缓冲区进行显示。外部中断 1 服务程序流程图如图 8-13 所示。电压数据处理程序主要完成将 A/D 转换后的数字信号换算为电压值，换算公式为 $D=255×V_{\text{ref}}$。

运行程序前必须先将电位器 RP 滑至最上端，使输入的电压模拟信号无衰减。

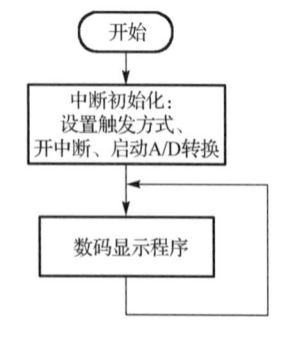

图 8-12 主程序流程图

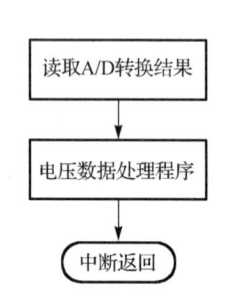

图 8-13 外部中断 1 服务程序流程图

根据程序流程图编写的程序如下。

```c
#include <reg51.h>
#include <ABSACC.H>                      //包含定义 XBYTE 函数的头文件 ABSACC.H
#define AD_port XBYTE[0x7ff8]            //定义 ADC0809 的外部地址
unsigned int dig;                        //用于存放 A/D 转换结果
unsigned int v;                          //电压值
unsigned char seg[]={0xc0,0xf9,0xa4,0xb0,0x99,0x92,0x82,0xf8,0x80,0x90,0xff};
void delay()
{
    unsigned char i=200;
    for (i=0;i<250;i++);
}
void display()
{
    P1=seg[v%10];
    P3=0xfb;
    delay();
    P3=0xff;
    P1=seg[v/10%10];
    P3=0xfd;
    delay();
    P3=0xff;
    P1=seg[v/100%10];
    P3=0xfe;
    delay();
    P3=0xff;
    P1=0x7f;                             //显示小数点
    P3=0xfe;
    delay();
    P3=0xff;
}
int main()
{
    IT1=1;
    EA=1;
    EX1=1;
    AD_port=0x00;                        //启动转换
    while(1)
    {
        display();
    }
}
int_x() interrupt 2
{
    dig=AD_port;                         //读取转换结果
    v=(dig*100)/51;                      //换算成电压值（扩大100倍）
    AD_port=0x00;                        //再次启动转换
}
```

说明：为了避免小数的运算，这里使用了一个小技巧，就是把经过换算得到的电压值扩大 100 倍，显示时将显示百位数的数码管的小数点同时点亮。

技能实训二 电子温度计的制作

温度的测量和显示,在我们的日常生活中随处可见。下面我们分别使用模拟温度传感器和数字温度传感器来制作电子温度计。

一、使用模拟温度传感器 LM35 制作电子温度计

本技能实训中,通过模拟温度传感器 LM35 采集当前温度,将非电量的温度信号转换成模拟电压信号,并由 ADC0809 进行 A/D 转换后送至单片机,单片机将转换的数字量换算成其对应的温度值,由 3 位数码管以十进制的形式显示。

1. 模拟温度传感器 LM35

LM35 是精密集成电路温度传感器,它的输出电压与摄氏温度成线性比例,测量精度可以精确到 1 位小数,且体积小、成本低、工作可靠,广泛应用于工业场合及日常生活中。LM35 典型应用电路如图 8-14 所示。

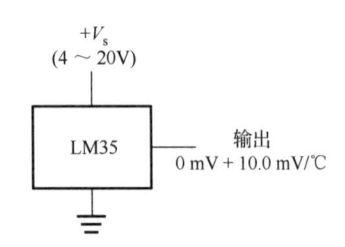

由 LM35 的数据手册可知,LM35 每升高 1℃,输出电平提高 10mV,0~100℃对应的输出电平为 0~1V。因此,得出

$$U_O = 0.01T$$

图 8-14 LM35 典型应用电路

ADC0809 的参考电压为 5V,为了提高测量精度,我们可以将 LM35 输出的电压放大 5 倍之后再进行 A/D 转换,电路如图 8-15 所示。

将输出电压放大 5 倍后的计算公式为

$$\frac{U_O}{1} = \frac{X}{255}$$

$$\frac{0.01T}{1} = \frac{X}{255}$$

$$T = \frac{20X}{51}$$

式中,T 为当前温度;X 为 A/D 转换得到的二进制值。

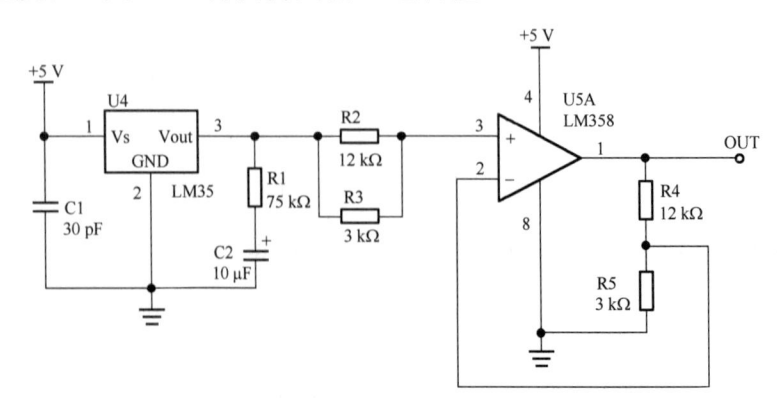

图 8-15 对 LM35 输出的电压放大 5 倍的电路

2. 硬件电路设计

基于 LM35 的电子温度计组成框图如图 8-16 所示。

（1）复位、晶振及显示电路仍采用图 8-9 所示的数字电压表的复位、晶振及显示电路。

（2）LM35 及 A/D 转换电路如图 8-17 所示。

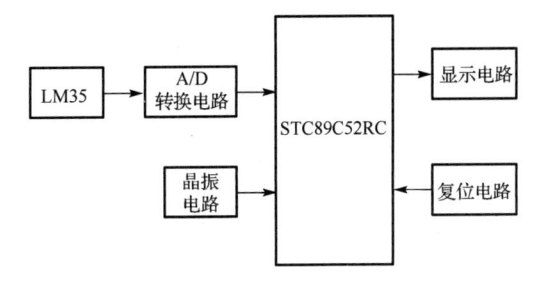

图 8-16 基于 LM35 的电子温度计组成框图

3. 程序设计

本程序与数字电压表的程序基本相同，只是将 A/D 转换得到的数字量转换成温度值这部分代码有所不同。参考程序如下。

```c
#include <reg51.h>
#include <ABSACC.H>                    //包含定义 XBYTE 函数的头文件 ABSACC.H
#define AD_port XBYTE[0x7ff8]          //定义 ADC0809 的外部地址
unsigned int dig;                      //用于存放 A/D 转换结果
unsigned int v;                        //温度值
unsigned char seg[]={0xc0,0xf9,0xa4,0xb0,0x99,0x92,0x82,0xf8,0x80,0x90,0xff};
void delay()
{
    unsigned char i=200;
    for (i=0;i<250;i++);
}
void display()
{
    P1=seg[v%10];
    P3=0xfb;
    delay();
    P3=0xff;
    P1=seg[v/10%10];
    P3=0xfd;
    delay();
    P3=0xff;
    P1=seg[v/100%10];
    P3=0xfe;
    delay();
    P3=0xff;
}
int main()
{
    IT1=1;
    EA=1;
    EX1=1;
    AD_port=0x00;                      //启动转换
    while(1)
    {
        display();
    }
}
int_x() interrupt 2
{
    dig=AD_port;                       //读取转换结果
    v=(dig*20)/51;                     //换算成温度值
```

```
    AD_port=0x00;                    //再次启动转换
}
```

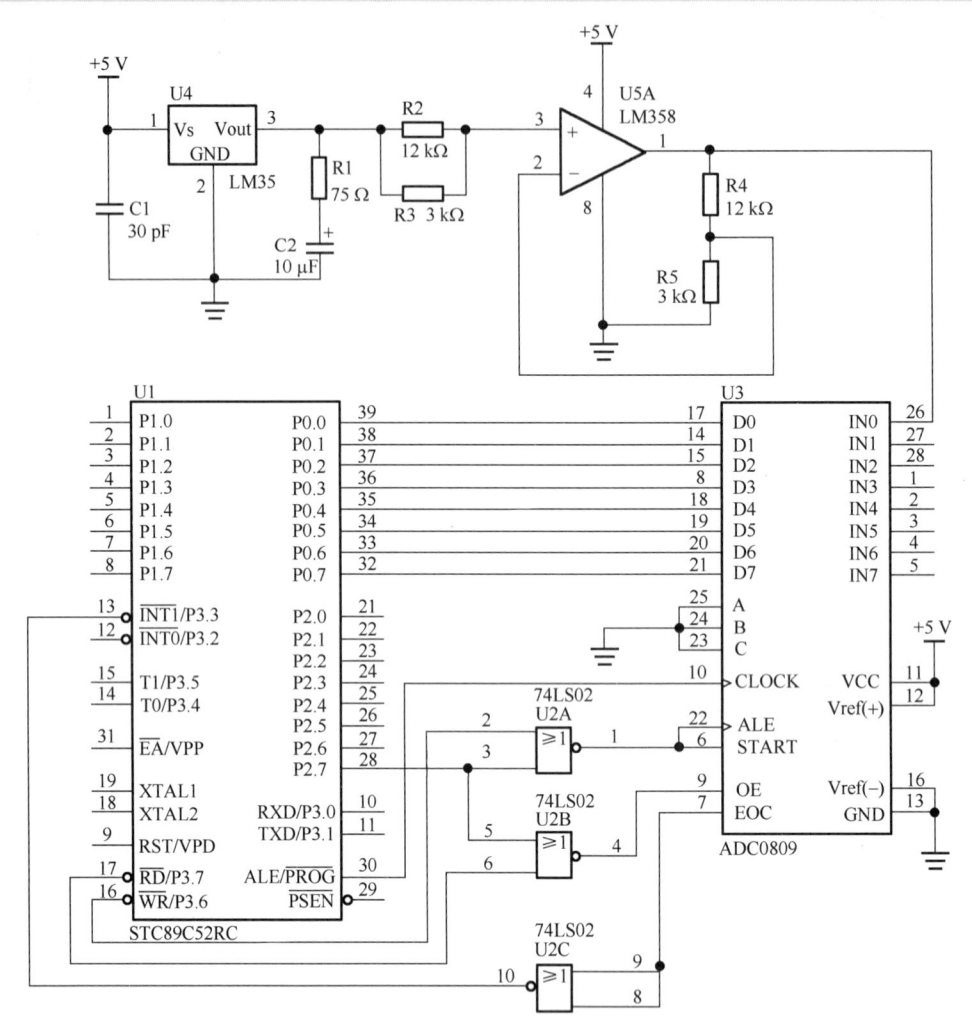

图 8-17 LM35 及 A/D 转换电路

二、使用数字温度传感器 DS18B20 制作电子温度计（PC 显示温度）

本技能实训中，通过数字温度传感器 DS18B20 采集当前温度，并以数字量的形式送给单片机，单片机对该数字量处理后通过串行口发送给 PC，由 PC 上位机软件显示当前温度值。

由于 DS18B20 内部集成了温度传感器及 A/D 转换电路，因此使用 DS18B20 制作电子温度计的电路特别简单，但其采用单总线传输协议，编程难度较大。

1. 数字温度传感器 DS18B20

1）DS18B20 概述

DALLAS 半导体公司的数字温度传感器 DS18B20 是世界上第一个支持"一线总线"接口的温度传感器。一线总线独特且经济的特点，使用户可轻松地组建传感器网络。DS18B20 测量温度的范围为−55～125℃，现场温度直接以一线总线的数字方式传输，大大提高了系统的抗干扰性，适合于恶劣环境的现场温度测量，支持 3～5.5V 的电压范围，使系统设计更灵活、方便。DS18B20 可以用程序设定 9～12 位的分辨率，精度为 ± 0.5℃。分辨率设定及用户设定的报警温度存储在 EEPROM 中，掉电后依然保存。DS18B20 的性能是新一代产品中最好的，性能价格比也非常出色。DS18B20 使电压及封装有更多的选择，让我们可以构建适合自己的经济的测温系统。DS18B20 的引脚排列及底视图如图 8-18 所示。

在图 8-18（a）中，GND 为地信号引脚；DQ 为数据 I/O 引脚，是单总线接口引脚，当作为寄生电源使用时，也可以向元器件提供电源；VDD 为可选择的引脚，当作为寄生电源使用时，引脚必须接地。

DS18B20 的性能特点如下。

（1）只需要一根口线即可实现通信。

（2）DS18B20 的每个器件上都有独一无二的序列号。

（3）实际应用中不需要任何外部元器件即可实现测温。

（4）测量温度范围为–55～125℃。

（5）数字温度计的分辨率可设置为 9～12 位。

（6）内部可设置温度告警上、下限。

2）DS18B20 的内部结构

DS18B20 的内部结构框图如图 8-19 所示，主要由 5 个部分组成：64 位光刻 ROM、高速缓存、温度传感器、非挥发的温度报警触发器（包括高温触发器 TH 和低温触发器 TL）、配置寄存器。

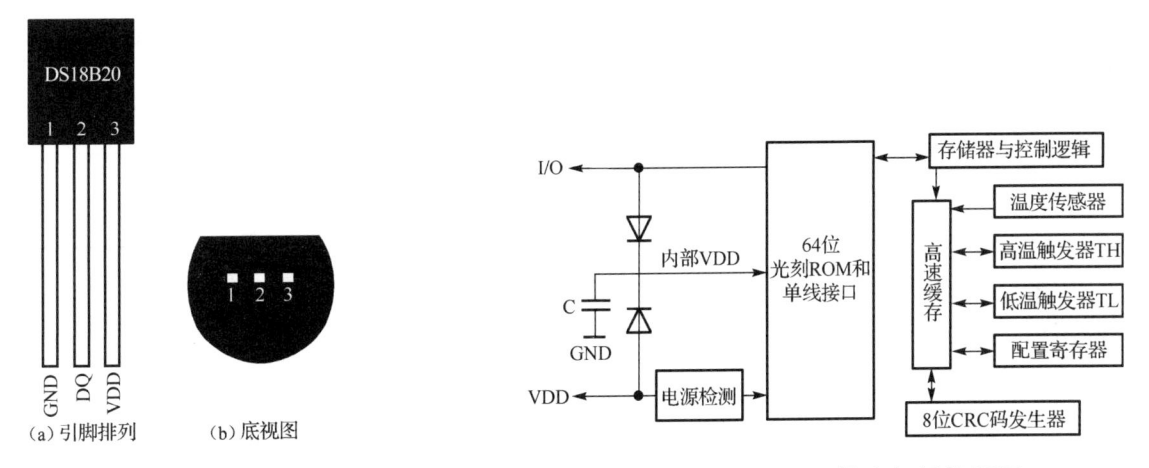

图 8-18　DS18B20 的引脚排列及底视图

图 8-19　DS18B20 的内部结构框图

（1）64 位光刻 ROM。光刻 ROM 中的 64 位序列号是出厂前被光刻好的，它可以被看作该 DS18B20 的地址序列码。64 位光刻 ROM 的各位排列如下：开始 8 位（28H）是产品类型标号，接着的 48 位是该 DS18B20 自身的唯一序列号，最后 8 位是前面 56 位的循环冗余校验（CRC）码。光刻 ROM 的作用是使每一个 DS18B20 都各不相同，这样就可以实现一根总线上挂接多个 DS18B20 的目的。

表 8-4 DS18B20 中高速缓存的字节定义

寄存器内容	字节地址
温度低字节	0
温度高字节	1
高温限制	2
低温限制	3
保留	4
保留	5
计数剩余值	6
每度计数值	7
CRC 码	8

（2）高速缓存。高速缓存包含 9 个连续字节，见表 8-4。前两个字节存放测得的温度值，第 1 个字节的内容是温度的低 8 位，第 2 个字节的内容是温度的高 8 位。第 3 个字节和第 4 个字节用来设置最高报警值和最低报警值，第 5 个字节是配置寄存器，这 3 个字节的内容在每一次上电复位时被刷新。第 6、7、8 个字节用于内部计算。第 9 个字节是 CRC 字节，存放前面所有 8 个字节的 CRC 码，可用来保证通信正确。

（3）配置寄存器。配置寄存器为高速缓存中的第 5 个字节，它的内容用于确定温度值的数字转换分辨率，DS18B20 工作时按此寄存器中的分辨率将温度转换为相应精度的数值。该字节的各位定义如下。

TM	R1	R0	1	1	1	1	1

低 5 位都是 1；TM 是测试模式位，用于设置 DS18B20 在工作模式还是在测试模式，在 DS18B20 出厂时该位被设置为 0，用户不要去改动；R1 和 R0 决定温度转换的精度位数，即是来设置分辨率，见表 8-5，DS18B20 出厂时被设置为 12 位。

表 8-5 温度转换的精度位数及时间

R1	R0	分辨率/位	温度最大转换时间/ms
0	0	9	93.75
0	1	10	187.5
1	0	11	275.0
1	1	12	750.0

由表 8-5 可见，设定的分辨率越高，所需要的温度转换时间就越长。因此，在实际应用中要将分辨率和转换时间权衡考虑。

（4）温度传感器。DS18B20 中的温度传感器可完成对温度的测量。以 12 位转换为例，用 16 位符号扩展的二进制补码形式提供，以 0.0625℃/LSB 形式表达，其中 S 为符号位，见表 8-6。

表 8-6 12 位转换的数据位

	位 7	位 6	位 5	位 4	位 3	位 2	位 1	位 0
低字节	2^3	2^2	2^1	2^0	2^{-1}	2^{-2}	2^{-3}	2^{-4}
	位 15	位 14	位 13	位 12	位 11	位 10	位 9	位 8
高字节	S	S	S	S	S	2^6	2^5	2^4

这是 12 位转换后得到的 12 位数据，存储在高速缓存的前两个字节中，二进制数中的前面 5 位是符号位：如果温度大于 0，这 5 位为 0，只要将测到的数值乘以 0.0625 即可得到实

际温度；如果温度小于 0，这 5 位为 1，将测到的数值取反加 1 再乘以 0.0625 即可得到实际温度。

（5）CRC 码的产生。在 64 位 ROM 的最高有效字节中存储了 CRC 码。主机根据 ROM 的前 56 位来计算 CRC 码，并和存储在 DS18B20 中的 CRC 码做比较，以判断主机收到的 ROM 数据是否正确。

3）DS18B20 与单片机的典型接口电路

DS18B20 与单片机的典型接口电路如图 8-20 所示，DS18B20 的 3 脚接+5V 电源，1 脚接地，2 脚接 I/O 口，3 脚和 2 脚之间接一个 4.7kΩ 的上拉电阻。

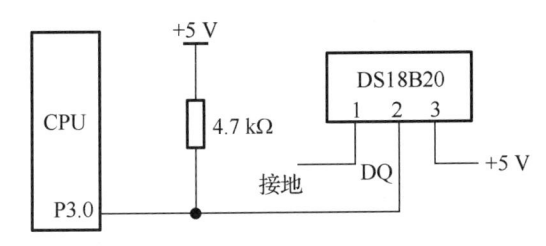

图 8-20　DS18B20 与单片机的典型接口电路

4）DS18B20 的软件编程

根据 DS18B20 的通信协议，对 DS18B20 进行操作必须经过 3 个步骤：复位、发送 ROM 操作命令、发送 RAM 操作命令。

（1）复位。单片机发送复位脉冲，随后接收 DS18B20 发出的存在脉冲，收到的存在脉冲表明 DS18B20 已准备好发送和接收数据，单片机可以发送 ROM 操作命令和 RAM 操作命令。

（2）发送 ROM 操作命令。对于单个 DS18B20 芯片，执行跳过 ROM 命令操作；对于多个芯片，则必须进行读 ROM、搜索 ROM、匹配 ROM 等命令操作。DS18B20 的 ROM 操作命令见表 8-7。

表 8-7　DS18B20 的 ROM 操作命令

命令	命令代码	功能简介
读 ROM	0x33	读 DS18B20 的 ROM 中的编码（64 位地址）
匹配 ROM	0x55	CPU 通过数据总线读出 DS18B20 的 ROM 代码，以通知该器件准备工作
跳过 ROM	0xcc	忽略 64 位 ROM 地址，直接向 DS18B20 发送温度转换命令，适用于单个 DS18B20 芯片工作
搜索 ROM	0xf0	当数据总线上有多个 DS18B20 时，可通过该命令搜索各个器件的 ROM
报警搜索命令	0xec	判断温度是否超界

（3）发送 RAM 操作命令。RAM 操作命令主要有启动温度转换、读 RAM、写 RAM 等命令。DS18B20 的 RAM 操作命令见表 8-8。

表 8-8　DS18B20 的 RAM 操作命令

命令	命令代码	功能简介
启动温度转换	0x44	启动 DS18B20 开始温度转换
读 RAM	0xbe	读出 RAM 中的温度值
写 RAM	0x4e	将 TH 和 TL 值输入 RAM
复制 RAM	0x48	将 RAM 中的值复制到计算机中
读电源状态	0xb4	判断电源工作方式
读 TH 和 TL	0xb8	读出 RAM 中的 TH 和 TL 值

5）DS18B20 的时序

由于 DS18B20 采用的是一线总线协议方式，即在一根数据线上实现数据的双向传输，而对 STC89C52 RC 单片机来说，硬件上并不支持单总线协议。因此，我们必须采用软件的方法模拟单总线协议时序来完成对 DS18B20 的访问。

由于 DS18B20 是在一根 I/O 线上读写数据，因此对读写的数据位有着严格的时序要求。DS18B20 有严格的通信协议来保证各位数据传输的正确性和完整性。该协议定义了几种信号的时序：复位时序、读时序、写时序。所有时序都将主机作为主设备，将单总线器件作为从设备。而每一次命令和数据的传输都是从主机主动启动写时序开始的，如果要求单总线器件回送数据，那么在进行写命令操作后，主机需启动读时序完成数据接收。数据和命令的传输都是低位在前。

（1）DS18B20 的复位时序。复位时序包括主机发送复位脉冲和器件向主机返回存在脉冲。主机总线发送最短时间为 480μs 的低电平复位脉冲，接着释放总线并进入接收状态，器件在接收到总线的电平上升沿后，等待 15～60μs 后发送 60～240μs 的低电平存在脉冲，表明 DS18B20 存在。DS18B20 的复位时序如图 8-21 所示。

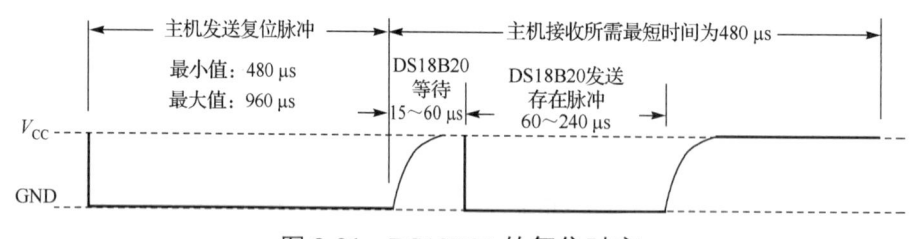

图 8-21　DS18B20 的复位时序

（2）DS18B20 的读时序。DS18B20 的读时序分为读 0 时序和读 1 时序两个过程。DS18B20 的读时序是从主机把单总线拉低之后的 15μs 之内就得释放单总线，以让 DS18B20 把数据传输到单总线上。DS18B20 至少需要 60μs 才能完成一个读时序过程。DS18B20 的读时序如图 8-22 所示。

（3）DS18B20 的写时序。DS18B20 的写时序仍然分为写 0 时序和写 1 时序两个过程。DS18B20 对写 0 时序和写 1 时序的要求不同。当要写 0 时序时，单总线要被拉低至少 60μs，保证 DS18B20 能够在 15～45μs 之间正确地采样 I/O 总线上的 0 电平。当要写 1 时序时，单总线被拉低之后,在 15μs 之内就得释放单总线。DS18B20 的写时序如图 8-23 所示。

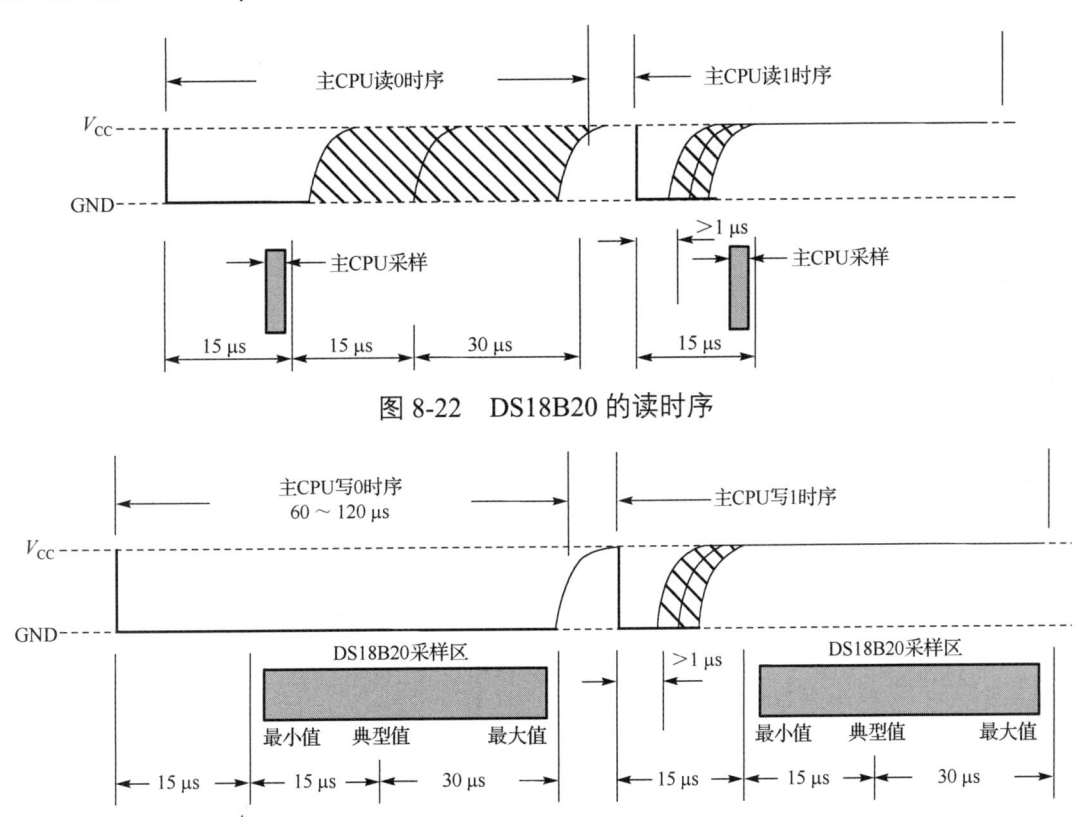

图 8-22 DS18B20 的读时序

图 8-23 DS18B20 的写时序

2. 硬件电路设计

基于 DS18B20 的电子温度计电路比较简单,是在单片机最小应用系统的基础上接一个 DS18B20、一个电平转换电路和一个 DB9 串行口接头,如图 8-24 所示。

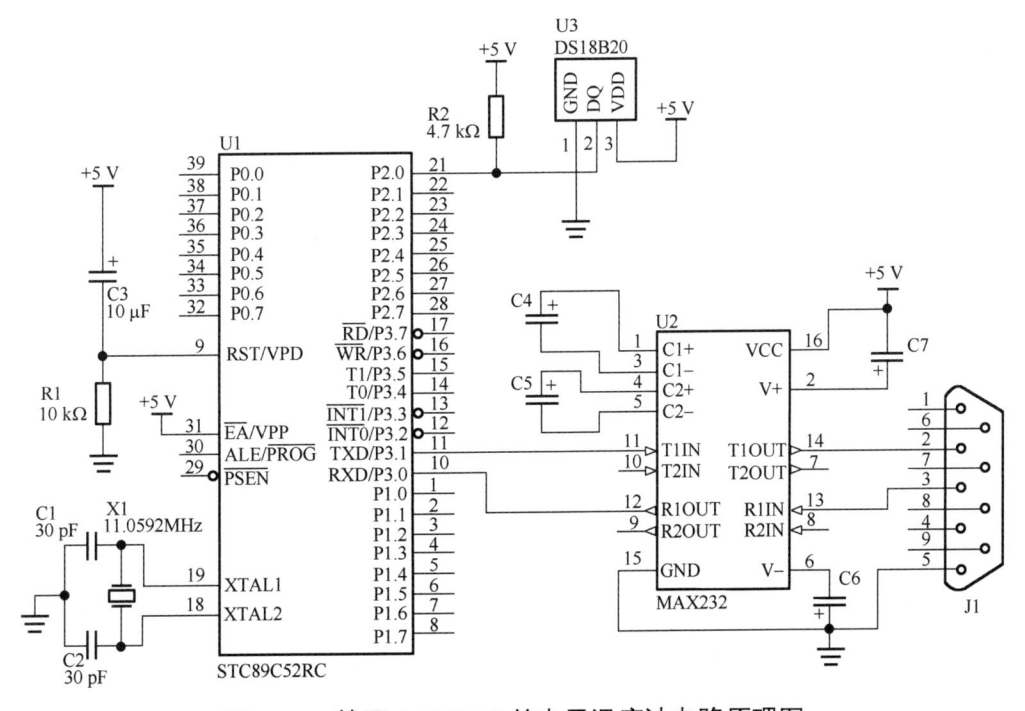

图 8-24 基于 DS18B20 的电子温度计电路原理图

说明：连接单片机系统和PC串行口的串口线仍采用平行线。

3. 程序设计

软件要完成的工作是启动DS18B20进行温度转换，读取转换结果，经处理后通过串行口发送出去。DS18B20操作程序流程图如图8-25所示。

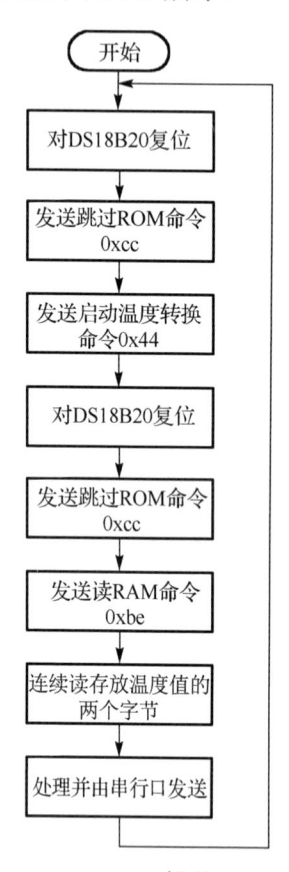

图 8-25　DS18B20 操作程序流程图

参考程序如下。

```c
#include <reg51.h>
unsigned int k,xs,t;
unsigned char temp[8];
sbit dq=P2^0;                       //DS18B20
delay(unsigned int i)
{
    while(i--);
}
send_B(unsigned char da)            //单字节数据发送子函数
{
    SBUF=da;
    while (!TI);
    TI=0;
}
send_T()                            //发送温度值子函数
{
    unsigned char j;
    temp[0]=t/100%10+0x30;           //t为温度的整数部分
    temp[1]=t/10%10+0x30;
    temp[2]=t%10+0x30;
```

```c
        temp[3]='.';
        temp[4]=k/1000%10+0x30;          //k 为温度的小数部分
        temp[5]=k/100%10+0x30;
        temp[6]=k/10%10+0x30;
        temp[7]=k%10+0x30;
        for (j=0;j<8;j++)
        {
            send_B(temp[j]);
        }
}
init()                                   //对 DS18B20 复位子函数
{
    dq=1;
    delay(8);
    dq=0;
    delay(80);
    dq=1;
    delay(15);
}
write_B(unsigned char f)                 //写 DS18B20 子函数
{
    unsigned char i;
    for(i=0;i<8;i++)
    {
        dq=0;
        dq=f&0x01;
        delay(10);
        dq=1;
        f>>=1;
    }
}
unsigned char read_B()                   //读 DS18B20 子函数
{
    unsigned char i,b;
    for(i=0;i<8;i++)
    {
        dq=0;
        b>>=1;
        dq=1;
        if(dq)
        {
            b=b|0x80;
        }
        delay(10);
    }
    return(b);
}
void dq1820()
{
    unsigned char c1,c2;
    init();                              //对 DS18B20 复位
    write_B(0xcc);                       //跳过 ROM
    write_B(0x44);                       //启动温度转换
    init();                              //对 DS18B20 复位
    write_B(0xcc);                       //跳过 ROM
    write_B(0xbe);                       //读 RAM
    c1=read_B();                         //读温度的低字节
    c2=read_B();                         //读温度的高字节
```

```
    xs=c1&0x0f;                //低字节的低4位为温度的小数部分
    c1=c1>>4;                  //低字节的高4位
    c2=c2<<4;                  //高字节的低4位
    t=c2|c1;                   //低字节的高4位和高字节的低4位合起来为温度的整数部分
    k=xs*625;                  //乘以0.0625为温度值,这里扩大10000倍
}                              //避免了小数运算
int main()
{
    TMOD=0x20;
    SCON=0x40;
    TH1=0xfd;
    TL1=0xfd;
    TR1=1;
    while (1)
    {
        dq1820();
        send_T();
        delay(30000);
    }
}
```

4. VB MSComm 控件与单片机通信实现温度显示

在单片机程序中，单片机将采集到的温度数据处理后，通过串行口发送出去。下面专门讲解如何用 VB6.0（企业版）调用 MSComm 控件接收数据、处理数据和显示数据。

第 1 步，打开 VB 软件，在"新建工程"对话框中选择"标准 EXE"项，单击"打开"按钮，如图 8-26 所示。接着，出现图 8-27 所示的 Form1 窗体界面。

图 8-26 "新建工程"对话框

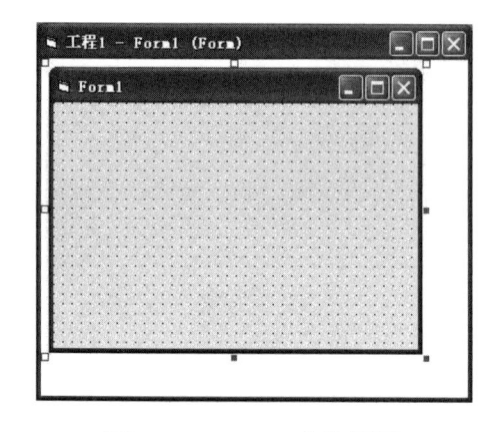

图 8-27 Form1 窗体界面

第 2 步，单击菜单【工程】→【部件】，如图 8-28 所示。在打开的"部件"对话框中，选择"Microsoft Comm Control 6.0"控件列表项，单击"确定"按钮，如图 8-29 所示。

这时，在工具箱中增加了一个像电话的图标，这就是 VB 串行口通信所用的标准控件：MSComm。

第 3 步，单击 MSComm 控件，并在 Form1 窗体中拖出一个矩形，这时 MSComm 控件就被添加到 Form1 窗体中了，如图 8-30 所示。需要说明的是，MSComm 控件在程序运行中是不可见的。

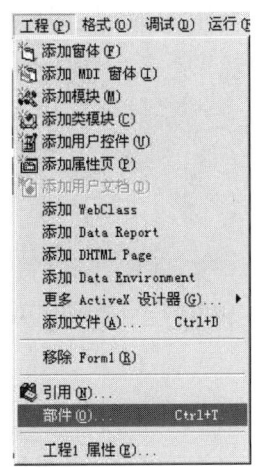

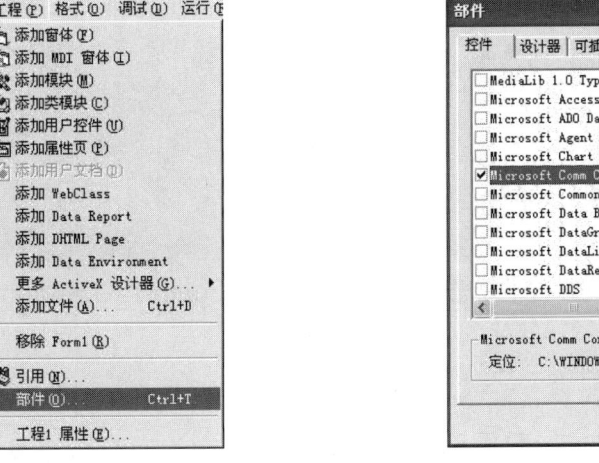

图 8-28　单击菜单【工程】→【部件】　　　　图 8-29　添加控件

第 4 步,单击 TextBox 控件,在 Form1 窗体中拖出一个矩形,即在窗体中添加一个 TextBox 控件,如图 8-31 所示。

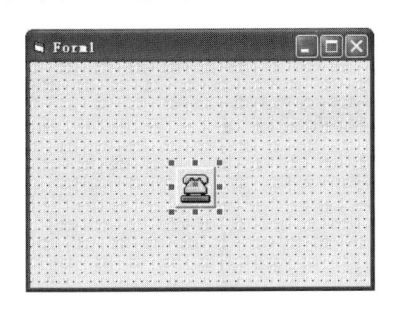

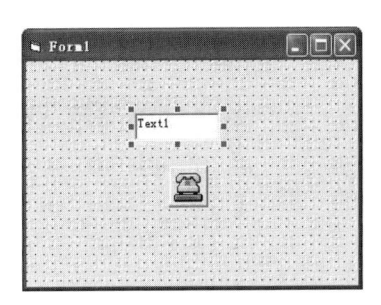

图 8-30　将 MSComm 控件添加到 Form1 窗体中　　图 8-31　将 TextBox 控件添加到 Form1 窗体中

第 5 步,双击窗体中无控件的空白处,打开代码编辑窗口,如图 8-32 所示。

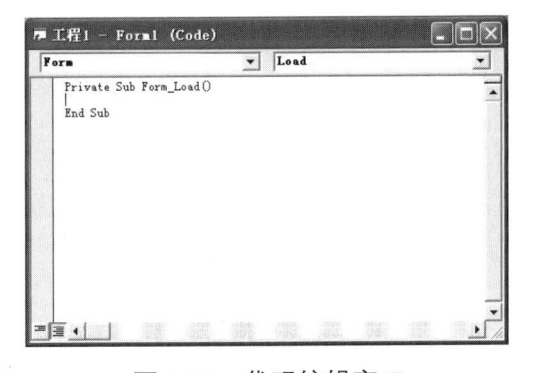

图 8-32　代码编辑窗口

在 Private Sub Form_Load()函数中添加如下代码。

```
Private Sub Form_Load()
MSComm1.Settings = "9600,n,8,1"        '波特率为9600bit/s,无校验位,8位数据,1位停止位
MSComm1.CommPort = 1                   '设置串行口为COM1
MSComm1.InBufferSize = 8               '设置返回接收缓冲区的大小,以字符为单位
MSComm1.OutBufferSize = 2
If MSComm1.PortOpen = True Then
MSComm1.PortOpen = False               '先关闭串行口
End If
```

```
    MSComm1.RThreshold = 8                      '设置并返回产生 oncomm 事件的字符数,以字符为单位
    MSComm1.SThreshold = 1
    MSComm1.InputLen = 0                        '设置从接收缓冲区读取的字数,为0则读取整个缓冲区
    MSComm1.InputMode = comInputModeText        '以文本方式接收
    If MSComm1.PortOpen = False Then
    MSComm1.PortOpen = True                     '打开串行口 COM1
    End If
    MSComm1.InBufferCount = 0                   '清空接收缓冲区
    End Sub
```

第6步,双击窗体中的 MSComm 控件,在 Private Sub MSComm1_OnComm()函数中添加如下接收数据代码。

```
    Private Sub MSComm1_OnComm()
    Dim rec As String
    Select Case MSComm1.CommEvent
       Case comEvReceive
        rec = MSComm1.Input
        Text1.Text = rec
        MSComm1.InBufferCount = 0               '清空接收缓冲区
    End Select
    End Sub
```

添加完代码的编辑窗口如图 8-33 所示。

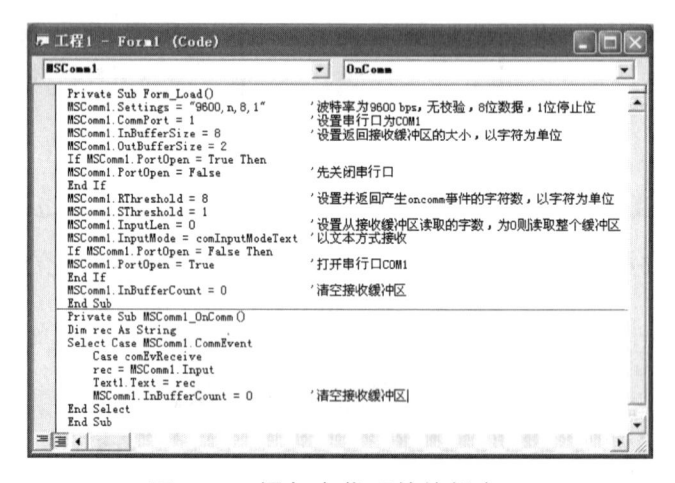

图 8-33　添加完代码的编辑窗口

第7步,单击 ▶ 按钮或直接按 F5 键运行程序。用串口线连接单片机系统板和 PC,即可在文本框中显示当前环境的温度值,如图 8-34 所示。

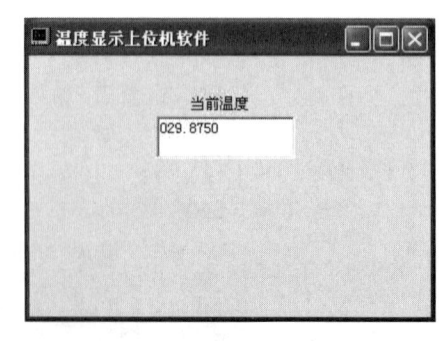

图 8-34　上位机软件最终运行结果(显示当前环境的温度值)

说明:该温度显示上位机软件的源码及可执行程序在本书配套资料中提供。

技能实训三　超声波倒车测距系统的制作

超声波测距仪可用于汽车倒车、建筑施工工地及一些工业现场的位置监控，也可用于液位、井深、管道长度的测量。本技能实训制作一个用超声波测距并通过数码管显示障碍物距离的倒车测距系统。

一、超声波测距的原理

超声波是指频率在 20~40kHz 之间的机械波，具有穿透性强、衰减小、反射能力强等特点。工作时，超声波发射器发射一定频率的超声波，借助空气媒质传播，到达测量目标或障碍物后反射回来，其所经历的时间与超声波传播的路程有关。只要在某一时间从测量点发射超声波，并测量该超声波返回的时间 t，即可求出距离 $S = vt/2$，式中的 v 为超声波的速度。

由于超声波是一种声波，其速度 v 与温度有关，但在使用时，如果温度变化不大，则可认为其速度是基本不变的。如果测距精度要求很高，则应通过温度补偿的方法加以校正。超声波的速度确定后，只要测得超声波往返的时间，即可求得距离。这就是超声波测距的原理。超声波测距系统框图如图 8-35 所示。

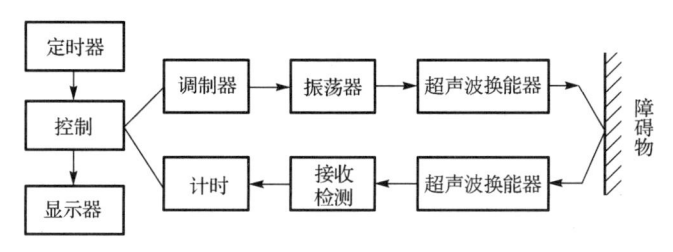

图 8-35　超声波测距系统框图

二、硬件电路设计

超声波倒车测距系统电路主要由单片机系统及显示电路、超声波发射电路和超声波接收电路 3 个部分组成。超声波倒车测距系统电路组成框图如图 8-36 所示。

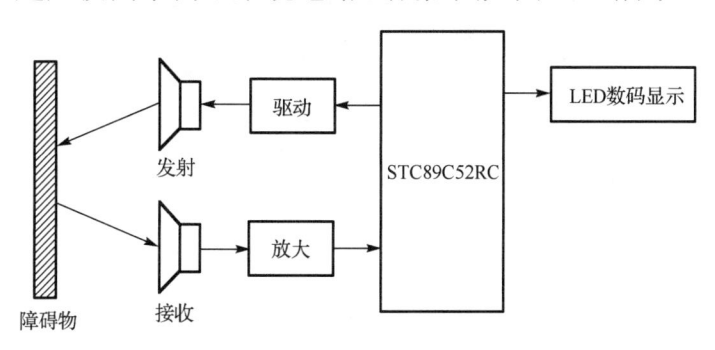

图 8-36　超声波倒车测距系统电路组成框图

超声波倒车测距系统电路原理图如图 8-37 所示。单片机通过 P1.0 输出 40kHz 的方波，经反相器以推挽形式推动超声波换能器发射出去。接收端超声波换能器接收到的障碍物反射的超声波送到由 CX20106 组成的放大整形电路，经放大整形后送到单片机的 $\overline{\text{INT0}}$（P3.2）端，向 CPU 请求外部中断。从超声波发射到外部中断的时间就是超声波传播所经历的时间，通过换算就可以得到超声波换能器与障碍物之间的距离。

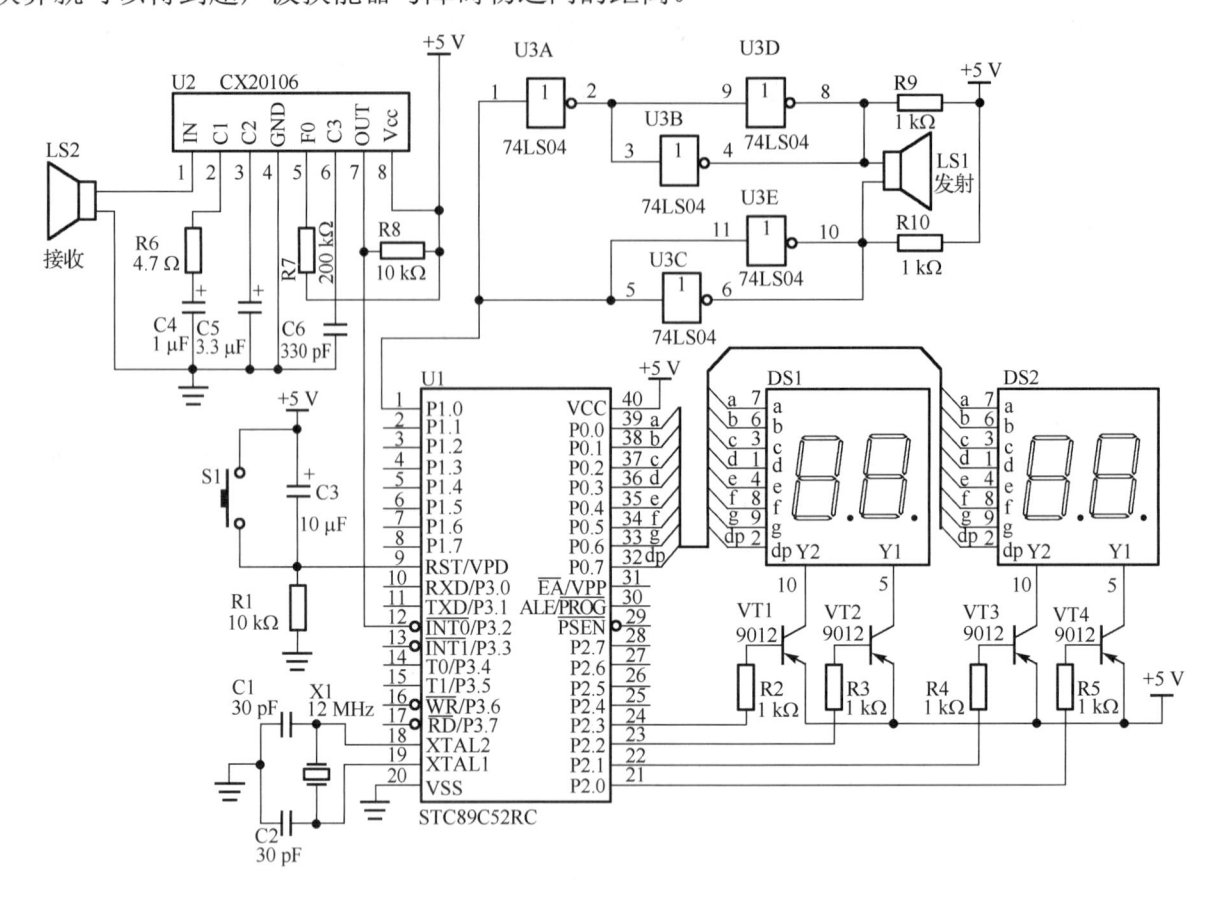

图 8-37 超声波倒车测距系统电路原理图

在图 8-37 中，LS1 和 LS2 为超声波换能器，采用 TCT40-10 系列超声波换能器，其实物图如图 8-38 所示。其中，标有"T"字样的为发射头，标有"R"字样的为接收头。

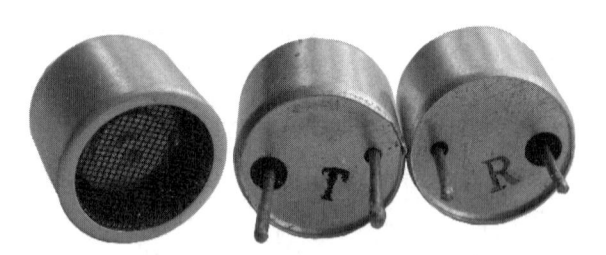

图 8-38 TCT40-10 系列超声波换能器实物图

CX20106 为红外线接收专用集成芯片，常用于电视机红外遥控接收器，考虑到红外遥控常用的载波频率 38kHz 与测距的超声波频率 40kHz 较为接近，可以利用它制作超声波接收电路，其作用是对接收头收到的信号进行放大、滤波和整形处理，其总放大增益为 80dB。CX20106 内部结构框图如图 8-39 所示。

项目八 测控技术

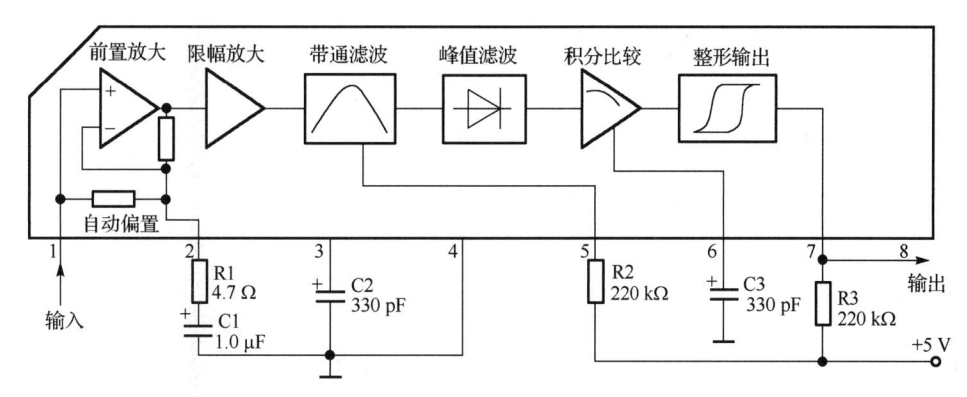

图 8-39 CX20106 内部结构框图

三、程序设计

1）主程序设计

主程序首先对系统环境初始化，设置外部中断 0 的触发方式为边沿触发方式，设置定时器 0 的工作方式为 16 位定时器方式，开中断。然后执行超声波发射程序送出两个左右的超声波脉冲，同时把计数器打开进行计时。为避免超声波从发射头直接传送到接收头引起的直接波触发，需延迟 0.1ms（这就是测距器会有一个最小可测距离的原因）后，才打开外部中断 0 接收返回的超声波信号。由于采用 12MHz 的晶振，机器周期为 1μs，当主程序检测到接收成功的标志后，定时器 0 中的数即超声波往返所用的时间，设计时取声速为 340m/s，则被测物体与测距器之间的距离（单位：cm）可按下式计算。

$$s=(v×T0)/2=17×T0÷1000$$

其中，T0 为定时器 0 的计数值。

主程序流程图如图 8-40（a）所示。

2）外部中断 0 中断服务程序设计

超声波测距器利用外部中断 0 检测返回超声波信号，一旦接收到返回超声波信号（$\overline{INT0}$ 端出现低电平），立即进入中断服务程序。进入中断服务程序后就立即关闭定时器 0，将测距成功标志字赋值 1，计算出距离并显示。如果当定时器溢出时还未检测到返回超声波信号，则外部中断 0 关闭，将测距成功标志字赋值 2，表示测距不成功，并进行下一次测距。

外部中断 0 中断服务程序流程图如图 8-40（b）所示。

根据程序流程图编写的程序如下。

(a) 主程序流程图　　(b) 外部中断0中断服务程序流程图

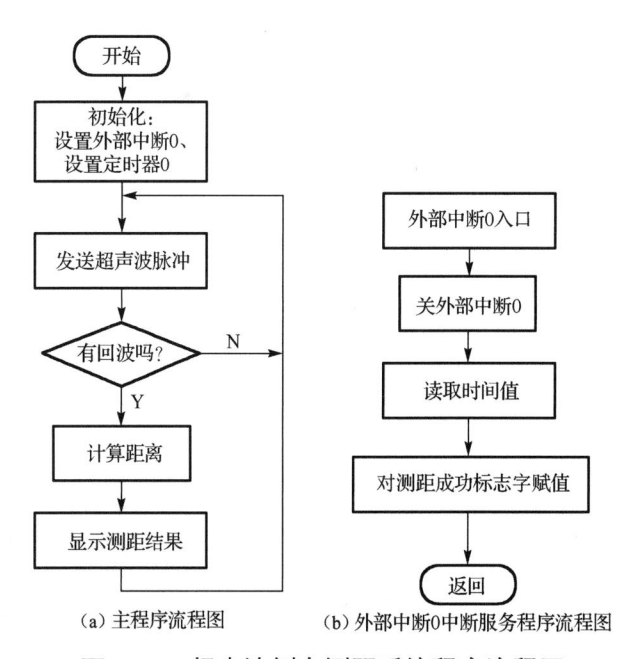

图 8-40 超声波倒车测距系统程序流程图

```c
#include <reg51.h>
#include <intrins.h>
sbit out=P1^0;                              //超声波输出引脚
unsigned char flag=0;                       //测距成功标志字
unsigned long juli;                         //存放测距结果
unsigned char code seg[]={0xc0,0xf9,0xa4,0xb0,0x99,0x92,0x82,0xf8,0x80,0x90};
delay(unsigned int i)
{
    while(i--);
}
display()                                   //数码管显示子函数
{
    unsigned char i;
    unsigned char wei=0xfe;
    unsigned char temp[4];
    temp[0]=seg[juli%10];                   //个位
    temp[1]=seg[juli/10%10];                //十位
    temp[2]=seg[juli/100%10];               //百位
    temp[3]=seg[juli/1000%10];              //千位
    for (i=0;i<4;i++)
    {
        P0=temp[i];
        P2=wei;
        delay(100);
        P2=0xff;
        wei=_crol_(wei,1);
    }
}
int main()                                  //主程序main函数
{
    unsigned char i;
    IT0=1;                                  //设置外部中断0的触发方式为边沿触发方式
    TMOD=0x01;                              //设置定时器0的工作方式为方式1
    EA=1;                                   //开总中断
    ET0=1;                                  //开定时器0中断
    while(1)
    {
        flag=0;                             //置测距成功标志字为0
        TH0=0;                              //将计数初值清零
        TL0=0;
        TR0=1;                              //启动定时器0
        EX0=0;                              //关闭外部中断0
        for (i=0;i<4;i++)                   //产生两个超声波脉冲
        {
        out=!out;
        _nop_();                            //空操作指令,耗时1个机器周期
        _nop_();
        _nop_();
        _nop_();
        _nop_();
        _nop_();
        _nop_();
        }
        delay(100);                         //跳过直接波,最小测距为16cm
        IE0=0;                              //将外部中断0的中断请求标志位清零,这一步很关键,
                                            //因为直接波已经将IE0置1,一旦开外部中断0,
                                            //就会马上响应外部中断0的中断
```

```
            EX0=1;                          //开外部中断0
            while(flag==0)display();        //等待,收到回波则引起外部中断,如果收不到
                                            //回波,则65536μs后引起定时器0中断
            if (flag==1)                    //测距成功则计算并显示距离
            {
                juli = TH0*256+TL0;
                juli*=17;
                juli/=1000;
            }else                           //测距不成功则显示0
            {
                juli=0;
            }
            display();
        }
    }
    void intt0() interrupt 0
    {
        EX0=0;
        TR0=0;
        flag=1;                             //测距成功
    }
    void time0() interrupt 1                //最大测距为65536×17/1000≈1114(cm)
    {
        EX0=0;
        TR0=0;
        flag=2;                             //测距不成功
    }
```

技能实训四 液晶万年历的制作

液晶万年历是采用独立芯片,以液晶显示器作为显示器件,显示日期、时间、星期、节气倒计时及温度等日常信息,糅合了多项先进电子技术及现代经典工艺的现代数码计时产品。液晶万年历如图8-41所示。

图8-41 液晶万年历

一、任务分析

本技能实训中,以液晶显示模块TG12864作为显示器件,显示公历和农历的日期、星期、温度和时间;温度测量采用数字温度传感器DS18B20;计时电路采用时钟芯片DS1302。DS1302可以对年、月、日、周、时、分、秒进行计时,具有闰年补偿功能和后备电源引脚,在掉电的情况下也可以正常走时,并且不占用CPU资源。

二、硬件电路设计

用DS18B20和DS1302设计的液晶万年历电路原理图如图8-42所示。

该电路除电源及单片机最小应用系统外,主要包括三个部分:一是数字温度传感器

DS18B20，二是液晶显示模块 TG12864，三是实时时钟芯片 DS1302。下面对后两个部分进行重点说明。

1. 液晶显示模块 TG12864

我们平时所说的液晶显示器（LCD）实际上指的是液晶显示模块，它是将液晶显示器件、连接件、控制电路与驱动电路等外围电路、印制电路板、背光源、结构件等装配在一起形成的组件。液晶显示模块主要分为字段式、点阵字符式和点阵图形式 3 种。

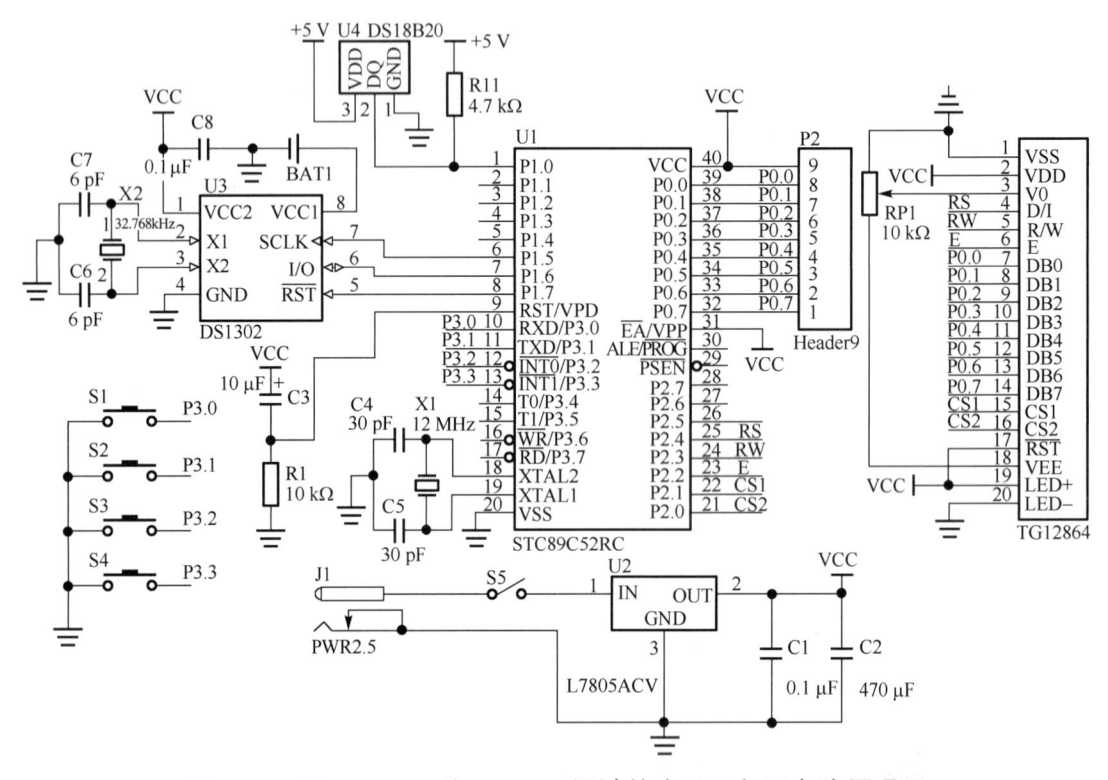

图 8-42 用 DS18B20 和 DS1302 设计的液晶万年历电路原理图

点阵图形式液晶显示模块显示面积较大，可以显示各种图形、字符和汉字。例如，TG12864 是 128×64（可以显示 4 行、每行 8 个 16×16 的汉字）的点阵图形式液晶显示模块。12864 是 128×64 点阵液晶显示模块的点阵数的简称，是业界约定俗成的简称。其型号很多，有的本身带有字库，可以直接调用，有的不带字库，需要自己编写。

点阵图形式液晶显示模块的显示原理和 LED 点阵显示模块的显示原理非常相似，也是通过控制 LCD 点阵中各个像素的亮和暗，组成所要显示的汉字或图形。16×16 点阵的 LCD 显示"欢"字示意图如图 8-43（a）所示。由图 8-43（a）可知，控制每个点的电平为 0 时不亮，为 1 时点亮（对于液晶，为高电平时不透光显示黑色），如果把 16×16 点阵分成上、下两个部分，每个部分为 16 列，每列对应 1 个字节（每个字节对应 8 位二进制数），共 32 个字节，用这 32 个字节的高、低电平就可以控制 LCD 显示汉字"欢"。这 32 个字节的二进制数称为汉字"欢"的字模，如图 8-43（b）所示。

(a) 显示"欢"字示意图　　　　(b) 汉字"欢"的字模图

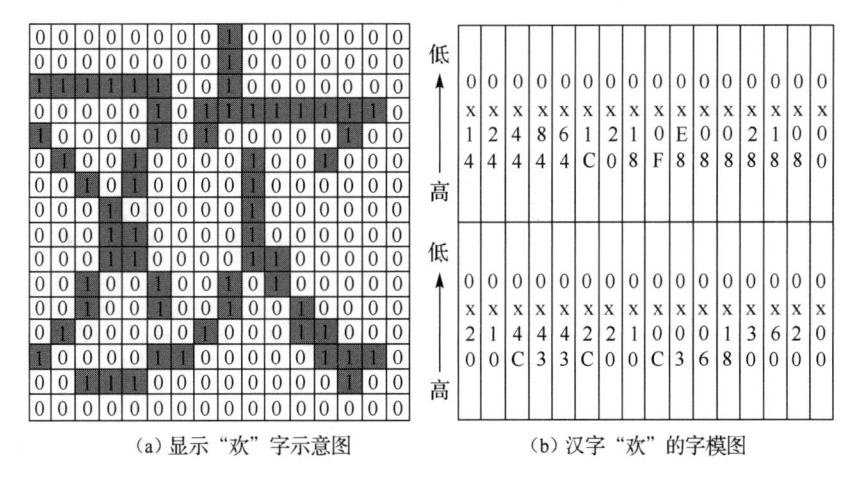

图 8-43　LCD 显示"欢"字示意图和字模图

由字模构成的一组数据称为字模表，汉字"欢"的字模表如下。

```
/*--  文字:  欢  --*/
/*--  宋体12; 此字体下对应的点阵为: 宽 x 高=16x16   --*/
{0x14,0x24,0x44,0x84,0x64,0x1C,0x20,0x18,0x0F,0xE8,0x08,0x08,0x28,0x18,0x08,0x00,
0x20,0x10,0x4C,0x43,0x43,0x2C,0x20,0x10,0x0C,0x03,0x06,0x18,0x30,0x60,0x20,0x00}
```

和 LED 点阵的控制方式不同，所有的点阵图形式 LCD 都有显示缓存，单片机只需要将点阵字模表中的数据写入 LCD 的显示缓存，LCD 的行、列驱动器就会自动扫描 LCD 点阵，显示用户所要求的内容。显示缓存都是采用字节方式写入的，LCD 上的点阵是按字节方式 8 个点一组来控制的。显示汉字最低要求 16×16 的点阵，即 32 个字节，字符（英文字母和数字等）一般要求 8×16 的点阵，即 16 个字节。

字模的生成一般是由字模生成软件来实现的，字模生成软件在项目四的知识三中已经讲过，这里不再赘述。

TG12864 是一款无字库的点阵图形式液晶显示模块，其屏幕由 128 列×64 行点阵组成。

1）TG12864 的内部结构

TG12864 的内部结构框图如图 8-44 所示。TG12864 是由一个 S6B0108 芯片和一个 S6B0107 芯片来控制和驱动的，S6B0108 是控制驱动器，S6B0107 是行、列驱动控制器。TG12864 分成左、右两个半屏。

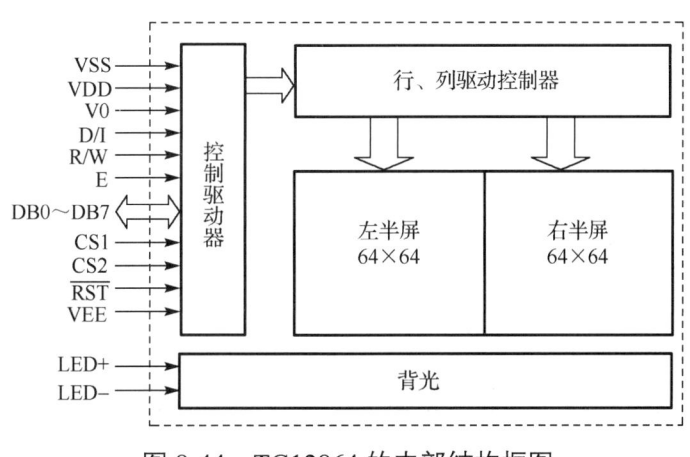

图 8-44　TG12864 的内部结构框图

2）TG12864 的引脚及接口说明

TG12864 的引脚及接口说明见表 8-9。

表 8-9 TG12864 的引脚及接口说明

引脚号	引脚名称	电平	方向	说明
1	VSS	0V	—	接电源地
2	VDD	+5V	—	接电源正极
3	V0	—	I	对比度调节
4	D/I	H/L	I	数据/指令选择，1 表示数据操作，0 表示指令操作
5	R/W	H/L	I	读/写选择，1 表示读操作，0 表示写操作
6	E	H	I	读写使能，高电平有效，下降沿锁定数据
7	DB0	H/L	I/O	接数据总线
8	DB1	H/L	I/O	
9	DB2	H/L	I/O	
10	DB3	H/L	I/O	
11	DB4	H/L	I/O	
12	DB5	H/L	I/O	
13	DB6	H/L	I/O	
14	DB7	H/L	I/O	
15	CS1	H	I	片选信号引脚，高电平时选择左半屏
16	CS2	H	I	片选信号引脚，高电平时选择右半屏
17	$\overline{RST}$	L	I	复位信号引脚，低电平有效
18	VEE	—	O	LCD 内部驱动，可对地接 10kΩ 电位器
19	LED+	+5V	—	LED 背光电源正极
20	LED−	0V	—	LED 背光电源负极

注：H 表示高电平，L 表示低电平，I 表示输入，O 表示输出。

3）TG12864 的控制指令介绍

TG12864 内部有 DDRAM（64×8×8 位）、I/O 寄存器、指令寄存器、状态寄存器和地址寄存器等。单片机可以通过 7 种指令对这些寄存器进行操作，实现相应的控制。这些指令分别介绍如下。

（1）显示开/关设置指令。

指令格式：

R/W	D/I	DB7	DB6	DB5	DB4	DB3	DB2	DB1	DB0
0	0	0	0	1	1	1	1	1	1/0

功能：设置屏幕显示开/关。DB0=1，开屏幕显示；DB0=0，关屏幕显示。不影响显示 DDRAM 中的内容。

解释：R/W=0 表示写入操作，D/I=0 表示操作指令寄存器。数据 0x3e 表示关屏幕显示，数据 0x3f 表示开屏幕显示。

（2）设置显示起始行（Z 地址）指令。

指令格式：

R/W	D/I	DB7	DB6	DB5	DB4	DB3	DB2	DB1	DB0
0	0	1	1	行地址（0~63）					

功能：执行该指令后，所设置的行将显示在屏幕的第一行。显示起始行是由 Z 地址计数器控制的。该指令自动将 DB5~DB0 位地址送入 Z 地址计数器，起始地址可以是 0~63 范围内任意一行。Z 地址计数器具有循环计数功能，用于显示行扫描同步，当扫描完一行后自动加 1。

（3）设置页地址（X 地址）指令。

指令格式：

R/W	D/I	DB7	DB6	DB5	DB4	DB3	DB2	DB1	DB0
0	0	1	0	1	1	1	页地址（0~7）		

功能：执行该指令后，下面的读写操作将在指定页内，直到重新设置。页地址就是 DDRAM 的行地址，页地址存储在 X 地址计数器中，DB2~DB0 可表示 8 页，读写数据对页地址没有影响，除该指令可改变页地址外，复位信号（RST）可把 X 地址计数器内容清零。

（4）设置列地址（Y 地址）指令。

指令格式：

R/W	D/I	DB7	DB6	DB5	DB4	DB3	DB2	DB1	DB0
0	0	0	1	列地址（0~63）					

功能：DDRAM 的列地址存储在 Y 地址计数器中，读写数据对列地址有影响，在对 DDRAM 进行读写操作后，Y 地址自动加 1。

TG12864 的 DDRAM 与 X 地址、Y 地址对照示意图如图 8-45 所示。

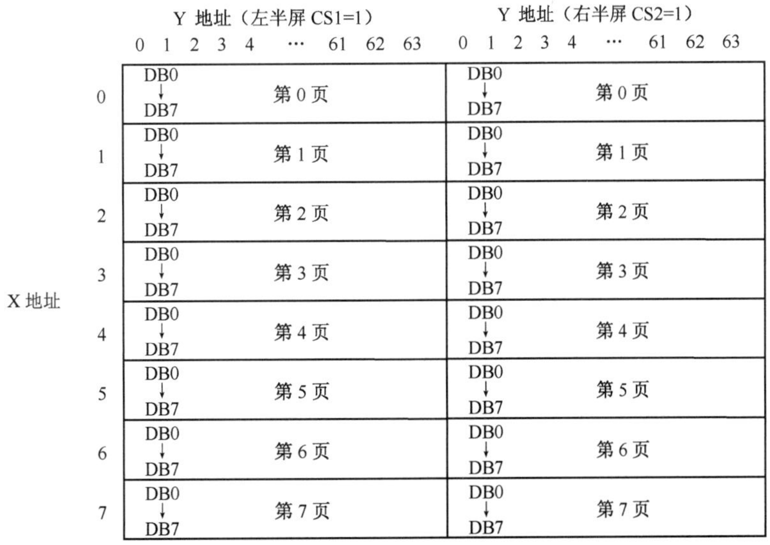

图 8-45 TG12864 的 DDRAM 与 X 地址、Y 地址对照示意图

（5）状态检测指令。

指令格式：

R/W	D/I	DB7	DB6	DB5	DB4	DB3	DB2	DB1	DB0
1	0	BF	0	ON/OFF	RST	0	0	0	0

功能：包括读忙信号标志位（BF）、复位标志位（RST）及显示状态位（ON/OFF）。

BF=1，内部正在执行操作；BF=0，处于空闲状态。当 BF=1（忙）时，单片机除读状态字外的任何操作都是无效的。

RST=1，正处于复位初始化状态；RST=0，处于正常状态。

ON/OFF=1，表示屏幕显示关闭；ON/OFF=0，表示屏幕显示开启。

（6）写显示数据指令。

指令格式：

R/W	D/I	DB7	DB6	DB5	DB4	DB3	DB2	DB1	DB0
0	1	D7	D6	D5	D4	D3	D2	D1	D0

功能：写数据到 DDRAM，DDRAM 用来存储图形显示数据。该指令执行后 Y 地址计数器自动加 1。D7～D0 位数据为 1 表示显示，为 0 表示不显示。写数据到 DDRAM 前，要先执行设置页地址指令及设置列地址指令。

（7）读显示数据指令。

指令格式：

R/W	D/I	DB7	DB6	DB5	DB4	DB3	DB2	DB1	DB0
1	1	D7	D6	D5	D4	D3	D2	D1	D0

功能：从 DDRAM 读数据，该指令执行后 Y 地址计数器自动加 1。从 DDRAM 读数据前，要先执行设置页地址指令及设置列地址指令。

注意：设置列地址后，首次从 DDRAM 读数据时，必须连续执行读操作两次，第 2 次才能读到正确数据。读内部状态则不需要此操作。

4）驱动程序设计

TG12864 初始化子函数如下。

```
void clearLCD(uchar b)                //清屏子函数
{
    uchar i,j;
    writeByte(0,0x3f);                //开屏幕显示
    cs1=1;cs2=1;                      //开左半屏，开右半屏
    for(i=0;i<8;i++)
    {
    writeByte(0,0xb8+i);              //设置页地址
        writeByte(0,0xc0);            //设置起始行
        writeByte(0,0x40);            //设置列地址
        for(j=0;j<64;j++)
        {
```

```c
            writeByte(1,b);
        }
    }
}
void initLCD()                          //初始化子函数
{
    rst=0;                              //TG12864 复位信号
    delay(50);
    rst=1;
    cs1=1;cs2=1;
    writeByte(0,0x3e);                  //关屏幕显示
    writeByte(0,0x3f);                  //开屏幕显示
    clearLCD(0x00);                     //清屏
}
```

检测 LCD 是否忙子函数如下。

```c
void checkBusy()                        //检测 LCD 是否忙子函数
{
    uchar dat;
    rs=0;                               //指令操作
    rw=1;                               //读出操作
    do
    {
        dPort=0xff;                     //P0 设置为输入
        e=1;                            //给使能信号
        dat=0x80&dPort;                 //只判断 DB7 位的状态
        e=0;
    }while(dat==0x80);                  //忙则继续检测
}
```

写数据或指令子函数如下。

```c
void writeByte(uchar sz,uchar dat)      //写数据或指令子函数
{
    checkBusy();
    rs=sz;                              //指令或数据切换
    rw=0;                               //写入操作
    dPort=dat;                          //P0 口用作数据总线
    e=1;                                //给使能信号
    delay(1);
    e=0;
}
```

显示一个汉字（16×16）子函数如下。

```c
/*显示一个汉字（16×16）子函数，参考：x 为页地址，y 为列地址，num 为字模中汉字序号*/
void display0(uchar x,uchar y,uchar num)
{
    uchar i;
    writeByte(0,0xb8+x);                //设置页地址
    writeByte(0,0x40+y);                //设置列地址
    for(i=0;i<16;i++)
    {
        writeByte(1,hz[num][i]);
    }
    writeByte(0,0xb8+x+1);
    writeByte(0,0x40+y);
    for(i=0;i<16;i++)
    {
        writeByte(1,hz[num][i+16]);
    }
}
```

2. 实时时钟芯片 DS1302

现在流行的串行时钟芯片很多，如 DS1302、DS1307、PCF8485 等。这些芯片的接口简单，价格低廉，使用方便，被广泛地采用。本技能实训中使用的实时时钟芯片 DS1302 是 DALLAS 公司推出的一种实时时钟电路，其主要特点是采用串行传输方式传输数据，可为掉电保护电源提供可编程的充电功能，并且可以关闭充电功能，采用普通 32.768kHz 晶振。

DS1302 是一种高性能、低功耗、带 RAM 的实时时钟电路，它可以对年、月、日、周、时、分、秒进行计时，具有闰年补偿功能，工作电压为 2.5～5.5V。DS1302 采用三线接口与 CPU 进行同步通信，并可采用突发方式一次传送多个字节的时钟信号或 RAM 数据。DS1302 内部有一个 31×8（31 个存储单元，每个单元有 8 位）的用于临时性存放数据的 RAM 寄存器，同时提供对后备电源进行涓细电流充电的功能。

1）DS1302 的引脚与功能

DS1302 的外部引脚分配如图 8-46 所示。

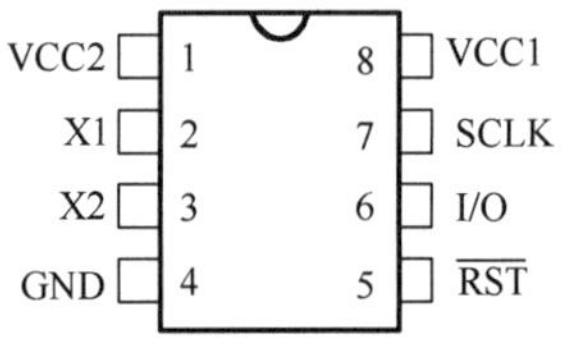

图 8-46 DS1302 的外部引脚分配

DS1302 的各引脚功能见表 8-10。

表 8-10 DS1302 的各引脚功能

引脚号	引脚名称	功能
1	VCC2	接主电源
2、3	X1、X2	接振荡源，外接 32.768kHz 晶振
4	GND	接地
5	$\overline{RST}$	复位/片选端
6	I/O	串行数据输入/输出（双向）端
7	SCLK	串行时钟输入端
8	VCC1	接备用电源

其中，$\overline{RST}$ 是复位/片选端，通过把 $\overline{RST}$ 输入置高电平来启动所有的数据传送。$\overline{RST}$ 输入有两种功能：首先，$\overline{RST}$ 接通控制逻辑电路，允许地址/命令序列送入移位寄存器；其次，$\overline{RST}$ 提供终止单字节或多字节数据传送的方法。当 $\overline{RST}$ 为高电平时，所有的数据传送被初始化，允许对 DS1302 进行操作。如果在传送过程中 $\overline{RST}$ 置为低电平，则会终止此次数据传送，I/O 引脚变为高阻态。上电运行时，在 VCC>2.5V 之前，$\overline{RST}$ 必须保持低电平，只有在 SCLK 为低电平时，才能将 $\overline{RST}$ 置为高电平。

2）DS1302 的控制指令字节

在与 DS1302 通信之前，首先要了解 DS1302 的控制指令字节（简称控制指令字或指令字）。DS1302 的控制指令字见表 8-11。

表 8-11 DS1302 的控制指令字

7	6	5	4	3	2	1	0
1	RAM/CK	A4	A3	A2	A1	A0	RD/WR

控制指令字的最高有效位（位 7）必须是逻辑 1，如果它为 0，则不能把数据写入 DS1302。

位 6：为 0，表示存取日历、时钟数据；为 1，表示存取 RAM 数据。RAM 共有 31 个存储单元，每个单元有 8 位，其控制字为 C0H～FDH，其中奇数为读操作，偶数为写操作。

位 5 至位 1（A4～A0）：指定操作单元的地址。

位 0（最低有效位）：为 0，表示写操作；为 1，表示读操作。

控制指令字总是从最低位开始输出。在控制指令字输入后的下一个 SCLK 脉冲的上升沿，数据被写入 DS1302，数据输入是从最低位即位 0 开始的。同样，在紧跟 8 位的控制指令字后的下一个 SCLK 脉冲的下降沿，读出 DS1302 的数据，读出数据时也是从低位到高位。

3）DS1302 的寄存器

DS1302 有 12 个寄存器，其中 7 个寄存器与日历、时钟相关，存放的数据为 BCD 码形式的。此外，DS1302 还有控制寄存器、充电寄存器、时钟突发寄存器及与 RAM 相关的寄存器。时钟突发寄存器可一次性读写除充电寄存器外的所有寄存器内容。表 8-12 为 DS1302 主要寄存器的指令字、取值范围及各位内容对照表。

表 8-12 DS1302 主要寄存器的指令字、取值范围及各位内容对照表

寄存器名	指令字 写	指令字 读	取值范围	各位内容 7	6	5	4	3～0
秒寄存器	80H	81H	00～59	CH	秒十位			秒个位
分寄存器	82H	83H	00～59	0	分十位			分个位
时寄存器	84H ↓	85H ↓	00～12 00～23	12/24	0	10/AP		时个位
日寄存器	86H ↓	87H ↓	01～28、29、30、31	0	0	日十位		日个位
月寄存器	88H	89H	01～12	0	0	0	月十位	月个位
星期寄存器	8AH	8BH	01～07	0	0	0	0	星期
年寄存器	8CH	8DH	01～99	年十位				年个位
写保护寄存器	8EH	8FH		WP	0	0	0	0
慢充电寄存器	90H	91H		TCS	TCS	TCS	TCS	DS DS RS RS
时钟突发寄存器	BEH	BFH						

例如，要读取秒寄存器的值，需要先向 DS1302 写入指令字 0x81，然后从 DS1302 读取的数据即秒寄存器的值，其他同理。

其中，有些特殊位说明如下。

CH：时钟暂停位。该位设置为 1 时，振荡器停振，DS1302 处于低功耗状态；设置为 0

时，时钟开始启动。

12/24：12 小时或 24 小时方式选择位。该位为 1 时选择 12 小时方式。在 12 小时方式下，位 5 是 AM/PM 选择位，此位为 1 时表示 PM。在 24 小时方式下，位 5 是第 2 个小时位（20～23 时）。

WP：写保护位。在对时钟或 RAM 进行写操作之前，WP 必须为 0；当设置为高电平时，表示处于写保护状态，可防止对其他任何寄存器进行写操作。

TCS：控制慢充电寄存器是否工作。为了防止偶然因素使 DS1302 以充电方式工作，只有 1010 模式才能使慢充电寄存器工作。

DS：二极管选择位。如果 DS 为 01，那么选择一个二极管；如果 DS 为 10，那么选择两个二极管；如果 DS 为 00 或 11，那么充电被禁止，与 TCS 无关。

RS：选择连接在 VCC2 与 VCC1 之间的电阻。如果 RS 为 00，那么充电被禁止，与 TCS 无关。

三、程序设计

用 DS18B20 和 DS1302 设计液晶万年历的程序较为复杂，我们可以将其分解为以下几个部分：显示子函数、DS1302 子函数、DS18B20 子函数、按键调整子函数、计算星期子函数和公历转农历子函数等。DS18B20 子函数前面已经详细介绍，下面重点说明 DS1302 子函数和公历转农历子函数，整个系统的完整程序在本书配套资源中提供。

1. DS1302 子函数

对 DS1302 的读操作和写操作均可以分解为两个步骤。读操作时，可分解为先向 DS1302 写入指令字，再从 DS1302 读取数据两个步骤；同样，写操作分为先向 DS1302 写入指令字，再向 DS1302 写入数据两个步骤。这里共用到 3 个操作：写指令、写数据、读数据，其中，写指令和写数据可以合为一个带参数的写入函数，所以只需要两个操作就可以了，这两个操作对应的 C51 语言程序如下。

```c
//DS1302写入函数，da 为写入的指令或数据
wr1302(uchar da)
{
    uchar i;
    for (i=0;i<8;i++)
    {
        sclk=0;
        sdat=da&0x01;
        sclk=1;
        da>>=1;
    }
}
//DS1302读取函数，da 返回值为读取的数据
uchar rd1302()
{
    uchar i,da=0;
```

```
    for (i=0;i<8;i++)
    {
        da=da>>1;
        sclk=1;
        sclk=0;
        if (sdat)
        {
            da|=0x80;
        }
    }
    return(da);
}
```

DS1302 的写入函数与读取函数确定后,就可以通过其组合完成向指定地址写入数据和从指定地址读取数据了。

```
//向指定地址写入数据,cmd为指定地址,da为写入的数据
wrByte(uchar cmd,uchar da)
{
    rst=0;
    sclk=0;
    rst=1;
    wr1302(cmd);
    wr1302(da);
    rst=0;
}
//从指定地址读取数据,cmd为指定地址,da返回值为读取的数据
rdByte(uchar cmd)
{
    uchar da=0;
    rst=0;
    sclk=0;
    rst=1;
    wr1302(cmd);
    da=rd1302();
    sclk=1;
    rst=0;
    return(da);
}
```

2. 公历转农历子函数

公历是世界通用的历法,以地球绕太阳一周为一年,一年为 365 天 5 小时 48 分 46 秒,所以每 4 年有 1 个闰年,每 400 年要减去 3 个闰年。

农历与公历不同,农历把月亮绕地球一周作为一天,因为月亮绕地球一周不是公历的一整天,所以农历把月分为大月和小月,大月为 30 天,小月为 29 天,通过设置大、小月使农历日始终和月亮与地球的位置相对应。为了使农历的年份与公历的年份相对应,农历通过设置闰月使农历年的平均长度和公历年相等。

农历是中国传统文化的代表之一,并与农业生产联系密切,中国人民特别是广大农民十分熟悉并喜爱农历,但农历的计算十分复杂且每年都不一样,因此要用单片机实现公历与农历的转换用查表法是最简单可行的办法。

查表法可以实现公历到农历的转换,按日查表的速度最快,但按日查表不但需要占用极

大的存储空间，而且 MCS-51 单片机的寻址能力也达不到。本技能实训中采用按年查表的方法，再通过适当的计算来确定公历日所对应的农历日，这样可以最大限度地减小表格所占用的存储空间。而我们要解决的问题有两个：一是表格格式，二是计算公历日对应农历日的方法。

1）表格格式

在按年查表的方法中，表格中每年的信息只需要 3 个字节数据。农历年信息格式及 2013 年对应信息如图 8-47 所示。

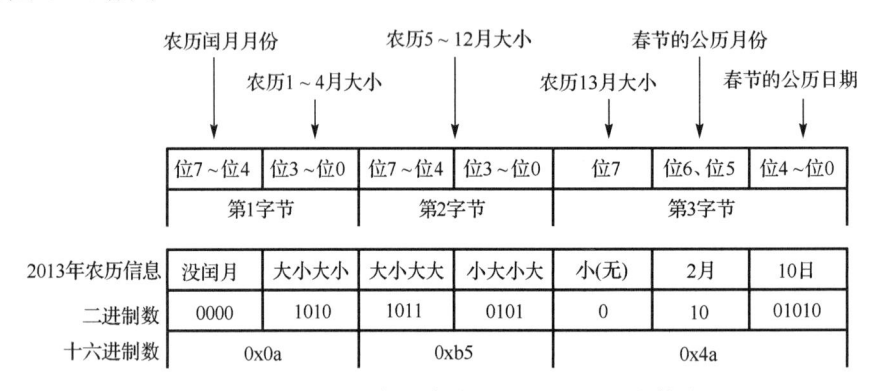

	农历闰月月份	农历1～4月大小	农历5～12月大小		农历13月大小	春节的公历月份	春节的公历日期
	位7～位4	位3～位0	位7～位4	位3～位0	位7	位6、位5	位4～位0
	第1字节		第2字节		第3字节		
2013年农历信息	没闰月	大小大小	大小大大	小大小大	小(无)	2月	10日
二进制数	0000	1010	1011	0101	0	10	01010
十六进制数	0x0a		0xb5		0x4a		

图 8-47　农历年信息格式及 2013 年对应信息

对农历来说，大月为 30 天，小月为 29 天，这是固定不变的，这样可以用 1 位二进制数表示大、小月信息。由于农历一年可能有闰月，这时一年有 13 个月，也可能没有闰月，这时一年有 12 个月，所以第 1 个字节的低 4 位、第 2 个字节及第 3 个字节的位 7 共 13 位表示 13 个月的大、小月信息。同时，如果有闰月，则还要指定哪个月是闰月，第 1 个字节的高 4 位表示闰月的月份，没有闰月则为 0000。有了以上信息还不能确定公历日对应的农历日，因为还需要一个参照日，我们选用农历正月初一（春节）所对应的公历日作为参照日。春节所在的月份不是 1 月就是 2 月，所以用第 3 个字节的位 6 和位 5 的值直接表示春节所在的月份；春节所对应的公历日期范围是 1～31，需要 5 位来表示，第 3 个字节的低 5 位的值表示春节对应的公历日期。这样，一年的农历信息用 3 个字节就全部包括了，我们按照此格式制作出 1901—2099 年的信息表格（数组），就可以计算出这 200 年内任一天所对应的农历日期。

2）计算公历日对应农历日的方法

计算公历日对应农历日的方法：计算出公历日离当年元旦的天数，查表取得当年的春节日期，计算出春节离元旦的天数，二者相减即可算出公历日离春节的天数，下面只要根据大、小月和闰月信息，减一月天数调整一月农历月份，即可推算出公历日所对应的农历日。如果公历日不到春节日期，农历年要比公历年小一年，农历大、小月取前一年的信息，农历月从 12 月向前推算。

顺便说一下星期的计算。计算公历日所对应的星期的方法很多，本技能实训中采用基姆拉尔森计算公式，算法如下。

$$W=[d+2\times m+3\times (m+1)/5+y+y/4-y/100+y/400]\%7$$

其中，d 表示日期中的日数，m 表示月份数，y 表示年数。

注意：在公式中把 1 月和 2 月看成上一年的 13 月和 14 月。例如，如果是 2004-1-10 则换算成 2003-13-10 来代入公式计算。

3）公历转农历子函数介绍

公历转农历子函数如下。

```
/*函数功能：输入公历BCD数据，输出农历BCD数据（只允许1901—2099年）
调用函数示例：Conversion(c_sun,year_sun,month_sun,day_sun)
例如，计算2013年8月31日，则调用函数Conversion(0,0x13,0x08,0x31)
c_sun、year_sun、month_sun、day_sun均为BCD数据，c_sun为世纪标志位，c_sun=0为21世
纪，c_sun=1为20世纪
调用函数后，原有数据不变，读c_moon、year_moon、month_moon、day_moon，得出农历BCD数据
*/
void Conversion(bit c,uchar year,uchar month,uchar day)
{                //c=0为21世纪，c=1为20世纪，输入和输出数据均为BCD数据
    uchar temp1,temp2,temp3,month_p;
    uint temp4,table_addr;
    bit flag2,flag_y;
    //定位数据表地址
    if(c==0){
        table_addr=(year+0x64-1)*0x3;
    }
    else {
        table_addr=(year-1)*0x3;
    }
    //定位数据表地址完成
    //取当年春节所在的公历月份
    temp1=year_code[table_addr+2]&0x60;
    temp1=_cror_(temp1,5);
    //取当年春节所在的公历月份完成
    //取当年春节所在的公历日
    temp2=year_code[table_addr+2]&0x1f;
    //取当年春节所在的公历日完成
    //计算当年春节离当年元旦的天数，春节只会在公历1月或2月
    if(temp1==0x1){
        temp3=temp2-1;
    }
    else{
        temp3=temp2+0x1f-1;
    }
    //计算当年春节离当年元旦的天数完成
    //计算公历日离当年元旦的天数，为了减少运算，用了两个表
    //day_code1[9],day_code2[3]
    //如果公历月在9月或之前，天数会小于0xff，用表day_code1[9];
    //在9月后，天数大于0xff，用表day_code2[3]
    //若输入公历日为8月10日，则公历日离元旦天数为day_code1[8-1]+10-1
    //若输入公历日为11月10日，则公历日离元旦天数为day_code2[11-10]+10-1
    if (month<10){
        temp4=day_code1[month-1]+day-1;
    }
    else{
        temp4=day_code2[month-10]+day-1;
    }
    if ((month>0x2)&&(year%0x4==0)){  //若公历月大于2月并且该年的2月为闰月，则天数加1
        temp4+=1;
    }
    //计算公历日离当年元旦的天数完成
```

```c
        //判断公历日在春节前还是在春节后
        if (temp4>=temp3){    //公历日在春节后或就是春节当日使用下面代码进行运算
            temp4-=temp3;
            month=0x1;
            month_p=0x1;  //month_p为月份指向,公历日在春节后或就是春节当日,month_p指向首月
            flag2=get_moon_day(month_p,table_addr);
            //检查该农历月为大月还是小月,大月返回1,小月返回0
            flag_y=0;
            if(flag2==0)temp1=0x1d;        //小月29天
            else temp1=0x1e;               //大月30天
            temp2=year_code[table_addr]&0xf0;
            temp2=_cror_(temp2,4);        //从数据表中取该年的闰月月份,若为0,则该年无闰月
            while(temp4>=temp1){
                temp4-=temp1;
                month_p+=1;
                if(month==temp2){
                    flag_y=~flag_y;
                    if(flag_y==0)month+=1;
                }
                else month+=1;
                flag2=get_moon_day(month_p,table_addr);
                if(flag2==0)temp1=0x1d;
                else temp1=0x1e;
            }
            day=temp4+1;
        }
        else{      //公历日在春节前使用下面代码进行运算
            temp3-=temp4;
            if (year==0x0){year=0x63;c=1;}
            else year-=1;
            table_addr-=0x3;
            month=0xc;
            temp2=year_code[table_addr]&0xf0;
            temp2=_cror_(temp2,4);
            if (temp2==0)month_p=0xc;
            else month_p=0xd;
            /*
            month_p为月份指向,如果当年有闰月,一年有13个月,则指向13;无闰月,则指向12
            */
            flag_y=0;
            flag2=get_moon_day(month_p,table_addr);
            if(flag2==0)temp1=0x1d;
            else temp1=0x1e;
            while(temp3>temp1){
                temp3-=temp1;
                month_p-=1;
                if(flag_y==0)month-=1;
                if(month==temp2)flag_y=~flag_y;
                flag2=get_moon_day(month_p,table_addr);
                if(flag2==0)temp1=0x1d;
                else temp1=0x1e;
            }
            day=temp1-temp3+1;
        }
        c_moon=c;
        year_moon=year;
        month_moon=month;
        day_moon=day;
    }
```